물리학과 물리학자들

「호기심은 그 자체만으로도 존재 이유가 있다.」

알베르트 아인슈타인

물리학자들은 종종 자연에 대한 흥미나 학문의 재미에 대해 말한다. 그리고 자연의 법칙을 찾아내려고 연구에 빠져든다. 그러다가 정신을 차려보면 어느새 해당 분야의 전문가가 되어 있는 경우가 많다.

「모든 진리는 발견되고 나면 누구나 이해하기 쉽다. 중요한 건 진리를 발견하는 것이다.」 갈릴레오 갈릴레이

물리학자들은 새로운 물리학의 발견이나 사고방식을 많은 사람들에게 알리고자 노력한다. 그중 글과 그림은 쉽게 과학을 설명하는 데 있어 좋은 수단이다.

중요하고 새로운 발견도 나만 알고 있다면 의미가 없다. 다른 사람들도 쉽게 알 수 있도록 여러 설명 방법이 필요하다.

우리 주위의 자연 현상을 어떻게 표현할 수 있을까? 어렵게 생각할 필요 없다. 글, 사진, 그래프, 그림, 표, 식 등 다양한 방법으로 설명하고 표현할 수 있다.

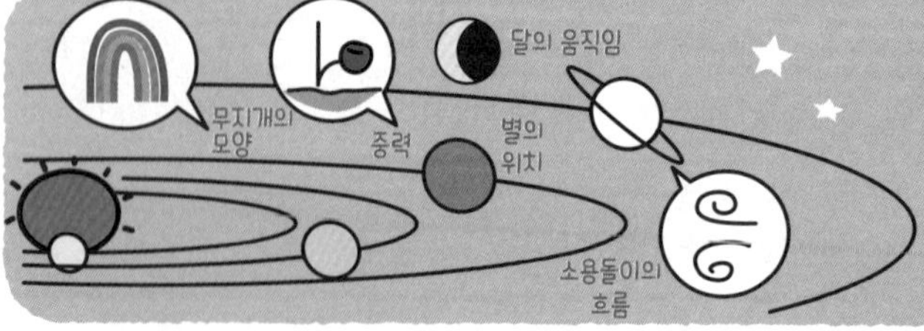

대중은 왜 그런 물리 현상이 벌어졌는지 이미지로 쉽게 알고 싶어한다.
고도의 수학도 그것을 설명하는 하나의 도구이다.

물리학의 사고방식은

우리 주위의 현상을 관찰하여…

물체나 물질의 구조와 운동에 대해서 밝히고 싶어 한다!

물체나 물질 사이의 상호작용(힘)을 통해 이해하고 싶다.

불필요한 것을 철저히 배제하고 본질적인 원리를 찾아보자!

라는 것이다.

물리학의 원류는 고대 그리스까지 거슬러 올라간다. 처음에는 철학적인 고찰과 같은 것이었다. 사색과 사변을 통해 자연계를 이해하고자 하였다.

갈릴레이는 실험을 통해 과학현상을 검증하고자 많은 노력을 하였다. 그리하여 정밀한 관측이나 실험을 이론과 연결시키는 데 주력하였다.

물리학 이론의 새로운 발견 과정

브라헤는 천문대에서 대규모 천체 관측을 통해 방대한 자료를 수집하였다. 그 자료를 바탕으로 그의 제자 케플러는 행성의 운동에 관한 법칙인 '케플러의 법칙'을 발견하였다. 그들의 발견은 이후 뉴턴의 법칙으로 연결된다.

① 관측, 실험

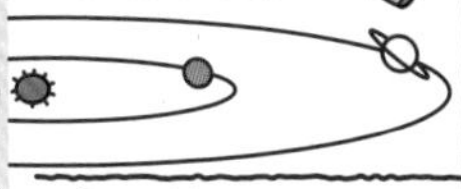

자연계의 사건·사물로부터 위치나 크기, 밝기 등의 특징(물리량)을 찾아내어 정량적·수치적 데이터를 취득.

↓

② 해석

데이터를 해석하여 물리량 사이의 규칙성을 찾아 모순 없이 타당한 해석을 한다.

↓

③ 모델화

불필요한 것을 버리고, 단순화된 모델을 세워, 발생하는 현상의 본질을 알아낸다.

↓

④ 검증

그 모델을 바탕으로 미래 현상의 결과를 예측하고, 관측이나 실험에 의해 그 모델이 정확한지, 오류를 검증한다.

반복

↓

그 후, 다양한 실험과 관측을 통해 뉴턴이 찾아낸 법칙이 옳다는 것과, 아인슈타인이 상대성 이론을 발견한 계기가 명확해진다.

우리도 이와 같은 방법으로 계속 노력한다면, 새로운 물리학의 이론이나 법칙을 찾아낼 수 있을 것이다.

누워서 골라 먹는

비주얼 물리 112

Original Japanese Language edition
BUTSURIGAKU ZUKAN
by Jun Fukue, Tsubasa Fukue, Kei Fukue, UNSUI WORKS+YTI

Published by Ohmsha, Ltd.

Korean translation rights by arrangement with Ohmsha, Ltd.
through Japan UNI Agency, Inc., Tokyo and, EntersKorea Co.,Ltd., Seoul

이러운 물리 공부, 그래도 해야 한다면?

누워서 골라 먹는 비주얼 물리 112

후쿠에 준 · 후쿠에 쓰바사 · 후쿠에 케이 지음
김종수 · 박해경 옮김

북스힐

지은이

후쿠에 준(福江 純)

일본 오사카대학교 명예교수이다. 교토대학교에서 이학박사를 취득하였다.
주요 저서로는 『그림으로 알 수 있는 우주의 탄생』, 『SF 천문학 입문(상·하)』, 『아인슈타인의 숙제』, 『과학 나라의 앨리스』, 『SF는 어디까지 가능한가?』, 『블랙홀을 길들이다!』 등이 있다.

후쿠에 쓰바사(福江 翼)

일본 고베시외국어대학 외국어학부 부교수이다. 교토대학교에서 이학박사를 취득하였다. 2009년 일본 국립천문대 하와이 관측소에서 태양계 외계 행성 탐사 프로젝트실 연구원으로 일하였다. 저서로는 『생명은 우주 어디에서 태어났는가?』가 있다.

후쿠에 케이(福江 慧)

일본 도쿄대학교에서 이학박사를 취득하였다. 교토산업대학교 가미야마 천문대 연구원으로 일했다. 현재는 시가의과대학 의학·간호학교육센터/정보종합센터 전문연구원이다.

옮긴이

김종수

영남대학교 자연과학대학 물리학과 교수이다. 영남대학교 물리학과를 졸업하고 동 대학원에서 박사학위 를 받은 후 일본 물질·재료연구소物質·材料研究機構 연구원을 시작으로 고등광기술연구소 선임연구원을 지냈다.
주요 저술로는 국제전문학술지 180여 편 및 전문기술보고서 번역 [일본 레이저 연구동향 2007] 역서로는 『그림으로 배우는 역학 기초』 등이 있다.

박해경

영남대학교 사범대학 일본어교육학과를 졸업했다.
일본 큐슈대학 대학원에서 일본사회문화(일본어교육전공) 석사학위를 취득하였다. 영남대학교 문과대학 대학원에서 일본어학 박사과정을 수료한 후, 영남대학교 외국어교육원에서 강의를 하며, 통번역 활동을 활발히 하고 있다.
주요 역서로는 [우리 아이의 미래를 향한 마라톤 유치원], [어느 가족의 풍경], 『그림으로 배우는 역학 기초』 등이 있다.

◈**制 作** UNSUI WORKS (たかくさぎ ゆたか)
+ YTI (安田タイル工業)

들어가는 말

PREFACE

현대의 과학기술은 방대한 지식의 집적체이고, 우주처럼 광대하다고 할 수 있습니다. 물리학 분야 중 '역학' '진동과 파동' '광학' '전자기학' '열역학·통계 역학' '유체 역학' 등의 고전 물리학 분야가 19세기 말에 완성되었고, 20세기 이후 이제까지의 상식을 뒤집는 '특수 상대성 이론' '일반 상대성 이론' '양자론·양자 역학' '소립자론' 등의 현대 물리학 분야가 혜성처럼 나타났지요. 최첨단 물리학은 이러한 다방면에 걸친 각 분야들이 서로 영향을 주고받으며 더욱 급격하게 발전하고 있습니다.

그 결과 매우 다양하고 흥미로운 현상이 알려지게 되었습니다. 새로운 발견도 계속되고 있지요. 이런 재미있는 이야기가 알려지지 않은 채 묻힌다면 안타까울 뿐만 아니라 새로운 발견을 즐길 기회를 놓칠 수도 있다고 생각했습니다.

그래서 이 책에서는 현대 물리학 전반을 살펴보면서 다양한 물리학 분야의 기초적인 테마와 흥미로운 이야기를 엄선해 각 장에 가득 채워 넣었습니다. 물리학 도감이라고는 하지만 사진을 중심으로 하기보다는 어떤 현상의 특징적인 측면을 볼 수 있는 그림을 통해, 물리학적 사고를 이미지로 떠올려서 쉽게 이해하게 하는 콘셉트입니다. 그러므로 표현의 정확성이나 엄밀함이 부족한 부분도 있겠지만, 우선은 물리학에 재미를 느끼게 하는 것이 목표입니다.

1장부터 10장까지 물리학의 각 분야를 일반적인 순서로 나열하고 있습니다만, 이 책을 읽는 독자들은 자신이 흥미 있는 부분이라면 어느 페이지부터 읽으셔도 상관없습니다. 편안하게 누워서 가볍게 읽어주신다면, 그것으로 이 책의 역할은 다 했다고 생각합니다. 그리고 이 책을 통해서 "아, 그렇구나." 혹은 "어? 그랬나?"라고 새롭게 알거나 느끼는 부분이 있다면 글을 쓴 사람으로서도 기쁘겠습니다. 폭넓고 깊이 있는 물리학의 세계를 즐겨주시면 감사하겠습니다.

이 책을 쓰면서 도쿄도시 대학의 우콘 슈지右近修治 선생님께 유익한 조언을 많이 받았기에 감사를 표합니다. 또 재미있는 일러스트를 그려주신 UNSUI WORKS 님과 전체 구성을 해주신 YTI 님, 그리고 출판사 편집국 여러분께도 이 자리를 빌려 깊이 감사드립니다. 마지막으로 이 책을 손에 쥔 독자 여러분께도 깊은 감사를 드립니다.

저자 일동

차례
CONTENTS

들어가는 말

1장 역학(뉴턴 역학)

1-1 물리학 = 수학? 공간, 시간, 좌표계 002

1-2 날아가는 화살은 멈춰 있는가? 속도와 가속도 005

1-3 눈에 보이지 않는 힘 힘과 기본힘 008

1-4 힘이 작용하지 않으면 운동은 변하지 않는다 운동의 제1법칙 013

1-5 모든 행동에는 반드시 그와 같은 반대의 작용이 있다 운동의 제3법칙 016

1-6 공간과 물체는 불가분 운동의 제2법칙 018

1-7 시간은 일정하게 흐른다 질량 보존 법칙 022

1-8 공간은 일정하게 넓어진다 운동량 보존 법칙 025

1-9 공간은 모든 방향으로 똑같이 확대된다 각운동량 보존 법칙 028

1-10 신들의 체스 규칙 역학적 에너지 보존 법칙 034

1-11 밤하늘에서 물리학의 기본 법칙이 보인다 케플러 법칙 039

1-12 사과와 달의 공통점 만유인력의 법칙 045

1-13 겉으로 보이는 힘은 진짜 힘이 아니다 관성력 050

2장 진동과 파동

2-1 파에 대해 알아보자 파의 성질 056
2-2 종인가 횡인가 파동의 종류 059
2-3 주변이 시끄러운데도 이야기를 할 수 있는 이유 중첩의 원리 062
2-4 파의 형태는 무너지지도, 흩어지지도 않는다 고립파(솔리톤) 065
2-5 진자와 용수철은 단진동 진동의 역학 069
2-6 파는 서로 강화시키기도 하고 약화시키기도 한다 파의 간섭 077
2-7 파는 장애물 뒤쪽까지 전달된다 파동의 회절 080
2-8 음색은 파형에 의존한다 음의 3요소와 음속 083
2-9 도레미는 진동수와 관계가 있다 기본 진동과 음계 086
2-10 다가오는 구급차는 긴박감을 준다 소리의 도플러 효과 092
2-11 지진의 진원지를 바로 알 수 있는 이유 매그니튜드와 진도 095
2-12 소닉 붐도 비선형 충격파 098

3장 광학

3-1 빛을 추구하다 광학이란 102
3-2 빛은 파동인가? 입자인가? 파장과 진동수, 광속도 106
3-3 백색광은 7가지 색으로 분광된다 빛의 색과 스펙트럼 109
3-4 빛은 똑바로 진행한다 빛의 직진, 반사, 굴절 112
3-5 빛에는 파동과 같은 성질도 있다 빛의 분산, 간섭, 회절 115
3-6 푸른 하늘과 붉은 노을의 이유 빛의 산란 118

3-7 빛의 굴절이나 분산으로 생기는 대기의 미스터리 신기루와 무지개 122
3-8 안경은 광학기기 프리즘과 렌즈 125
3-9 7가지 색깔의 스펙트럼은 환상? 빛의 3원색과 색의 3원색 128
3-10 가까워지면 파랑, 멀어지면 빨강 빛의 도플러 효과 131
3-11 파동인가? 입자인가? 파동설과 입자설 134

4장 전자기학

4-1 전기와 자석의 은밀한 관계 전자기학이란 140
4-2 정전기장의 특징 정전기장에 관한 쿨롱의 법칙 144
4-3 정자기장의 특징 정자기장에 관한 쿨롱의 법칙 147
4-4 전위는 전하의 위치 에너지 전위와 전압 150
4-5 전류? 전력? 전력?? 전류?? 전류와 전력 153
4-6 문어발 배선은 위험해 옴의 법칙 156
4-7 모터는 무엇으로 움직이는가 앙페르의 법칙 159
4-8 현상 유지의 법칙이 발전기의 원리 패러데이의 전자기 유도 법칙 162
4-9 전자기와 관련된 방정식 4개 맥스웰 방정식 165
4-10 빛의 정체는 전자기파 전자기파와 광 168

5장 열역학·통계 역학

5-1 통계로 열의 운동을 이해해보자 열역학과 통계 역학 172
5-2 따뜻하게 데우는 3가지 방법 열전도, 열대류, 열복사 175
5-3 열은 '물질'인가? '에너지'인가? 열운동 178

5-4 시간이 지나면 온도는 일정해진다 열역학 제0법칙 181
5-5 열은 어떻게 측정하는가? 열량, 열용량, 비열 184
5-6 에너지는 전체적으로 보존된다 열역학 제1법칙 189
5-7 내부에 숨겨진 에너지 이상 기체의 상태 방정식 191
5-8 제멋대로 흐트러지는 방 열역학 제2법칙 194
5-9 열을 역학적 에너지로 바꾼다 열기관과 카르노 사이클 199
5-10 온도에는 '절대'가 있다 열역학 제3법칙 204
5-11 빠르든 느리든 통계 분포 안에 있다 맥스웰-볼츠만 분포 207
5-12 열역학에서 블랙홀이 보인다 블랙홀의 열역학 210

6장 유체 역학

6-1 자유자재로 모양을 바꾸는 물리학 유체 역학이란? 218
6-2 균형 잡힌 둥근 모양으로 파스칼의 원리 224
6-3 압력 차를 균등하게 하는 정수압 평형 227
6-4 유량은 위치나 장소에 관계없이 일정하다 연속 방정식 231
6-5 유체 역학의 포인트는 압력의 기울기 유체의 운동 방정식 234
6-6 발열과 냉각은 균형을 이룬다 유체의 에너지 방정식 237
6-7 낙차와 흐름의 관계 베르누이의 정리 241
6-8 흐름은 왜 불규칙해지는가? 레이놀즈수 244
6-9 유체와 파도의 관계 성진학과 산악파 247
6-10 태양의 표면은 불안정 대류와 불안정성 250
6-11 일기 예보에 절대 나오지 않는 현상 복잡계와 카오스 253

7장 특수 상대성 이론

7-1 빛은 항상 마이 페이스 광속도 불변의 원리 262
7-2 누구나 자신의 공간과 시간을 살고 있다 관성계와 고유 시간 266
7-3 광시계로 시간을 쪼개서 시간의 지연과 로렌츠 인자 272
7-4 공간도 변모한다 로렌츠 피츠제럴드 수축 275
7-5 뮤온이 보는 세계 상대성 이론의 모순이 없는 체계 278
7-6 4차원 시공은 표현할 수 있어! 민코프스키 다이어그램 281
7-7 우주 여행을 하면 젊음이 유지될까? 우라시마 효과 287
7-8 운동하는 광원에서 오는 빛은 파장이 변한다 도플러 인자 290
7-9 운동하는 광원에서 오는 빛은 보이는 방향까지도 바뀐다 광행차 293
7-10 형태가 없는 에너지와 물질의 등가 교환 아인슈타인의 식 296

8장 일반 상대성 이론

8-1 낙하 중에는 자신의 무게를 느끼지 못한다 등가 원리 304
8-2 느끼지 못하는 계와 느끼는 계 비관성계와 고유 시간 309
8-3 중력장에서도 시간이 지연된다 시간 지연과 지연 함수 312
8-4 내비게이션은 일반 상대성 이론적? 시간 지연의 실증 316
8-5 반드시 직선이어야 하나요? 비유클리드 공간 319
8-6 광선이 휘어지는 불가사의 임베디드 다이어그램 324
8-7 시간을 여행한다 중력장 타임머신 327

8-8 중력장을 만나면 빛도 적색 편이가 생긴다 중력 적색 편이 330
8-9 '가능한 모든 경로'를 통해 최단 거리로 중력장 내에서의 '직선' 333
8-10 우주를 나타내는 기본 방정식 아인슈타인 방정식 335
8-11 선을 넘으면 돌아올 수 없다 블랙홀 338
8-12 눈앞에 자신의 뒷머리가 보인다 광자 반경과 블랙홀 그림자 341
8-13 일반 상대성 이론은 우주도 해석할 수 있다 우주 팽창 346
8-14 시공에 전해지는 금빛 잔물결 중력파 349

9장 양자론과 양자 역학

9-1 미시적인 세계의 물리학 양자론, 양자 역학 356
9-2 세상은 원자와 진공으로 이루어져 있다 원자론 361
9-3 분할 불가능한 것이 분할 가능하다 전자, 양성자, 중성자 364
9-4 양자의 등장 광양자 가설 367
9-5 모든 것은 파동이다 입자와 파동의 이중성 371
9-6 전자는 정해진 궤도를 돈다 보어의 원자 모형 375
9-7 전자의 궤도는 불연속적이다 양자 조건 378
9-8 행렬이나 허수를 사용하여 계산한다 행렬 역학과 파동 역학 381
9-9 미시적인 세계는 확률적이고 불확정 확률 해석과 불확정성 원리 387
9-10 주사위 놀이를 하는 신 코펜하겐 해석 391
9-11 용기와 내용물은 원래는 같은 것 장의 양자론 395

10장 소립자론

10-1 에너지를 빼앗아가는 보이지 않는 물질 뉴트리노 402
10-2 원자핵을 연결하는 것 중간자 406
10-3 물질을 구성하는 기본 입자 쿼크와 렙톤 409
10-4 쿼크와 렙톤에 작용하는 힘 전자기력, 약한 상호 작용, 강한 상호 작용, 그리고 중력 415
10-5 남겨진 과제는 중력 대통일 이론 419
10-6 물질 입자와 힘 입자의 통일 초대칭성 입자 422
10-7 통일 이론(만물 이론)으로의 여정 초끈 이론 425
10-8 빛이 질량을 갖게 하는 힉스장과 힉스 보손 428

참고문헌 433

찾아보기 434

1장

역학 (뉴턴 역학)

1-1

물리학 = 수학?

공간, 시간, 좌표계

물리학에서 기본 중의 기본인 역학을 배워보자.
우리 주변에는 다양한 물체가 존재하며, 이들은 서로 영향을 주고받기 때문에 여러 가지 현상이 일어난다. 역학이란 서로 영향을 주고받는 물체의 상태나 운동을 알아보는 물리학 분야 중 하나이다. 특히 뉴턴이 정리한 물리학의 기본이 되는 역학을 뉴턴 역학이라고 한다.

공간과 시간

- 공간과 시간은 역학의 무대이다. 즉 역학에서 물체는 공간 내에 존재한다고 생각하며, 물체의 위치는 시간의 경과와 함께 변화하는 것이라고 생각한다.

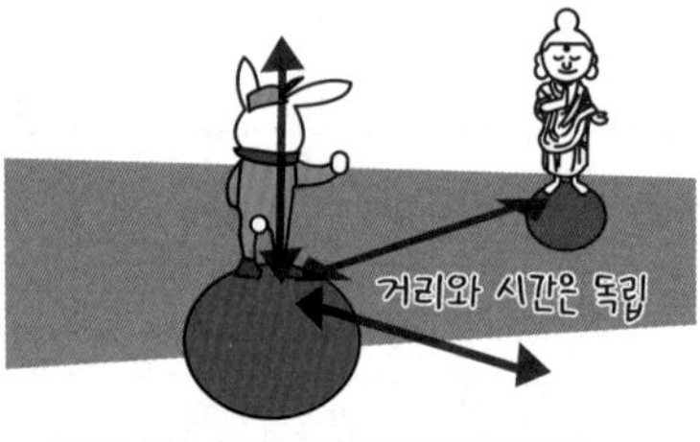

- 뉴턴 역학에서 물체는 공간 내에서 움직이거나 변형을 하지만, 공간 자체는 전혀 변화하지 않는다(절대 공간)

역학mechanics, dynamics…물체의 운동만을 다루는 것을 운동학kinematics, 여러 가지 힘이 작용하는 물체의 움직임을 다루는 것을 역학mechanics, 또는 동역학kinetics, dynamics이라고 구분하는 경우도 있다.

고 생각한다. 다시 말해 공간은 물체를 넣는 통이다.

- **시간**은 물체의 변화를 측정하기 위해 필요한 물리량(차원), 말하자면 기준이다. 뉴턴 역학에서 시간은 과거에서부터 미래를 향해 일정한 비율로 흘러서 어디서나 누구에게나 똑같다(절대 시간)고 생각한다.

좌표계

- 다음으로 좌표에 대해 생각해보자. 우리 주변의 공간은 가로·세로·높이가 만나는 3가지 방향(차원)으로 이루어져 있다. 이들 각 방향은 독립적이며, 이런 공간을 **3차원 공간**이라고 한다.
- 3차원 공간 안의 위치(점)는 3개의 좌표축에 수직선을 내려 각 **좌표축** 상에 만나는 점의 값을 조합하여 특정할 수 있다. 이렇게 어떤 점의 위치를 나타내기 위한 수의 조합을 **좌표**라고 하고, 그 방법을 **좌표계**라고 한다.
- 공간의 위치를 나타내는 x, y, z 등의 변수(값이 바뀌는 양을 나타내는 문자)나, 시간을 나타내는 변수 t나 τ가 없거나 좌표계가 없더라도 물체는 공간을 운동하고 있다. 물리학에서 변수나 좌표계를 설정하는 것은 편

리하기 때문이다. 좌표계를 설정함으로써 물체의 위치나 속도를 수학적으로 정확하게 알 수 있다.

- x, y, z 3개의 좌표축이 직교하도록 설정하는 것은(직각 좌표계), 이렇게 하면 계산이 편리하기 때문이다. 지도나 위성의 위치 등은 다른 좌표계를 사용하는 경우도 있는데, 그 이유 역시 물체의 위치를 나타내는 데 좌표계가 편리하기 때문이다.

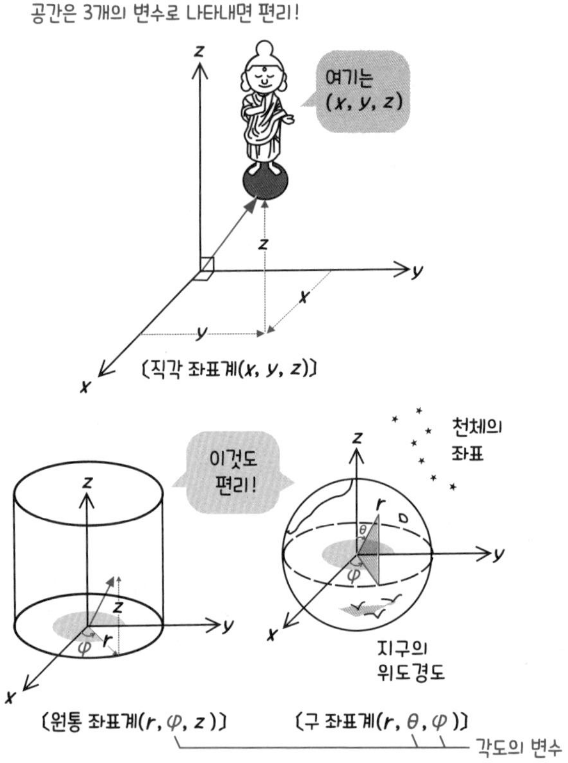

1-2
날아가는 화살은 멈춰 있는가?
속도와 가속도

역학이 어렵게 느껴지는 것은, 속도라든가 가속도 같은 운동의 개념을 잘 모르기 때문 아닐까? "날아가는 화살은 어느 순간 멈춘 것처럼 보인다."라는 패러독스 안에 모든 운동의 본질이 있다.

제논의 패러독스

- 그리스 시대의 철학자이자 엘레아 학파의 제논Zeno of Elea이 주장한 제논의 패러독스를 생각해보자.

여자아이: "날아가는 화살이 멈춰 있다니, 바보 같은 소리 하지 마."
**남자아이: "날아가는 화살을 찍은 사진에서 화살은 멈춰 있잖아.
이걸 봐, 움직이지 않지? 그러니까 멈춰 있는 거야."**
여자아이: "말도 안 되는 소리야. 동영상으로 찍으면 움직이고 있잖아."
남자아이: "동영상으로 찍더라도 이렇게 정지 버튼을 누르면 화살은 멈춰 있잖아."

- 이렇게 엘레아 학파의 제논은 활에서 튕겨 나간 화살의 순간적인 모습을 생각하면 화살은 멈춰 있는 것처럼 보이고, 어느 순간에도 화살은 같은 모습으로 멈추어 있기 때문에, 화살은 움직이지 않는다고 주장했다. 사실 이 생각은 운동의 본질을 파악한 것이다.

속도

- 제논의 패러독스는 시간의 변화에 따라 화살의 위치가 변화하는 비율인 속도를 잘못 이해해서 생긴 것이다.
- '화살은 움직이고 있다'는 것은 다른 말로 하면 '시간의 변화에 따라 화살의 위치가 변한다'는 말이기 때문이다.
- 화살이 멈춰 있는지, 혹은 움직이고 있는지를 알려면, 매우 짧은 시간차를 두고 최소한 2장의 사진을 찍을 필요가 있다. 그것들을 비교해서

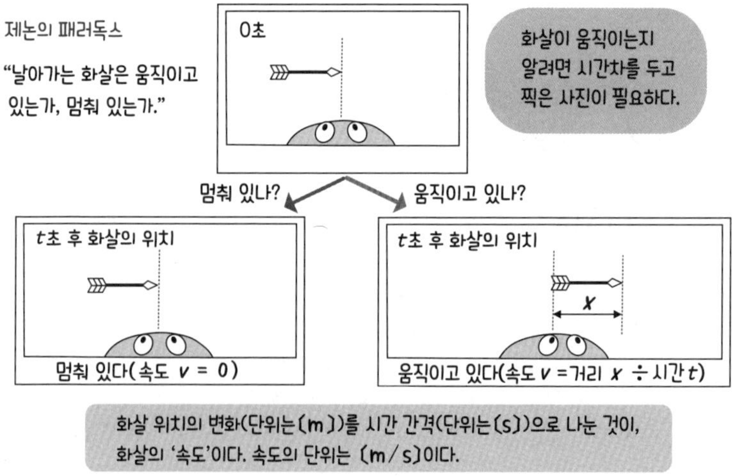

화살의 위치가 바뀌지 않았다면 화살은 정지해 있다고 할 수 있고, 화살의 위치가 변해 있다면 화살은 움직이고 있다고 할 수 있다.

- 이것을 간단하게 나타낸 것이 **속도**이다. 속도는 처음 위치에서 다음 위치로 가는 동안 소요 시간으로 위치의 변화를 나눈 것이다.
- 물리학에서는, **속도**에 진행 방향(x, y, z 등)이 포함되며, 크기와 방향을 나타나는 양을 **벡터양**이라고 한다. 한편, 속도의 크기만을 나타내는 것은 **속력**(빠르기)이라고 하며, 그 크기로 표시되는 양을 **스칼라양**이라고 한다.

가속도

- 시속 50 km, 즉 50 km/h의 속도(h는 시간hour을 나타내는 단위)로 달리던 자동차가 액셀이나 브레이크에 의해 가속하거나 감속되고 정지도 할 수 있듯이, 속도도 시간에 따라 변할 수 있다.
- 이 속도의 시간적인 변화의 비율, 즉 처음 속도와 나중 속도의 시간차에 따른 속도의 변화를, 소요 시간으로 나눈 것을 **가속도**라고 한다.

1-3

눈에 보이지 않는 힘

힘과 기본힘

힘이란 도대체 무엇일까?

힘은 눈에 보이지 않기 때문에, 힘이 작용하고 난 뒤의 결과는 알 수 있지만 그 힘이 무엇인지는 잘 모르기 마련이다. 물리학에서 힘이 무엇인지 정리해보자.

힘/역학

- 물리학에서 힘이란 다음의 3가지 기능 중 하나를 가리킨다.

> ❶ 물체를 움직이게 할 수 있다.
>
> ❷ 물체의 움직임에 변화를 줄 수 있다.
>
> ❸ 물체를 지탱하거나 변형시킬 수 있다.

- 물체의 운동이 변한다면, 힘이 작용하고 있는 것이다.
- 물체에 작용하는 힘의 성질이나 힘을 받는 물체의 움직임을 조사하는 것이 **역학**이다. 역학은 물리학 중 가장 기초적인 분야이다.

기본힘

- 자연계에는 중력, 전자기력, 강한 힘(강력), 약한 힘(약력)의 4가지 **기본힘**이 있다.
- **중력**은 질량을 가진 물질끼리 서로 끌어당기는 힘으로 **만유인력**이라고도 불린다. 질량을 가진 물체끼리 멀어짐에 따라 중력의 세기는 점차 약해지지만, 무한히 먼 곳(무한원)까지 전해진다. 이 힘은 천체 운동의 바탕이 된다.

① 중력
지구상에서 물체가 지표면으로 떨어지게 하는 힘

- **전자기력**은 양(플러스) 또는 음(마이너스)의 전하(140페이지 참조)를 가진 물질끼리 작용하는 힘이다. 같은 전하끼리는 반발하는 힘(척력)이 작용한다. 반대로 다른 전하끼리는 끌어당기는 힘(인력)이 작용한다.

② 전자기력
전기나 자기의 힘

중력과 전자기력은 거리가 멀어질수록 서서히 약해지면서 무한히 먼 곳까지 전해진다

- **강한 힘**(강한 상호 작용)은 원자핵을 구성하는 양성자나 중성자(364페이지 참조)가 뿔뿔이 흩어지지 않도록 연결하는 힘으로, **핵력**이라고도 불린다.

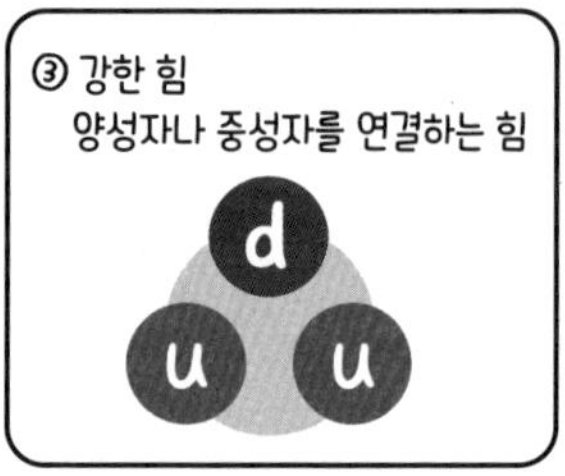

- **약한 힘**(약한 상호 작용)은 중성자의 베타 붕괴 등의 원인이 되는, 입자의 성질을 바꾸는 힘이다. 베타 붕괴로 인해 중성자는 양성자와 전자와 반뉴트리노, 3개로 분열된다(403페이지 참조).

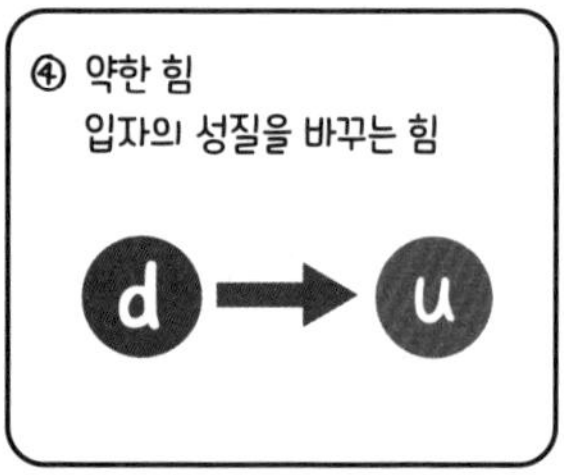

강한 힘과 약한 힘은 원자핵 크기(약 100조분의 1 m)의 거리 내에서만 작용한다.

중력

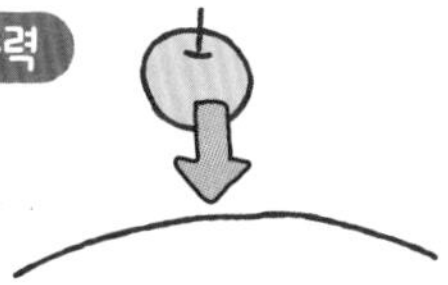

사과와 지구도 서로 끌어당기고 있다. 지구의 질량은 사과보다 훨씬 크기 때문에 지구는 움직이지 않고 사과가 지구로 떨어진다.

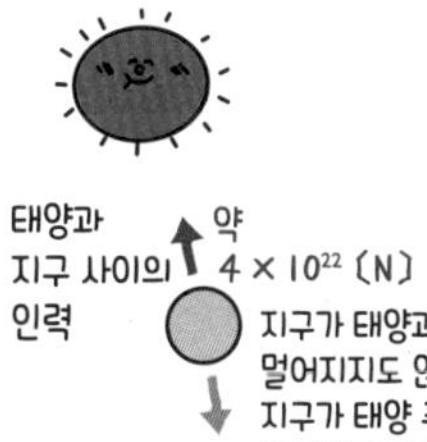

지구가 태양과 충돌하지 않고, 또 멀어지지도 않는 것은 태양의 인력과 지구가 태양 주위를 돌 때 작용하는 원심력이 균형을 이루고 있기 때문이다.

전자기력

양 또는 음의 전하를 가진 입자 사이에 작용하는 힘(전하)이 같으면 척력, 다르면 인력이 된다.
중력과 마찬가지로 거리가 멀어지면 점점 약해지지만 무한원까지 도달한다.

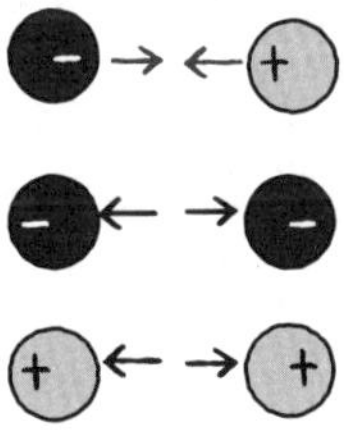

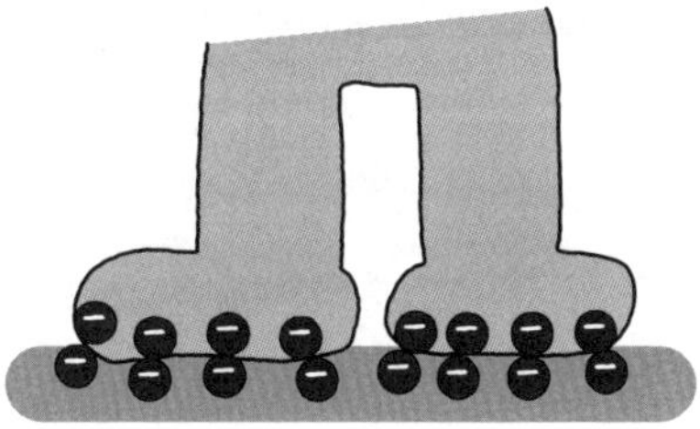

예를 들어, 지면에 발을 딛고 있는 것은 발이나 지면을 구성하고 있는 입자(전자)의 전자기적인 반발력 때문이다.

강한 힘 과 **약한 힘** 은 소립자 수준에서 중요해지는 힘.

원자핵을 구성하는 양성자나 중성자가 흩어지지 않도록 연결하고 있는 힘(핵력).

핵력은 중력이나 전자기력보다 강하지만, 원자핵 크기(약 100조분의 1 m) 정도의 거리에서만 미치는 힘이다.

중성자의 베타 붕괴 등 입자의 성질을 바꾸는 힘.

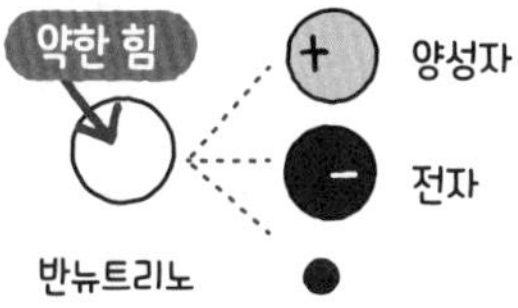

자연계의 4가지 기본힘

	힘을 느끼는 입자	힘을 전달하는 입자	기호
중력	모든 입자	중력자(그래비톤)	G
전자기력	하전 입자	광자(포톤)	γ
강한 힘	쿼크	글루온	g
약한 힘	쿼크, 렙톤	위크 보손	W, Z

HELLO I AM...

뉴턴

Isaac Newton, 1642~1727

무지개를 분해한 물리학의 거장

뉴턴은 미적분, 광학 이론, 운동의 법칙과 만유인력의 법칙 등 다양한 분야에서 유례없는 업적을 남겼다. 특히 광학 분야에서는 '무지개를 분해한 남자'로 알려져 있다. 프리즘을 이용한 실험을 통해 태양의 백색광이 사실은 7가지 빛으로 이루어져 있음을 발견했기 때문이다.

영국 런던 북부 근교의 울즈소프-바이-콜스터워스에서 태어난 뉴턴은 어릴 적 아버지가 일찍 돌아가셨고 어머니는 재혼하여 조부모 밑에서 자랐다. 뉴턴의 특이한 성격과 고독증은 소년 시절에 형성되었다고 알려져 있다. 어려운 환경에서 소년 시절을 보냈지만, 그랜섬 왕립학교 교장과 숙부가 그의 재능을 발견하여 명문 케임브리지 대학교 트리니티 칼리지에 입학하게 된다.

이후 1661년부터 1665년까지 공부에 열중했는데, 런던에 흑사병이 돌자 1665년에 고향으로 돌아오게 된다. 1665년과 1666년, 당시 20대 초반이었던 뉴턴이 고향에서 보낸 2년은 후에 **기적의 해**라고 불린다. 미적분, 광학 이론, 운동의 법칙, 만유인력의 법칙 등 뉴턴의 수많은 대발견은 모두 이 시기에 골격이 만들어졌다. 이후 1669년, 26세의 젊은 나이에 케임브리지 대학교의 교수가 된 뉴턴은 1687년 만유인력 등을 다룬 유명한 『프린키피아Philosophiae Naturalis Principia Mathematica』를 출판하면서, 과학자로서의 위상이 확고해졌다.

말년에는 영국 왕립조폐국The Royal Mint으로 옮겨 일했고, 1703년에는 영국 왕립협회The Royal Society 회장이 되었으며, 85세가 되는 1727년까지 그 두 단체의 회장을 역임했다.

1-4

힘이 작용하지 않으면 운동은 변하지 않는다

운동의 제1법칙

1-3에서 물체의 운동이 변하는 곳에는 힘이 작용하고 있다고 하였다. 그 말은 힘이 작용하지 않으면 운동은 변하지 않는다는 말과도 같다.

관성

- 어떤 물체가 있다고 가정해보자. 만약 그 물체가 정지해 있었다면 힘이 가해져야 비로소 움직이기 시작한다. 또한 처음부터 움직이고 있었

다고 한다면, 어떠한 힘(마찰이나 저항, 중력 등)의 작용(16페이지 참조)이 없는 한 처음 그대로의 속도와 방향으로 계속 움직일 것이다. 이것을 **관성**이라고 부른다.

등속 직선 운동

- 처음부터 움직이고 있는 물체는 관성에 의해 계속 움직인다. 갑자기 속도가 바뀌거나 방향이 바뀌는 경우는 없다. 이러한 변화가 일어나려면 힘이 작용해야 한다.

- 즉, 처음부터 움직이고 있는 물체는 관성에 의해 처음 상태와 '같은 속도'와 '같은 방향'으로, '똑바로' 움직인다. 이러한 운동을 **등속 직선 운동**이라고 한다.
- 위와 같이 물체가 어떤 운동 상태를 계속 유지하려는 성질을 뉴턴의 '**운동의 제1법칙**(관성의 법칙)'이라고 한다.

1-5

모든 행동에는 반드시 그와 같은 반대의 작용이 있다

운동의 제3법칙

뉴턴의 운동 법칙에는 3가지가 있는데, 제2법칙을 보기 전에 제3법칙을 먼저 살펴보자.

To every action there is always opposed an equal reaction.

이것은 뉴턴이 남긴 명언으로, '모든 행동에는 반드시 그와 같은 반대의 작용이 있다'는 뜻이다. 역학에서는 실제로 이것이 성립된다.

작용과 반작용

- 두 물체가 있다고 하자. 힘으로 다른 물체에 영향을 주는 것을 **작용**이라고 한다.
- 물체 A로부터 물체 B로 작용이 일어날 때, 같은 크기로, 방향이 반대인 작용이 생긴다. 이것을 **반작용**이라고 한다.

- 이와 같이 두 물체 사이에서 힘이 항상 짝을 이루어 나타나는 성질을 뉴턴의 '**운동의 제3법칙**(작용·반작용 법칙)'이라고 한다.

남성: **"죄송하지만 밀지 마세요."**

여성: "안 밀었어요. 저도 밀리지 않으려고 버티고 있다고요."

남성: **"그렇다면 이상하네요."**

여성: "전철이 복잡하니까 어쩔 수 없잖아요?
그럼 그쪽과 제가 서 있는 위치를 바꾼다면, 그쪽이 저를 밀고 있는 건가요?
저도 그쪽도 같은 조건으로 전철에 타고 있을 뿐이에요.
우연히 서 있는 위치가 반대였을 뿐이죠."

남성: **"그렇다면 밀었느냐 밀렸느냐는 누구 입장에서 보느냐의 차이일 뿐이겠군요."**

힘의 균형과의 차이

- 운동의 제3법칙은 두 물체 사이에 미치는 힘에 대한 성질을 나타낸다.
- 또한 **힘의 균형**(역학 평형)은, 하나의 물체에 작용하는 힘의 합계가 0이 되는 것을 나타낸다. 역학 평형 상태에 있는 물체는 정지 또는 등속 직선 운동을 한다.

1-6

공간과 물체는 불가분

운동의 제2법칙

1-4에서 설명한 운동의 제1법칙(관성의 법칙)에서, 하나의 물체에 나타나는 힘의 성질을 알 수 있었다. 또한 1-5에서 설명한 운동의 제3법칙(작용·반작용 법칙)에서, 두 물체에 나타나는 힘의 성질도 알 수 있었다.

그러나 아직 힘의 크기나 힘과 물체, 공간과의 관계는 명확하게 이해되지 않을 수 있다.

운동의 제2법칙(운동의 법칙)

> 질량 m을 가지는 물체에 힘 F가 작용하면, 힘의 방향에 가속도 a가 생긴다. 가속도 a의 크기는 힘 F의 크기에 비례하고, 물체의 질량 m에 반비례한다.

힘을 물체나 운동(의 변화)과 연결시킨다

- 힘과 물체와 운동(의 변화)의 관계에 대해 생각해보자.

  힘은 눈에 보이지 않지만

  > ❶ 물체를 움직이는 작용을 한다.
  >
  > ❷ 물체의 움직임을 바꾸는 작용을 한다.
  >
  > ❸ 물체를 지탱하거나 변형시키는 작용을 한다.

  라고 정리할 수 있다. 그렇다면 눈에 보이지 않는 힘의 크기와 방향을 어떻게 알 수 있을까?

운동 방정식

$$ma = F$$

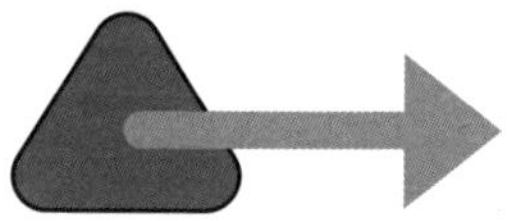

m: 질량, a: 가속도, F: 가해지는 힘

- 질량 m을 가지는 물체에 힘 F가 작용하면, 그 힘이 작용하는 방향에 가속도 a가 생긴다.
- 우리는 경험상 질량이 큰 물체일수록 움직이기 어렵고, 멈추기 어렵다는 것을 알고 있다. 다시 말해 가속도 a의 크기는 힘 F에 비례하고 질량 m에 반비례한다. 이것을 식으로 나타내면 아래와 같다.

$$ma = F$$

- 이 식을 운동 방정식이라고 한다. 그리고 운동 방정식이 성립하는 것을 뉴턴의 '운동의 제2법칙(운동의 법칙)'이라고 한다.

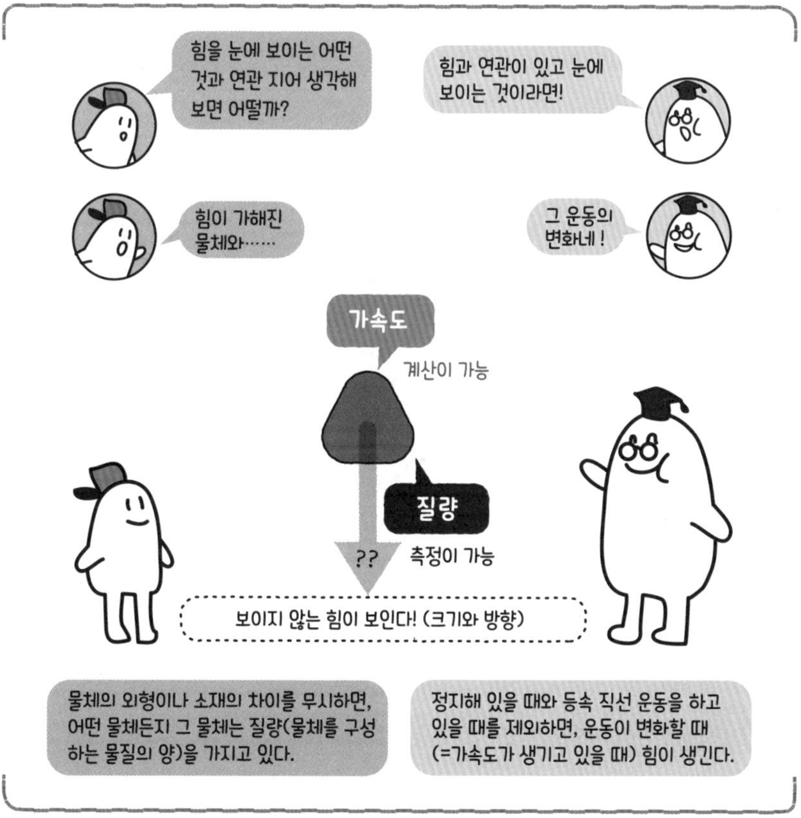

운동 방정식의 의미

- 운동 방정식은 물체가 갖는 질량 $\boldsymbol{m}$, 공간 내의 가속도 $\boldsymbol{a}$, 외부에서 물체에 가해지는 힘 $\boldsymbol{F}$라고 하는, 전혀 다른 물리적인 개념(다른 차원)을 하나의 방정식으로 연결할 수 있기 때문에 중요하다. 다시 말해, 운동 방정식에 의해 다음과 같은 관계가 성립한다.

운동 방정식으로 알 수 있는 것

운동은 질량과 힘으로 구할 수 있다.	힘은 질량과 운동으로 구한다.	질량은 힘과 운동으로 구한다.

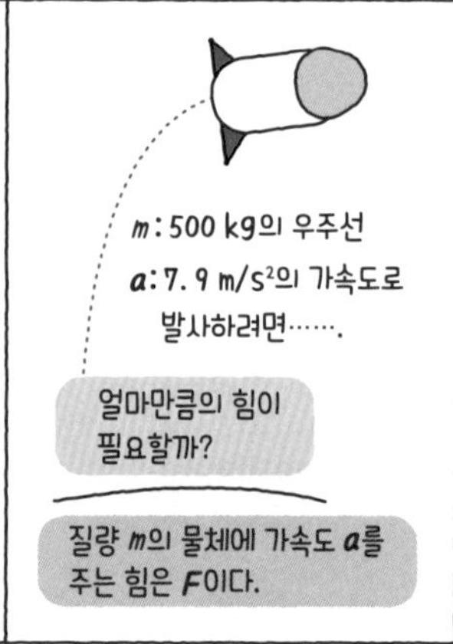

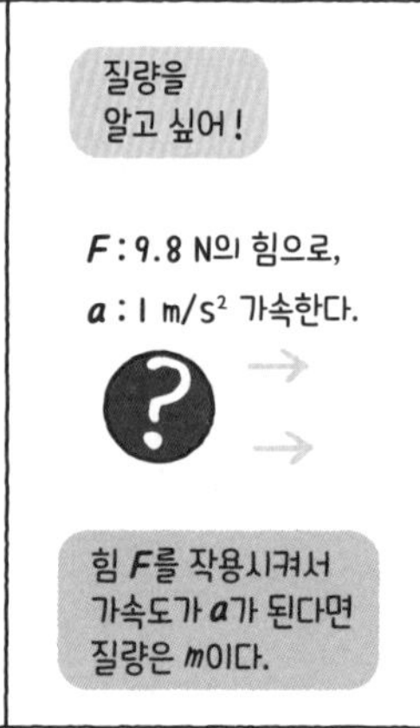

힘의 단위

- 힘은 물리학자 뉴턴의 이름을 따서 뉴턴(N)이라는 단위로 나타낸다.
- N은 질량의 단위인 kg과, 가속도의 단위인 m/s^2을 운동 방정식에 따라 조합한 $kg \cdot m/s^2$과 같다.

위쪽으로 x축을 잡은 좌표계에서 (물체의 크기를 무시한) 질점 m에 아래쪽으로 일정한 중력 가속도(중력에 의한 가속도) g가 작용하는 경우의 낙하 운동을 살펴보자.

t초 후 질점의 속도 v와 위치 x는 어떻게 될까?

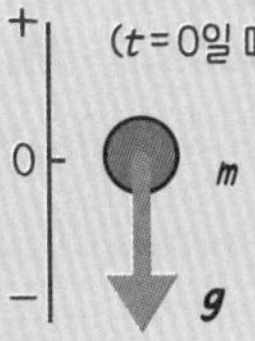

운동 방정식

$$ma = F$$

우선, 좌변의 가속도 a는 속도 v의 시간 미분이므로

$$m\frac{dv}{dt} = F$$

가속도를 속도로 바꿔 쓴다.

라고 변형할 수 있다. 거기에 속도 v는 좌표 x의 시간 미분이므로 $v = \frac{dx}{dt}$라고 하면

$$m\frac{d^2x}{dt^2} = F$$

속도를 위치로 바꿔 쓴다.

한편 질량은 m, 중력 가속도는 g이므로 중력의 크기는 mg이다. 아래쪽을 향하고 있으므로 마이너스 부호를 붙인 것이 우변의 힘 F가 된다.

$$m\frac{d^2x}{dt^2} = -mg$$

힘을 운동 방정식에 넣는다.

이 식 전체를 질량 m으로 나눈다.

$$\frac{dv}{dt} = \frac{d^2x}{dt^2} = -g$$

질량은 위치나 속도에 관계없다.

이 식을 시간으로 적분하면 (첫 지점을 $t=0, v=0$으로 한다)

$$v = \frac{dx}{dt} = -gt$$

어느 시간의 질점의 속도를 알 수 있다!

거기에 속도를 시간으로 적분하면 (첫 지점을 $t=0$, $x=0$으로 한다)

$$x = -\frac{g}{2}t^2$$

어느 시간의 질점의 위치를 알 수 있다!

1-7

시간은 일정하게 흐른다

질량 보존 법칙

질량은 물질의 양을 나타낸다. 질량이란 어떤 성질을 가지고 있을까?

질량 보존 법칙

- 우리는 경험상 아무것도 없는 것에서 무언가가 생기지 않는다는 것을 알고 있다. 즉, 질량은 임의로 증가하거나 줄어들지 않는다. 이것을 질량 보존 법칙이라고 한다.
- 또한 경험상 두 물체를 붙이면, 붙인 물체의 질량은 붙이기 전 두 물체의 질량의 합이 된다는 것도 알고 있다. 이것을 질량의 가산성이라고 한다.
- 이렇게 질량이 보존되는 성질은, 시간이 경과해도 물질의 양이 변하지

시간축 방향으로 평행 이동해도 질량이 변하지 않는다.

↓

시간이 흐르는 방식이 일정하여 변동이 없다.

↓

시간이 흘러도 질량이 변하지 않는다.

않는다는 것을 의미한다.

- 즉 질량(일반적으로는 에너지)이 보존된다는 것은, 시간의 흐름이 일정하고 그 흐름에 변동이 없다는 것을 의미한다.
- 이것을 시간 흐름의 일정성이라고 부른다.

질량과 무게의 차이

- 질량과 무게(중량)는 무엇이 다를까? 질량의 단위는 평소에 무게를 측정할 때 사용하는 킬로그램(kg)이나 그램(g)과 같아서, 질량과 무게는 같은 것처럼 느껴진다.
- 무게를 측정할 때는 저울을 사용한다. 이 저울의 구조는 지구의 중력을 이용하여 저울대 위에 얹은 물건의 무게를 측정하는 것이다. 즉, 저울로 알 수 있는 무게(중량)란 재려고 하는 물체에 영향을 미치는 중력의 크기인 것이다. 따라서 지구 중력의 $\frac{1}{6}$밖에 안 되는 달에서 물체의 무게를 측정하면, 지구의 $\frac{1}{6}$이 된다.
- 그러나 질량은 질량 보존 법칙에 의해 언제 어디서든 줄거나 늘어서는 안 된다. 그러므로 지구든 달이든 질량은 같아야 한다. 평소에 지구에서 질량과 무게가 같은 단위로 쓰이고 같은 값이 되는 것은, 단지 그 수치가 같은 것뿐이다.
- 따라서 지구에서의 무게를 질량의 크기라고 정의할 수 없으므로 질량의 크기는 다른 방법으로 정의할 필요가 있다. 역설적이지만 운동 방정식에 근거하여 물체에 힘이 작용하여 가속도가 생기면, 질량의 크기는 작용하는 힘을 그 물체의 가속도로 나눈 값이라고 정의할 수 있다.

여러 가지 물체의 질량

- 또 **질량**은 뉴턴의 '운동의 제1법칙(관성의 법칙)'에 따라, 물체의 움직임에 대한 정도, 즉 관성의 크기로도 정의할 수 있다.

1-8

공간은 일정하게 넓어진다

운동량 보존 법칙

두 물체가 충돌했을 때 질량이 더 크고, 속도가 더 빠른 쪽이 상대를 밀어낸다. 서로 다른 물체 간의 속도와 질량의 관계에 대해서 생각해보자.

운동량

- 운동량이란 물체의 질량 m과 속도 v의 곱 mv를 말한다. 그렇다면 왜 운동량을 생각해봐야 할까?
- 같은 크기의 야구공을 벽으로 천천히 던졌을 때와 빠르게 던졌을 때를 비교해보면, 빠르게 던졌을 때 벽에는 더 큰 충격이 가해진다. 즉 질량이 같더라도 속도가 큰 쪽에 더 큰 힘이 발생한다.

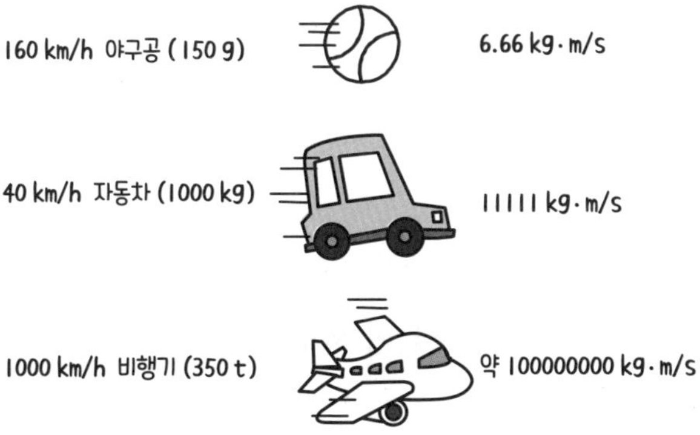

- 또 야구공과 그보다 가벼운 테니스공을 같은 속도로 벽에 던지면, 질량이 큰 야구공이 더 큰 충격을 가한다. 질량은 물체의 움직임에 대한 정도를 나타내는 양이므로, 같은 속도라면 질량이 큰 쪽에 더 큰 힘이 발생한다.
- 따라서 물체끼리 충돌할 때 힘의 크기는 각 물체의 질량과 속도에 비례하는 운동량(kg · m/s)을 이용하여 측정한다.

운동량 보존 법칙

- 뉴턴 운동의 제1법칙, 제2법칙, 제3법칙에 따라 운동량에 대한 중요한 내용을 도출할 수 있다.
- 외부에서 힘이 가해지지 않는 한 속도는 변하지 않는다. 따라서 두 물체가 부딪쳤을 때 같은 질량이라면, 이 둘을 합하면 부딪치기 전과 같은 속도가 되어야 한다(같은 질량이라면 충돌 전후의 속도의 총합은 저장된다). 즉 질량이 다르면 질량이 큰 쪽이 움직이기 어려워지므로 질량과 속도를 곱한 운동량이 저장되게 된다. 이것을 운동량 보존 법칙이라고 한다.

직진 운동과 공간의 관계

- 운동량 보존 법칙의 의미를 생각해보자. 충돌 전후에 운동량이 보존된다는 것은, 대상이 되는 물체들이 서로 멀리 떨어져 있든, 가까이 있든 공간 내에서 이들 운동량의 총합은 다르지 않다는 것이다. 또 어떤 장

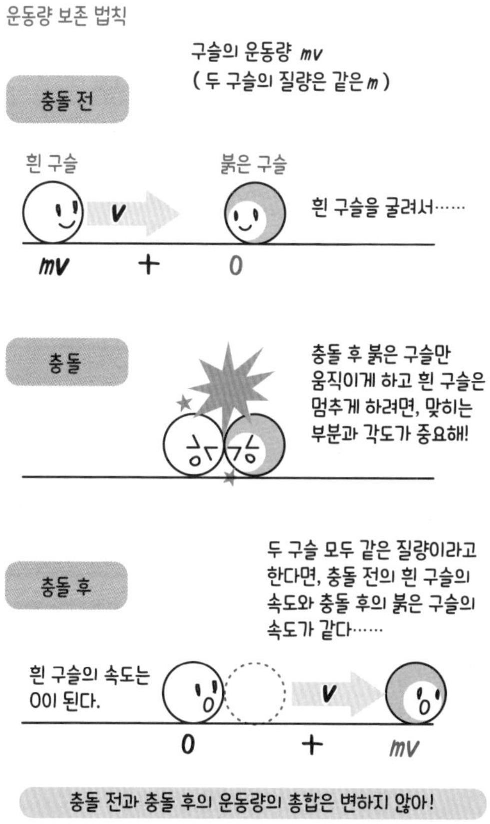

소에서 다른 장소로 이동(평행 이동)시켜도, 이들 운동량의 총합은 변하지 않는 것이다.

- 다시 말해, 운동량은 공간의 영향을 받지 않기 때문에, 어디에서나 물리적 현상은 동일하다. 이것을 공간의 동일성이라고 한다.

1-9

공간은 모든 방향으로 똑같이 확대된다

각운동량 보존 법칙

'수금지화목토천해', 태양계 행성들을 태양에서 가까운 순서대로 잘 외우기 위한 표현이다. 이 행성들은 태양 주위에서 회전 운동을 하고 있다.

천문학에 정통한 사람이라면 각각의 공전주기(행성이 태양 주위를 한 바퀴 도는 데 걸리는 시간)가 대략 수성이 88일, 금성이 225일, 지구가 365일, 화성이 687일, 목성이 12년, 토성이 29년, 천왕성이 84년, 해왕성이 165년이라는 것도 알고 있을 것이다. 태양에서 멀리 떨어져 있는 행성일수록 공전주기가 긴 셈인데, 왜 그럴까?

각운동량角運動量

- 각운동량이란 물체의 질량 m과 회전 반경 r 및 회전 속도 v의 곱 mrv를 말한다.
- 피겨 스케이트 선수의 연기를 보고 있으면, 양팔을 벌리고 있을 때보

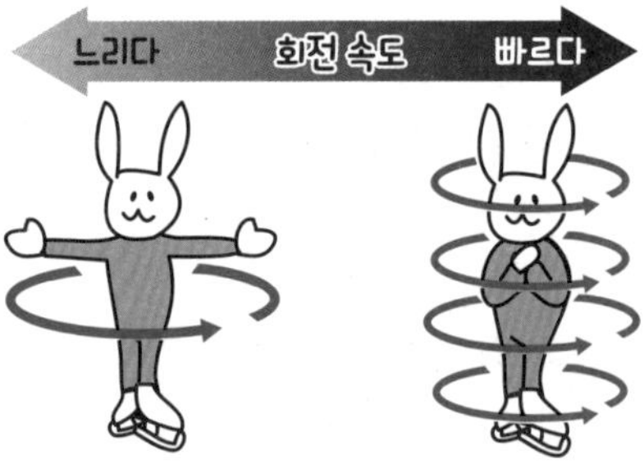

피겨 스케이터의 스핀을 보면, 처음에는 팔을 양쪽으로 뻗어 천천히 회전하다가 팔을 몸통 쪽으로 접으면 회전이 빨라진다.
이는 각운동량이 보존되기 때문에, 회전 반경을 작게 하면 회전 속도가 커지게 되는 원리를 이용한 것이다.

선생님, 왜 지구는 태양 주위를 도나요?
태양이 지구 주위를 돌면 안 되나요?

아, 아주 좋은 질문이네요.

사실 우주에는 서로가 서로의 주위를 돌고 있는 연성連星이라 불리는 별들이 많아요.

두 별의 질량 차이가 작으면 천칭처럼 서로를 끌어당기는 힘이 생기고, 균형이 잡히는 점(무게중심)이 생겨나서 두 별은 그것을 중심으로 돌게 돼요.

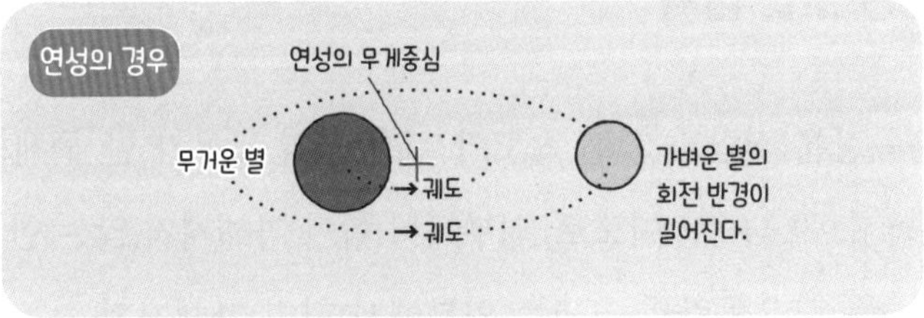

아, 그런데 왜 태양은 움직이지 않고 지구만 태양 주위를 도는 거예요?

지구와 비교하면 태양의 질량이 매우 크기 때문이지요!

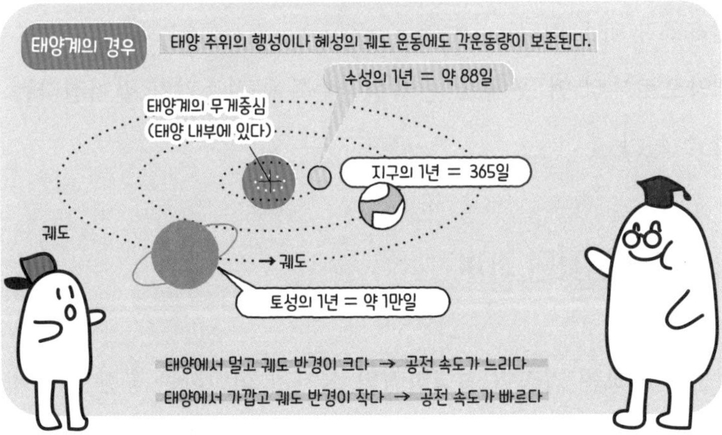

다 팔을 몸 쪽으로 붙이고 있을 때 더 빨리 회전하는 것을 알 수 있다. 바꿔 말하면 같은 크기의 힘으로 회전을 한다면 회전 반경이 더 작은 쪽이 더 빠르게 회전한다.

- 즉 물체가 회전하는 힘의 크기는, 물체의 질량과 회전 속도 및 회전 반경에 비례하기 때문에, 이것들을 곱하여 각운동량을 구할 수 있다.

각운동량 보존 법칙

- 각운동량은 질량과 회전 속도와 회전 반경 모두가 한 물체의 양(3가지 요소의 곱으로 나타냄)이므로, 외부에서 힘이 가해지지 않는 한 변하지 않는다. 즉, 각운동량의 크기는 외부에서 힘이 가해지지 않는 한 동일하며, 이것을 각운동량 보존 법칙이라고 한다.
- 각운동량 보존 법칙에 따라, 질량이 같다면 태양에서 더 먼 행성의 공전속도가 더 느리다.
- 태양으로부터 먼 곳에 있는 행성일수록 공전주기가 길어진다는 것을 알 수 있다.

각운동량과 공간의 관계

- 각운동량 보존 법칙이 성립하려면, 물체가 회전하는 공간 안에서 물체가 회전하는 동안 물체에 아무런 영향이 미치지 않아야 한다.
- 바꾸어 말하면, 각운동량은 공간 그 자체로부터 영향을 받지 않기 때문에 (진공이라면) 공간은 어느 방향에서 보더라도 똑같이 보인다. 즉 등

방적等方的으로 펼쳐져 있으므로 이것을 공간의 등방성이라고 한다.

공간의 등방성

x, *y*, *z*방향으로 방향을 바꿔도 회전 속도가 달라지지는 않는다!

HELLO
I AM...

갈릴레오

Galileo Galilei, 1564~1642

운동의 법칙을 실제로 증명한 최초의 실험 물리학자

고대 그리스 시대부터 시작된 전동적인 자연 철학은 시유를 중요시했다. 실험으로 다양한 법칙을 찾고 과학적인 예측을 실험으로 증명하는 길을 개척했다는 점에서 갈릴레오는 실험 물리학의 창시자라고 할 수 있다.

이탈리아 중부, 피사의 사탑으로 유명한 피사에서 음악가의 아들로 태어난 갈릴레오는 수학과 물리학에 뛰어난 재능을 발휘하여 19살 때 진자 실험을 했고, 진자의 등시성을 확인하였다. 그리고 1589년 25세의 젊은 나이에 모교인 피사 대학의 수학 교수에 발탁되었다. 유명한 '낙하하는 물체의 운동 법칙'을 발견한 것은 1604년의 일이었다.

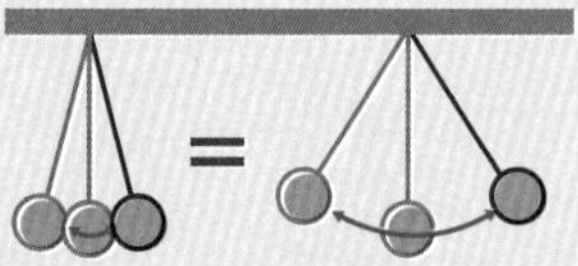

경사면의 각도를 바꾸어도, 구슬은 원래 높이까지 올라간다(실험 사실)

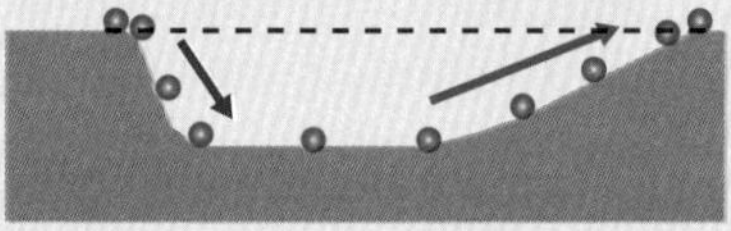

갈릴레오는 1609년, 네덜란드의 거울 장인 립펠하이Lipperhey. H.가 망원경을 만들었다는 소문을 듣고, 볼록 렌즈 역할을 하는 대물 거울과 오목 렌즈를 조합해 갈릴레오식 망원경을 제작하였다. 그리고 그 망원경으로 관찰한 결과, 달의 크레타와 목성의 위성 등을 발견하였고, 그것을 바탕으로 1610년 『시데레우스 눈치우스Sidereus Nuncius(항성의 메시지)』를 집필하였다. 그로 인해 1615년 이단자로 몰려 소송을 당했지만 그 후에도 굴하지 않고 연구 활동을 계속하면서 코페르니쿠스Nicolaus Copernicus.의 지동설을 공개 지지했고, 1632년에는 지동설을 주장하는 『천문 대화Dialogo sopraidue massimi sistemi del mondo, tolemaico e copernicano』를 출판하였다. 이 책 때문에 종교재판(이단 신문)에 회부된 갈릴레오는 결국 압력에 굴복하여 주장을 철회했지만 그 유명한 "그래도 지구는 돈다"라고 말하며 자기주장을 관철했다고 전해진다.

그러나 당시의 관측 기술이나 이론적 예측으로는 천동설과 지동설 중 어느 쪽이 맞는지를 판단할 방법은 없었기에, 단순히 지동설과 천동설의 진리에 관한 대결은 아니었다. 오히려 자연 현상에 대한 철학적 사상이나 주장의 대결에 가까웠다. 이후 갈릴레오는 실명과 탈장, 불면증으로 인한 고통 속에서 힘든 말년을 보냈다고 전해진다.

진자의 등시성 the isochronism of the pendulum … 진자의 질량이나 진폭과 관계없이, 같은 길이의 진자의 주기는 일정하다는 것.
낙하하는 물체의 운동 법칙 law of falling bodies … 물체의 낙하 속도는 그 질량과 무관하다는 것.

1-10
신들의 체스 규칙
역학적 에너지 보존 법칙

"수학과 물리학이란, 신들이 하는 체스게임을 옆에서 지켜보면서 거기에 어떤 규칙이나 아름다운 법칙이 있는지를 찾는 것이다."

[『파인만 베스트 에세이』에서 인용, R. P. 파인만 저, 오오누키 마사코·에자와 히로시 번역, 이와나미 서점(2001)]

위의 문장은 미국의 물리학자이자 수많은 공적을 이룬 파인만Feynman R.P.의 명언이다. 에너지 보존 법칙은 파인만이 극찬한, 그야말로 신들이 하는 체스게임의 규칙과도 같은 물리학의 아름다운 법칙 중 하나이다.

운동 에너지

- 매년 5월 교토에서 개최되는 아오이葵 축제에서는 달리는 말을 탄 채로 화살을 쏘아 과녁을 명중시켜 부수는 야부사메流鏑馬라는 행사가 열린다. 과녁이 한 번에 부서지면 환호성이 터져 나오기도 하고, 놀라서 우는 아이도 있을 정도이다. 화살에 그런 파괴력이 있다고 생각지 못했기 때문일 것이다.

- 이처럼 움직이는 물체는 다른 물체를 파괴할 수 있다. **파괴**란 움직이는 물체가 다른 물체에 힘을 가해서 변화를 주는 것이라고 말할 수 있다. 따라서 그 세기의 정도는 움직이는 물체의 물리적인 상태와 연관되어 있을 것이다. 그것을 나타내는 개념(물리량)으로 에너지(물체나 주위에 어떠한 변화를 일으키는 양)를 들 수 있다.
- 운동하는 물체가 가지고 있는 에너지를 운동 **에너지**라고 한다.
- 운동 에너지는 운동량과 비슷한 것 같지만, 운동량은 충돌했을 때 그 대상의 속도를 바꾸는 데 반해, 운동 에너지는 그 대상의 에너지 상태를 바꾸는(예를 들어 파괴하는) 것이다.
- 운동 에너지 K는 질량 m, 속도 v를 이용하여 다음과 같이 나타낸다.

$$K=\frac{1}{2}mv^2$$

- 에너지의 단위는 영국의 물리학자 줄Joule, J. P.의 이름을 딴 줄(J)인데, 운동 에너지는 위의 식과 같이 나타내므로 J는 $kg \cdot m^2/s^2$이 된다.

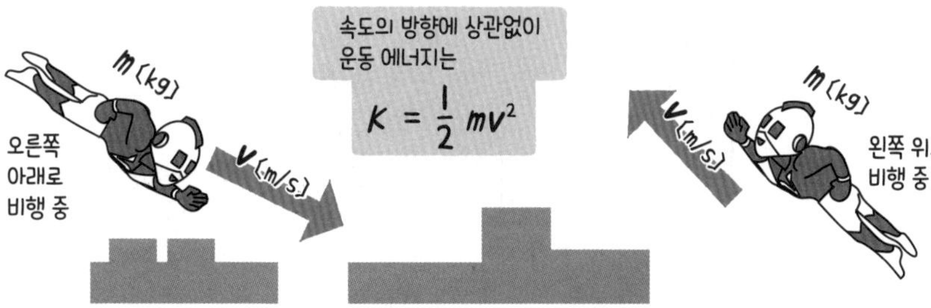

위치 에너지

- 의자를 10층 교실까지 옮기는 것과 2층 교실까지 옮기는 것을 비교해 보면, 10층까지 옮기는데 더 많은 체력을 필요로 할 것이다. 한편, 의자를 2층에서 던지면 부서지지 않을 수도 있지만, 10층에서 던지면 거의 확실하게 부서질 것이다.
- 이처럼 중력이 작용하는 곳에서, 높은 위치에 있는 물체가 낮은 위치에 있을 때와 비교했을 때 가지고 있는 에너지를 **위치 에너지**라고 한다.
- 또 위치 에너지는 물체가 지면에 대해 잠재적으로(퍼텐셜 potential) 에너지를 가지고 있다는 의미에서 **퍼텐셜 에너지**라고도 한다. 또, 중력의

에너지energy … 그리스어로 활동을 의미하는 'energeia'가 어원. 물체나 주변에 어떠한 변화(활동)를 일으키는 양에 대해서 베르누이Bernoulli, D.가 처음으로 사용하였고, 켈빈 남작Baron Kelvin Thomson, W.에 의해 정착되었다.

위치 에너지를 강조하고 싶은 경우에는 중력 에너지라고 말한다.

- 위치 에너지 U는 물체의 질량 m(kg), 중력 가속도 g(m/s²) 및 지면으로부터의 높이 h(m)로 다음과 같이 나타낸다.

$$U = mgh$$

- 위치 에너지의 단위는 줄(J)이다.

역학적 에너지 보존 법칙

- 운동 에너지와 위치 에너지를 합쳐서 역학적 에너지라고 한다.
- 롤러코스터는 체인 리프트에 의해 첫 번째 오르막을 다 올라가는 순간(위치 에너지가 최대)의 속도가 가장 느리다. 그리고 최고 정점에서 첫 내리막길을 다 내려오는 순간(운동 에너지가 최대)의 속도가 가장 빠르다. 그 후에는 다시 오르막길을 올라가서 위치 에너지를 크게 한 후, 내리막길을 내려가며 속도를 높인다. 이렇게 반복하면서 마지막에는 승차한 지점으로 되돌아온다. 그동안 롤러코스터에 작용한 힘은 중력과 브레이크 역할을 하는 마찰과 저항뿐이다.
- 높은 위치로 들어 올리는 힘과 역학적 에너지를 줄이는 원인이 되는 마찰(주위와 맞닿는 저항)이 작용하지 않는 한, 역학적 에너지를 늘리거나 줄이는 요인이 없으므로 역학적 에너지는 보존된다(운동 에너지와 위치 에너지를 더하면 일정한 값이 된다). 이것을 역학적 에너지 보존 법칙이라고 한다.
- 에너지가 보존된다는 점에서, 에너지도 질량과 마찬가지로 시간 흐름

의 일정성과 관련이 있다고 할 수 있다.

4가지 보존 법칙은 물리학의 기본 법칙

- 여기까지 설명한 질량 보존 법칙, 운동량 보존 법칙, 각운동량 보존 법칙, 그리고 역학적 에너지 보존 법칙은 역학은 물론 상대성 이론과 양자 역학에도 성립하는 물리학의 기본 법칙이다.
- 다시 말해 질량, 운동량, 각운동량 및 에너지는 물질이 원래 가지고 있는 기본적인 성질(속성) 중의 하나이다.

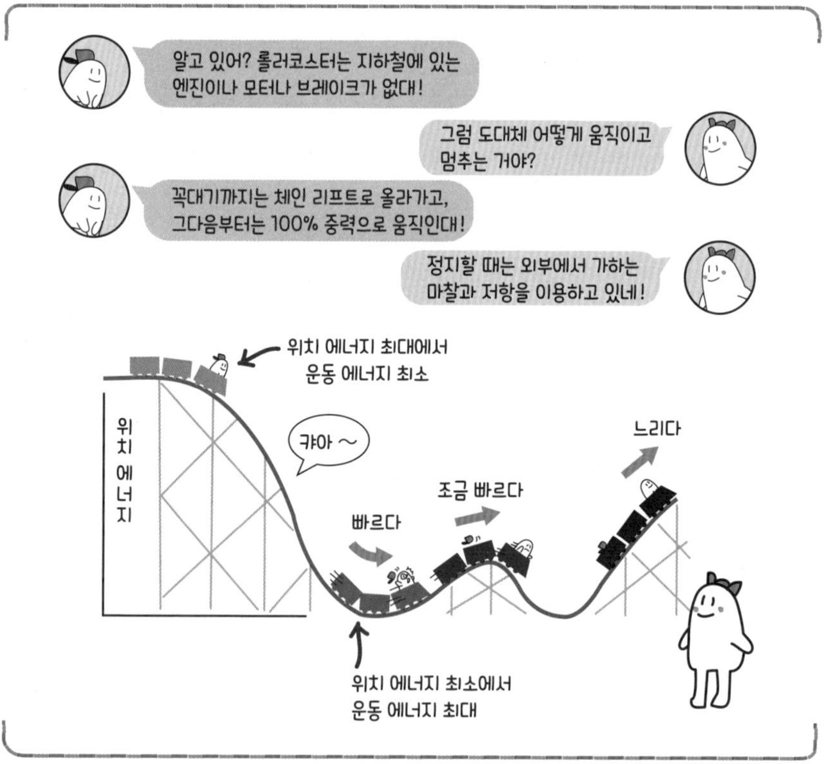

1-11

밤하늘에서 물리학의 기본 법칙이 보인다

케플러 법칙

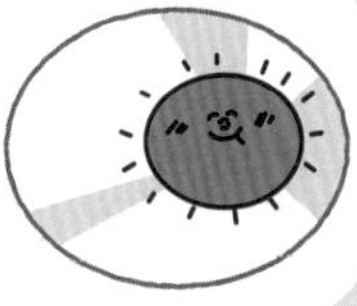

독일의 천문학자 케플러Kepler, J.는 천체에 관한 '케플러 법칙'을 발견한 사람이다. 그리고 이 케플러 법칙은 뉴턴의 '만유인력의 법칙' 발견으로 이어진다.

케플러 제1법칙(타원 궤도 법칙)

- 케플러 제1법칙(타원 궤도 법칙)은 '행성의 공전 궤도는 태양을 하나의 초점으로 하는 타원 궤도를 그린다'는 것이다. 여기서 행성은 태양 주위를 도는(공전이라고 한다) 큰 천체로서, 케플러 시대에 알려진 것은 수성, 금성, 지구, 화성, 목성, 토성 6개였다. 이 법칙이 밝혀지기 전까지 행성의 궤도는 원(반경이 일정한 원)이라고 알려져 있었다.
- 예를 들어, 실제 화성의 궤도는 확실한 타원으로, 그 초점의 한쪽에는 태양이 있다.
- 지구도 행성이고 타원 궤도를 그리고 있기 때문에, 태양에 가장 가까워지는 점(근일점)과 태양으로부터 가장 멀어지는 점(원일점)이 있다. 지구가 근일점을 통과하는 것은 매년 1월 초순경이고, 원일점을 통과하는 것은 7월 초순경이다. 북반구의 한겨울에 해당하는 1월에 근일점을 통과한다는 것이 자칫 이상하게 들리겠지만, 여름과 겨울의 기온 차는

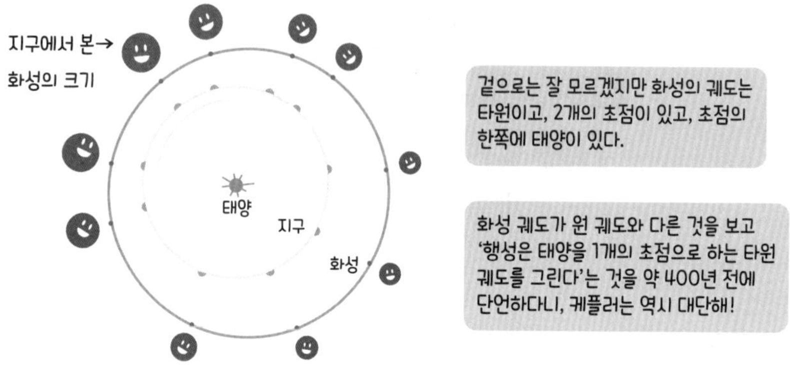

지축(지구 자전의 중심축)의 기울기에 의해 생기는 것으로, 타원 궤도가 계절에 영향을 주지 않는다.

타원은 찌그러진 원이 아니다

- 타원은 단순히 원을 찌그러트린 것이 아니다. 타원이란 초점이라고 불리는 두 점(예를 들어 A와 B)으로부터의 거리의 합 PA+PB가 일정하게 되는 점 P의 궤적을 그릴 수 있는 도형을 말한다.
- 즉, 좌표의 x축상에 두 초점(A, B)을 두고 끈의 양쪽 끝을 두 초점에 고정하여 끈 위에서 연필로 팽팽하게 당긴 채로 한 바퀴를 돌리면 시점과 종점이 일치하는 타원을 그릴 수 있다.
- 이 타원을 나타내는 방정식은 좌표계의 차이에 따라 2가지로 나타낼 수 있다.

직각 좌표(x, y):

$$\frac{x^2}{a^2}+\frac{y^2}{b^2}=1$$

a : 장반경
b : 단반경
x : x 좌표
y : y 좌표

극 좌표(r, θ):

$$r=\frac{\ell}{1+e\cos\theta}$$

r : 초점 하나로부터의 거리
e : 이심률 $\left(=\sqrt{1-\frac{b^2}{a^2}}\right)$
ℓ : 반직현 $(a(1-e^2))$
θ : x축으로부터의 각도

케플러의 제1법칙(타원 궤도 법칙)

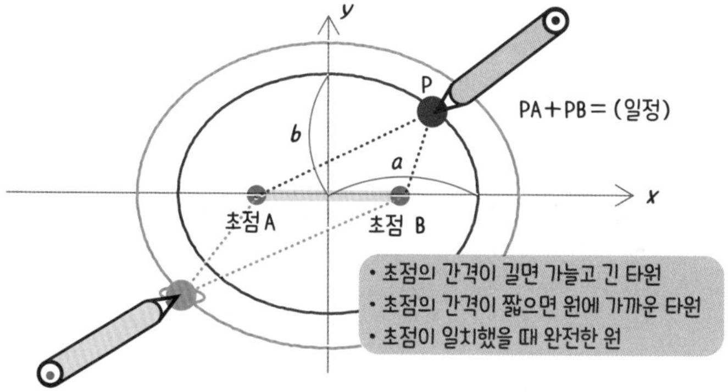

행성은 태양을 하나의 초점으로 하는 타원 궤도를 그린다.

케플러 제2법칙(면적 속도 일정 법칙)

- 케플러 제2법칙(면적 속도 일정 법칙)은 '태양과 행성을 연결하는 선분이 일정 시간 동안에 그리는 부채꼴의 면적은 항상 일정하다'는 것이다.
- 일정 기간(예를 들어 1개월) 동안 행성이 처음 있던 위치와 태양을 연결하는 선, 행성이 마지막에 있던 위치와 태양을 연결하는 선, 그리고 행성의 궤도로 만들어지는 부채꼴의 면적(단위 시간당 그리는 면적을 말하며, **면적 속도**라는 이상한 이름이 붙어 있다)은 행성이 궤도상 어디에 있든지 항상 동일하다.
- 따라서 행성이 그리는 타원 궤도의 초점 중 하나인 태양의 근처에서는, 태양과 행성을 연결하는 선분이 짧아지므로 그만큼 행성의 궤도가 길어진다. 행성은 태양에서 멀 때보다 가까울 때 더 빠르게 움직인다(공전 속도가 빠르다)고 한다.

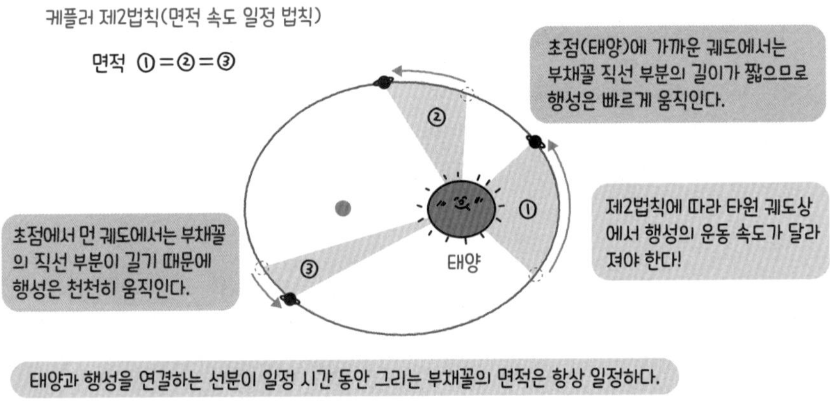

각운동량 보존 법칙과의 관계

- 케플러 제2법칙은 행성의 각운동량이 보존되고 있다는, 즉 행성이 공전할 때에도 각운동량 보존 법칙이 성립한다는 것을 의미한다.
- 즉 면적 속도가 일정하다는 것은 행성의 각운동량이 일정하다는 것을 의미한다.

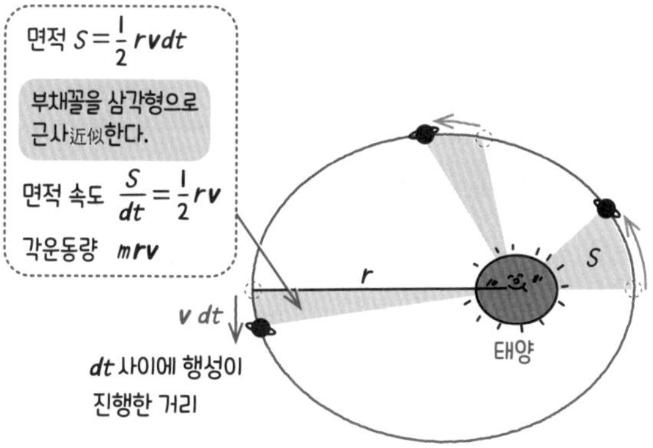

케플러 제3법칙(조화의 법칙)

- 케플러 제3법칙(조화의 법칙)은 '행성의 공전 주기(태양의 둘레를 일주하는 시간)의 제곱과 궤도 장반경(타원 궤도에서 긴 쪽 지름의 절반)의 3제곱의 비는 모든 행성에 공통으로 일정한 값이 된다'는 것이다. 즉 행성의 공전 주기의 제곱은 궤도 장반경의 3제곱에 비례한다.
- 태양에서 먼(= 궤도 장반경이 긴) 행성일수록 태양 주위를 한 바퀴 도는데 시간이 많이 걸릴 뿐만 아니라, 공전 주기의 제곱이 궤도 장반경의

3제곱에 비례한다는 것을 보면, 자연계의 조화와 신비가 느껴진다.

- 궤도 반경의 단위를 태양과 지구의 평균 거리인 천문단위(au)로 놓고, 공전 주기의 단위를 '년'이라고 하면, 케플러 제3법칙은 다음과 같이 간단해진다.

$$\frac{T^2}{a^3}=(\text{일정})=1$$

T: 공전 주기(년)
a: 장반경(au)

케플러 제3법칙(조화의 법칙)

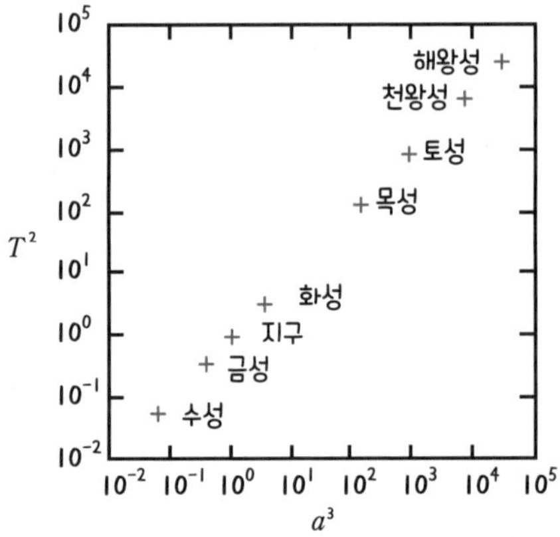

행성의 공전 주기 제곱과 궤도 장반경의 3제곱의 비는 모든 행성에 공통으로 일정한 값이 된다.

1-12

사과와 달의 공통점

만유인력의 법칙

"'사과는 나무에서 떨어지는데 왜 달은 떨어지지 않을까?'

어느 날 뉴턴은 스스로에게 질문했다.

당시에는 이미 케플러의 법칙이 발견되었고, 달이 지구 주위를 도는 위성이라는 것은 알려져 있었다. 그러나 사과가 나무에서 떨어지는 이유도, 달이 떨어지지 않는 이유도 밝혀지지 않았다.

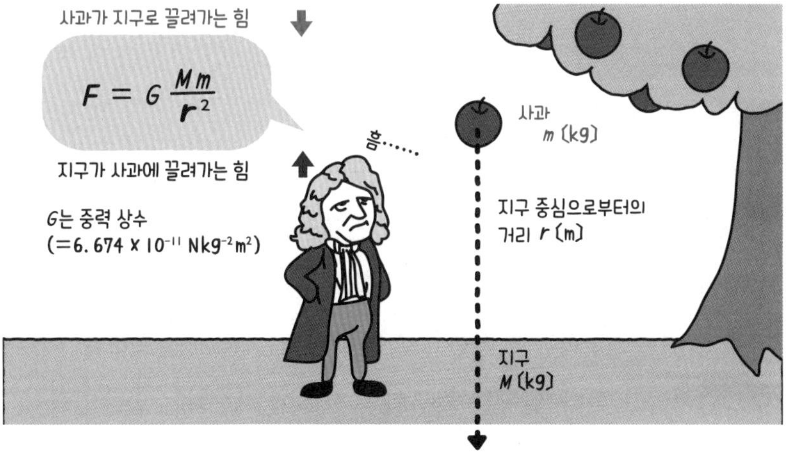

만유인력universal gravitation … 직역하면 보통 중력이라고 하는데, '만유인력: 질량을 가진 모든 물체가 서로 잡아당기는 힘'은 매우 좋은 의역이라 생각된다.

서로 끌어당김

- 지구상에서는 손에서 미끄러져 떨어진 연필이든, 나무에서 익은 사과든, 모든 물체는 땅에 떨어진다. 땅으로 끌어당겨지는 것이다.
- 또, 달은 지구 주위를 돌고 있고, 지구에서 멀어지지 않는다. 지구가 달을 끌어당기고 있기 때문(구심력이 작용하기 때문)이다. 한편 지구도 태양 주위를 돌고 있고, 태양으로부터 멀어지지 않는다. 지구도 태양에게 끌어당겨지고 있는 것이다. 지구만이 인력을 가진 특별한 존재가 아닌 것이다.
- 뉴턴은 이것을 '두 물체가 있을 때, 서로 끌어당기는 힘이 작용하기 때문'이라고 생각했다. 그렇다면 사과와 지구 사이에도, 달과 지구 사이에도 같은 물리 법칙이 성립한다. 다만, 지구의 질량은 사과보다 훨씬 크기 때문에 사과가 지구를 끌어당기는 힘은, 지구의 운동에 거의 영향을 주지 않는다.
- 이와 같이, 질량을 가진 모든 물체 사이에 작용하는 인력을 **만유인력**이라고 하며, 그중에서 천체가 가진 만유인력을 **중력**이라고 한다.
- 물체가 회전하려면 속도가 변하지 않는 경우(등속 원운동)라도, 방향을 바꾸기 위한 힘, 회전축 방향으로 끌어당기는 힘이 필요하다. 이것을 구심력이라고 한다. 달에는 지구와의 사이에 작용하는 만유인력이 구심력으로 작용하고 있다.
- 달은 지구 주위를 공전할 만큼의 운동 에너지를 가지고 있다. 달과 지구 사이에 작용하는 구심력이 없다면 공전 궤도의 접선 방향으로, 지구로부터 멀어져갈 것이다. 우주 공간에는 공기의 마찰과 같이 운동

에너지를 감소시킬 힘이 없기 때문에 달은 지구 주위를 계속 돌고 있는 것이다.

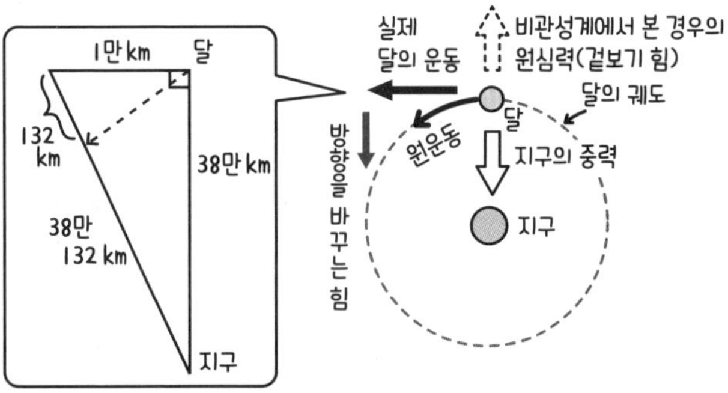

만유인력의 법칙

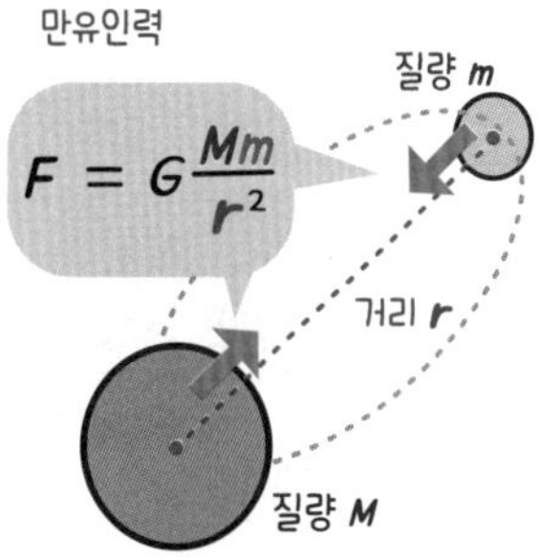

- 두 물체 사이에 작용하는 만유인력은 각각 물체의 질량에 비례하고, 물체 사이 거리의 제곱에 반비례한다. 이것을 **만유인력의 법칙**이라고 부른다(식은 그림 속에).
- G는 물체의 종류에 상관없이, 우주 곳곳에서 공통의 보편적인 상수이며 **만유인력 상수**라고 한다. 이 G를 붙임으로써 좌변의 힘 $\boldsymbol{F}$의 단위인 N과 우변에 있는 질량 M, m의 단위인 kg, 거리 $\boldsymbol{r}$의 단위인 m의 관계를 '='로 연결할 수 있는 것이다.
- 만유인력의 크기는 각각의 물체가 가지는 질량과 각각의 거리만으로 결정되며, 그 외의 것은 전혀 관계가 없다.

만유인력은 광속으로 전달된다

- 만유인력(중력)은 왜 생길까? 뉴턴은 만유인력이 발생하는 원리까지는 설명하지 않았다.
- 현재 만유인력은 만유인력을 일으키는 소립자인 **중력자**(그래비톤)가 항상 빛의 속도(광속)로 움직이며 무한원까지 도달함으로써 발생한다고 설명하고 있다(417페이지 참조). 여기서 중력자의 질량은 0이다.
- 만유인력의 근원(질량)으로부터 방출되는 중력자의 수는 질량에 비례하고, 일단 방출된 중력자는 3차원 공간을 사방팔방으로 뻗어 나가지만, 도중에 그 수가 늘어나거나 줄어들지 않는다. 따라서 어떤 둥근 면을 통과하는 중력자의 모습을 나타낸 가상의 선(중력력선)의 밀도는 질량에 비례하고 거리의 제곱에 반비례한다. 이렇게 설명함으로써 만유인력의 법칙과 맞아떨어진다.
- 일반 상대성 이론을 설명할 때를 위해 잠깐 보충하자면, 일반 상대성 이론에서는 중력과 가속에 의해 생기는 힘은 같다고 본다. 중력자도 중력파(349페이지 참조)를 매개하는 입자라고 보는 것이다.

만유인력과 중력자

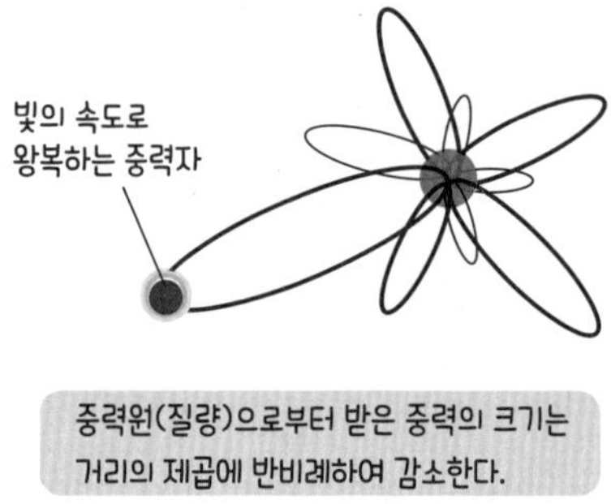

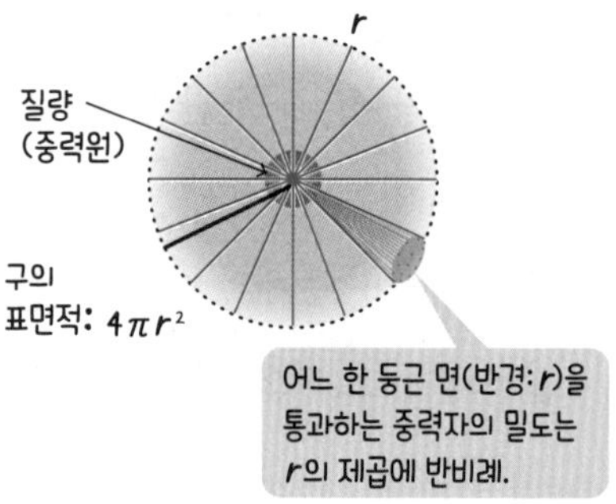

HELLO I AM...

케플러

Johannes Kepler (1571~1630)

완전한 우주를 연구하다가 불완전한 우주를 발견한 신학자

케플러는 독일(당시 신성로마제국) 남서부에 있는 도시 바일데어슈타트에서 태어났다. 몸이 약해서 잔병치레를 많이 했지만, 똑똑한 아이였다. 튀빙겐 대학 신학생으로 수학과 천문학을 공부했으며, 프톨레마이오스Ptolemaeus, C.의 천동설과 코페르니쿠스의 지동설에 정통했다. 졸업 후에는 성직자가 되기를 희망했지만, 오스트리아 그라츠에 있는 학교에서 수학과 천문학을 가르치게 된다.

케플러는 신이 만든 우주는 완전하다고 믿었고, 완전한 입체와 완전한 구의 형태로 우주의 입체구조가 만들어져 있다고 생각했다. 그리고 그라츠에 있을 때, 수성(구)-정팔면체-금성(구)-정이십면체-지구-정십이면체-화성(구)-정사면체-목성(구)-정육면체-토성(구) 순으로 번갈아 기하학적 도형이 조합된 우주(태양계) 구조 모델을 발표했다. 그는 처음에는 행성의 궤도가 완전한 원(진원)이라고 생각했다.

관측에 의한 데이터가 뒷받침되지 않은 상태에서 케플러는 1600년 덴마크 천문학자 티코 브라헤Brahe, T.의 제자가 된다. 브라헤는 덴마크 왕 프레드릭 2세의 지원을 받아, 1577년 코펜하겐 앞바다 벤섬에 우라니보르그(하늘의 성)라는 이름의 천문대를 세우고 당시로서는 최고의 장비를 갖춰 혜성과 행성, 그 외의 천체를 매우 정밀하게 관측했으며, 프레드릭 2세 사후, 신성로마황제 루돌프 2세의 비호를 받으며 프라하에 정착했다.

브라헤가 평생 동안 얻은 방대한 관측 데이터를 바탕으로, 케플러는 행성 운동의 법칙을 밝혀냈다. 케플러 제1법칙과 제2법칙이 발표된 것은 1609년, 제3법칙이 발표된 것은 1618년이었다. 행성의 궤도가 완전한 원임을 증명하려고 한 연구가 오히려 완전한 원orb이 아니라 불완전한 궤도orbit였다는 것을 밝혀낸 것이다.

1-13

겉으로 보이는 힘은 진짜 힘이 아니다

관성력

지구에서 달까지는 중력이 작용한다. 한편 달에는 회전 운동을 하는 원심력도 작용하고 있다. 그러나 이 두 힘의 본질은 조금 다르다.

관성력

- 뉴턴의 운동의 제1법칙(관성의 법칙)에 따라 정지 또는 등속 직선 운동을 하는 물체는, 어떤 힘(마찰이나 저항 등)이 외부에서 작용하지 않는 한 그 상태를 유지한다(=관성이 작용한다).
- 반대로 물체가 가속할 때 생기는 힘을 **관성력**이라고 하는데, 관성력은 진짜 힘이 아니다.
- 중력이나 전자기력은, 물체의 운동 상태에 관계없이 작용하는 힘으로, 이 힘이 **진짜 힘**이다.

선생님: "등속 직선 운동을 하고 있는 지하철 안에서, 공을 위로 던지면 어떻게 될까?"

학생: "공도 지하철도 함께 움직이고 있기 때문에, 멈춰 있는 전차 안에서 던졌을 때와 마찬가지로 아래로 떨어지겠죠."

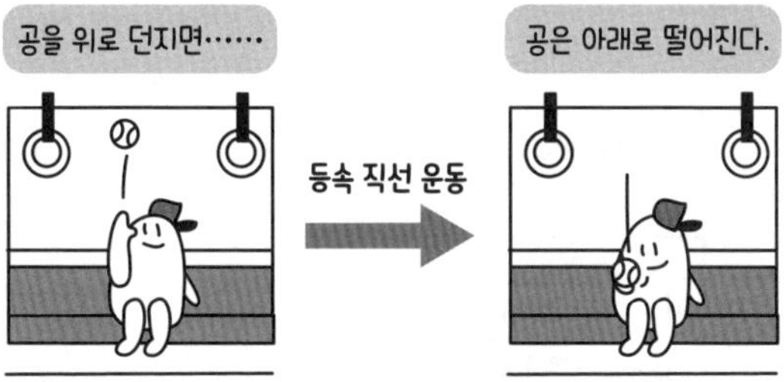

선생님: "그럼 공을 던지고 난 뒤에, 기차가 갑자기 속력을 내거나 급브레이크를 밟으면 어떻게 될까?"

학생: "기차가 급가속을 했을 때는 던져 올린 위치보다 뒤쪽에, 급브레이크를 밟았을 때는 던져 올린 위치보다 앞쪽에 떨어지겠지요. 그런데, 이때 공에는 아무런 힘도 작용하지 않은 거네요?"

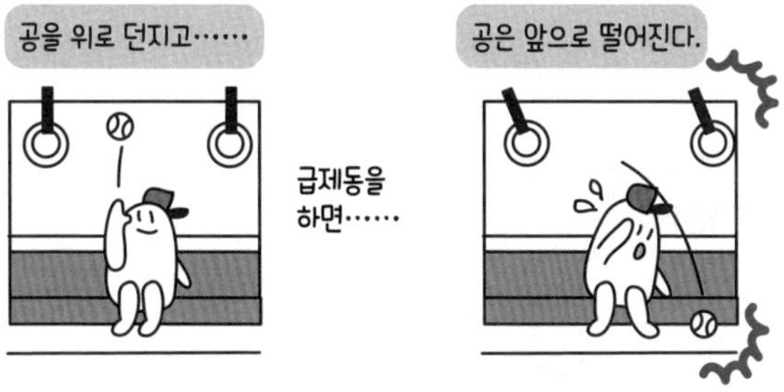

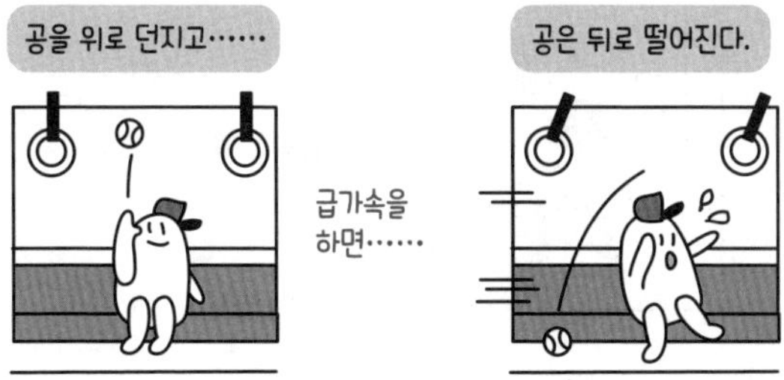

선생님: "맞아. 공에 관성이 작용해서 생기는, 말하자면 '겉으로 보이는 힘'이 발생하고 있는 거야."

선생님: "그럼 급가속이나 급제동을 할 때, 기차의 창문으로 바깥의 큰 나무를 보면 경치는 어떻게 보일까?"

학생: "급가속을 할 때는 큰 나무가 급가속하는 방향과 반대 방향으로 급가속하고 있는 것처럼 보이고, 급브레이크를 밟을 때는 큰 나무가 급제동하는 방향과 반대 방향으로 급정지를 하고 있는 것처럼 보여요."

선생님: "하지만 큰 나무는 실제로 급가속도 급제동도 안 하고 있으니, 움직이는 것처럼 보이는 것은 뉴턴 운동의 제1법칙(관성의 법칙)에 어긋나는 상황이지."

학생: "게다가 아무런 힘도 받지 않았는데 가속도가 발생하니까, 뉴턴 운동의 제2법칙(운동 방정식)도 성립하지 않아요."

코리올리의 힘과 원심력

- 회전하는 좌표계(회전 좌표계)에서는 회전축에서 멀어지는 방향으로 힘이 작용하고 있는 것처럼 보인다(= 느낌일 뿐이다). 이 관성력을 **원심력**이라고 한다.
- 회전 좌표계에서 운동하는 물체가 진행 방향에 대해 수직으로 받는 관성력을 **코리올리의 힘**이라고 한다.
- 원심력도 코리올리의 힘도 진짜 힘이 아니다.
- 예를 들면 우주 정거장 안에 있는 물체는, 지구의 중력과 원심력이 균형을 이루고 있기 때문에, 무중력이 아니라 무중량 상태가 되는 것이다.
- 관성력은 겉으로 보이는 힘이기 때문에 가속을 하지 않는 좌표계나, 회전하지 않는 좌표계에는 존재하지 않는 힘이다.
- 관성력을 진짜 힘과 동격으로 생각한 이론이 아인슈타인의 등가 원리이다(304페이지 참조).

선생님: "공을 던지고 난 후에, 기차가 급커브를 돌면 어떻게 될까?"

학생: "기차가 왼쪽으로 급커브를 돌았을 때는 던진 위치보다 오른쪽에, 오른쪽으로 급커브를 돌았을 때는 던진 위치보다 왼쪽에 떨어졌어요."

선생님: "그렇다면 회전하는 좌표계에도 관성력이 작용하고 있다는 거네."

2장

진동과 파동

2-1

파에 대해 알아보자

파의 성질

역학은 어떤 물체나 공간 일부에서 일어나는 현상이 대상이다. 반면 '파波(파동)의 물리학'은 공간 전체에서 일어나는 현상을 대상으로 한다. 파는 손에 잡히거나 눈으로 보기 어렵기 때문에 '역학은 잘 알겠는데 파의 물리학은 잘 모르겠다'는 사람도 있을 것이다.

하지만 그 특징을 알면 사실 아주 쉽다. 우선 각각의 파의 특징을 나타내는 물리량을 살펴보도록 하자.

파의 요소

- 어떤 작용을 다른 장소로 전달하는 중립 물질이나 공간을 **매질**이라고 한다.
- 매질 내에서 생긴 변화가 인접한 영역에 전해져 주기적인 변화가 차례로 전해져가는 현상을 파라고 부른다. 파가 발생하는 곳을 **파원**이라고 한다.
- 액체와 기체를 총칭하여 **유체**라고 한다. 일반적으로 파가 전달될 때에

복원력restoring force … 원래 상태로 되돌리려는 힘.
파장wavelength … 일반적으로 그리스 문자의 λ(람다)로 나타낸다. (영어로 표현하면 L 또는 l이지만, 이 표기는 이외에도 많이 사용되므로 λ가 된 것 같다.

는 유체는 이동하지 않는다. 단, 파는 운동량과 에너지를 전달한다.

- 파가 발생하기 위해서는 유체에 변화가 생겼을 때 원래 상태로 되돌리려는 힘, 즉 **복원력**이 필요하다.

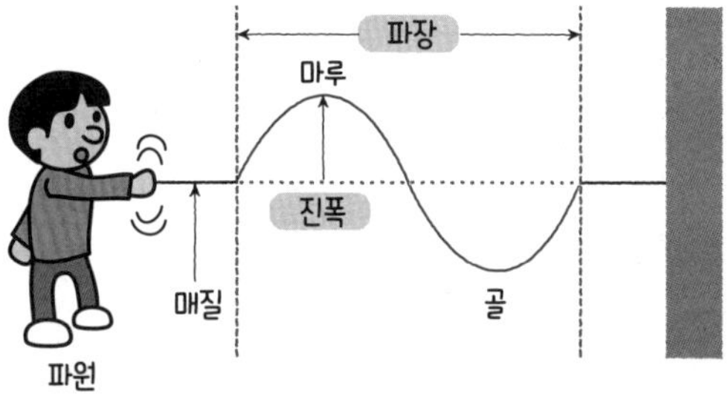

파의 특징을 나타내는 물리량

- 진동의 중심(파가 없을 때 매질의 위치)으로부터 매질이 이동한 위치를 파의 **변위**라고 한다.
- 파의 변위가 가장 커지는 지점을 **파의 마루**, 또는 **파의 골**이라 한다.
- 파는 파의 마루와 골이 '같은 변위만큼' '번갈아' '반복적'으로 나타난다. 따라서 파의 마루에서 다음 파의 마루까지, 또는 파의 골에서 다음 파의 골까지를 파의 길이라고 한다.
- 파의 길이를 **파장**이라고 한다.
- 어떤 장소를 1초 동안 통과하는 파의 수, 바꾸어 말하면 진동의 횟수를 파의 **진동수**라고 하며 진동수는 **주파수**라고도 부른다. 1초에 통과하는 파의 수가 하나라면 1 Hz(Hz는 진동수의 단위)이다. 주파수라는 용어는 **전파**(전기와 자기의 파)나 **음파**(소리의 파) 등에 많이 사용된다.

- 어떤 장소를 하나의 파가 통과하는 시간, 즉 파가 마루→골→마루로 변화하고, 다시 같은 변위로 돌아올 때까지의 시간을 주기라고 한다. 파는 1주기에 1파장만큼 진행된다.
- 파장(길이)을 주기(시간)로 나눈 물리량을 파의 속도라고 한다.
- 1주기 내에서 변위의 최대치를 진폭이라고 하며 진폭은 반드시 양의 값(절댓값)으로 표시한다.

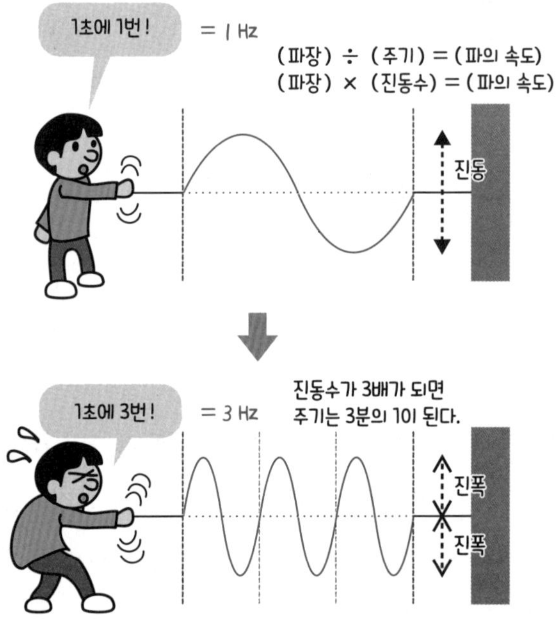

음파acoustic wave…압력을 복원력으로 하는 탄성파동. 공기(기체) 중에서뿐만 아니라 액체나 고체에도 전달된다.
진동수frequency…물리계에서는 진동수라는 용어로, 주로 그리스 문자인 ν(뉴, n에 해당)로 나타낸다. 공학계에서는 주파수라는 용어로, f를 쓰는 경우가 많다.

2-2

종인가 횡인가

파동의 종류

2-1에서 소개한 것과 같이 파 전체에 공통의 물리량이 있는 한편, 파면이 평면인 파, 같은 장소에 머무르는 파, 소리의 파 등 다양한 파의 종류가 있다. 또한 파에는 종파와 횡파가 있다.

형상에 따른 분류

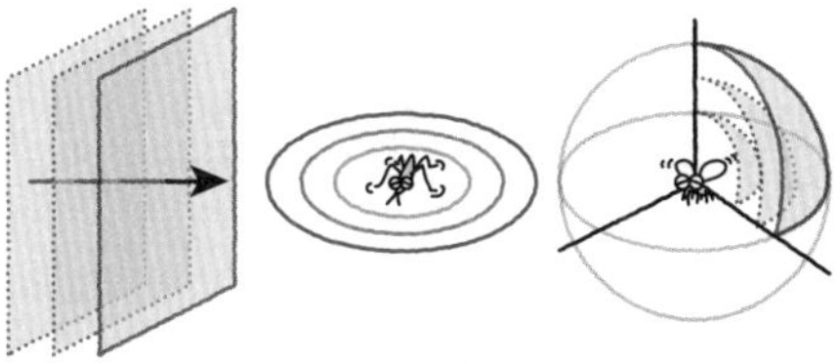

〔평면파〕 〔원통파〕 〔구면파〕

- 파처럼 주기적인 운동을 하는 대상이, 어느 타이밍에 있는지를 나타내는 물리량(위치 정보)을 **위상**이라고 한다.
- 파가 진행할 때 동일 위상의 위치를 연결한 면을 **파면**이라고 한다. 또 해안에 밀려오는 파도처럼 파면이 평면인 파도를 **평면파**라고 한다. 반면 연못에 돌을 던졌을 때 생기는 모양처럼 파면이 원형인 파도를 **원통파**라고 하며, 한 점으로부터 공간으로 퍼져나가는 작은 음원에서 나오는 음파와 같이 파면이 구형인 파를 **구면파**라고 한다.

종파 longitudinal wave…음파나 지진파의 P파 등.
횡파 transverse wave…중력파나 지진파의 S파 등.

- 원통파든, 구면파든, 파원에서 먼 곳에서 파의 일부만을 보게 되면 모두 평면파처럼 보일 것이다.

운동 상태에 따른 분류

- 같은 장소에 머무르고 있는 파를 **정상파**定常波라고 한다. 정상파에서 변위가 일어나지 않는 곳을 **파의 마디**, 가장 변위가 큰 곳을 **파의 배**(마루)라고 한다.
- 어떤 방향으로 진행하는 파를 **진행파**라고 한다. 정상파와 진행파는 전혀 다른 것이 아니고, 진행파를 겹쳐 놓으면 정상파가 되기도 한다.

변위의 방향에 따른 분류

- 파의 진행 방향과 변위의 방향이 평행한 파를 **종파**라고 한다. 반면 파의 진행 방향과 변위의 방향이 수직인 파를 **횡파**라고 한다.
- 종파에서는 파의 수가 많은 곳(밀密한 부분)과, 파의 수가 적은 곳(소疏한 부분)이 있다. 그래서 종파를 **소밀파**疏密波라고도 부른다.
- 공기를 매질로 하는 소리의 파(음파)는 종파이다. 귀의 고막이 그 영향

여러 가지 파동

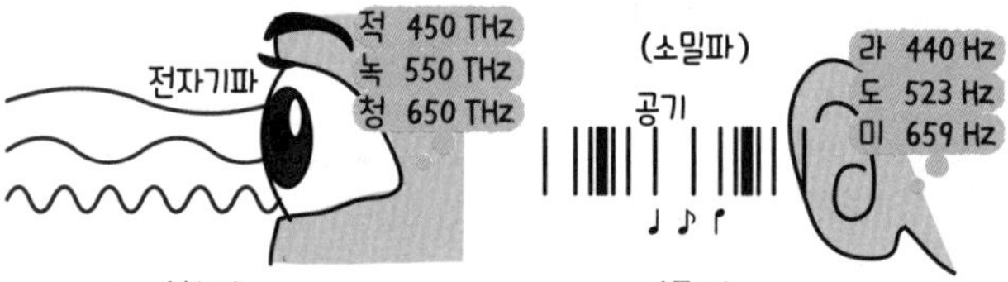

〔횡파〕 〔종파〕

을 받아 진동함으로써 소리를 들을 수 있다.

- 물을 매질로 하는 물결파는, 파의 진행 방향과 변위의 방향이 수직인 횡파이다. 빛 등의 전자기파도 횡파이다.
- 지진은 처음에는 횡파인 P파가 오고(초기 미소진동 微小振動), 그 후에 종파인 S파가 온다(본진, 주요 진동).

매질과의 관계에 따른 분류

- 매질의 표면이나 경계면에 전달되는 파를 **표면파**라고 한다. 그리고 매질의 내부에 전해지는 파를 **내부파**라고 한다. 수면에 전달되는 파는 표면파이며, 물속에서 전해지는 파나 음파는 내부파이다.
- 표면파 중 2종류의 다른 매질의 경계면을 따라서 전달되는 것을 **계면파**라고 한다.

〔표면파〕

〔내부파〕

표면파surface wave…정확하게는 수면파와 같이 한쪽 매질(공기)의 영향을 무시할 수 있는 경우를 표면파라고 하며, 2종류의 매질의 경계면으로 전달되는 것을 계면파라고 한다.

2-3

주변이 시끄러운데도 이야기를 할 수 있는 이유

중첩의 원리

주변이 시끄러운 상황이라도 가족이나 친구들끼리 이야기를 하는 것은 즐거운 일이다. 그런데 어떻게 시끄러운 곳에서도 서로의 말소리를 알아들을 수 있는 걸까?
또 TV의 스피커는 하나당 1개의 음파밖에 낼 수 없는데, 어떻게 다양한 소리를 동시에 표현할 수 있는 걸까?

파의 독립성

- 2개 이상의 파가 겹칠 때, 겹쳐서 생기는 파를 **합성파**라고 한다.
- 물체(입자)의 경우, 2개 이상의 물체가 충돌할 때 뉴턴의 운동 법칙에 따라 각 물체의 운동 상태는 서로 영향을 미친다. 그리고 충돌 전의 운동 상태로 되돌아가는 경우는 없다.
- 그러나 파는 합성파가 되어도 각각의 파의 형태(파형)에는 서로 영향을 미치지 않고 원래 상태를 유지한다. 이것을 **파의 독립성**이라고 한다.
- 파의 독립성 때문에, 파끼리 충돌해도 각각이 전혀 변형되지 않고 서로 통과할 수 있다. 따라서 오케스트라의 여러 악기에서 나오는 음파를 합성파로 바꿔도, 우리 귀가 오케스트라의 여러 악기에서 나는 소리로 알아들을 수 있는 것이다.

중첩의 원리

- 합성파의 변위는 각각의 파의 변위를 더한 것이다. 이것을 파의 **중첩 원리**라고 한다.
- 중첩된 각각의 파는, 파의 독립성 때문에 각각 지나간 후에는 원래의 파의 형태로 되돌아온다.
- 파에 의한 매질의 변동 비율이 작아서 파의 중첩이 성립하는 것을 **선형파**, 매질의 변동 비율이 커서 중첩의 원리가 성립하지 않는 것을 **비선형파**라고 한다(65페이지 참조).

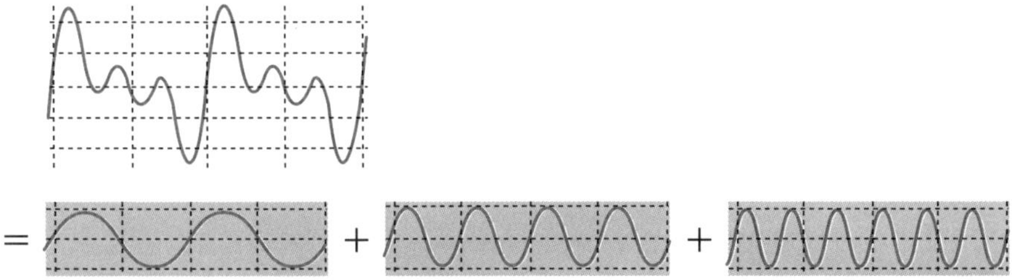

- 위의 파형은 아래 3개의 정현파(사인 커브) 형태의 파형으로 분해할 수 있다.
- 반대로 아래 3개의 정현파를 합성하면, 위의 파형을 재현할 수 있다.
- 일반적으로 아무리 복잡한 파형이라도 정현파의 중첩으로 재현할 수 있다.

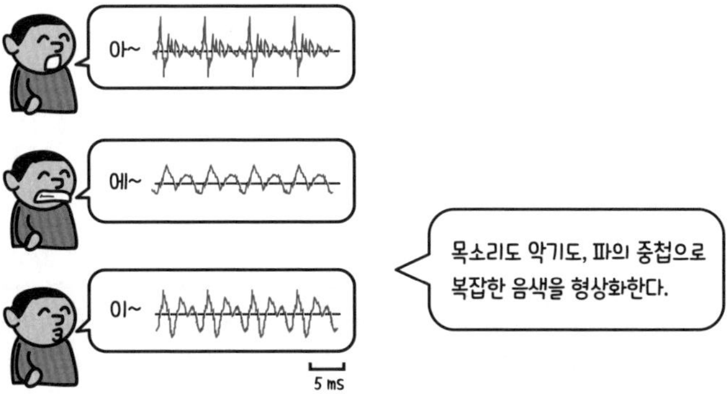

- 목소리나 악기가 내는 소리에는 여러 가지 음색이 있고, 각각은 복잡한 파형을 가지고 있지만, 아무리 복잡한 파형이라도 파동의 중첩 원리에 의해서 단순한 정현파(삼각함수로 나타내는 파형)의 중첩으로 나타낼 수 있다.
- 이 사실은 프랑스의 수학자이자 물리학자 푸리에Fourier, J.B.J.가 '푸리에 급수'로 정확하게 증명했다.

정현파의 중첩superposition of sine waves…전문적으로는 푸리에 급수 전개라고 불리는 방법으로 나타낼 수 있다. 각 항의 계수(진폭)를 조정하면서 더해나감으로써 모든 파형을 나타낼 수 있다.

2-4

파의 형태는 무너지지도, 흩어지지도 않는다

고립파(솔리톤)

파는 강해지면 단순 중첩이 불가능하다. 또 전달되는 동안 흩어져버린다. 그러나 절묘하게 균형을 이룬다면 그 자체가 부서지지 않는 파, 즉 고립파(솔리톤)가 된다.

중첩이 불가능하다 = 비선형파

- 진폭이 큰 강한 파는 단순한 중첩이 불가능하다.
- 단순하게 중첩할 수 없는 파를 비선형파라고 하다.

비선형파nonlinear wave…물리에서 '비선형'이라는 말이 나오면, 대부분은 설명하기 까다롭다는 뜻이다.

흩어져간다 = 분산성

- 파는 그것을 전달하는 매질의 성질에 따라, 또는 파장에 따라 전파되는 속도가 다르게 나타난다.
- 즉, 여러 가지 파장의 파를 중첩한 파는 일반적으로 파장이 긴 파가 선행하고 파장이 짧은 파가 늦게 진행되기 때문에, 파장마다 다르게 분리되어 흩어진다.
- 이것을 **파의 분산성**이라고 부른다.

솔리톤의 발견

- 영국 선박 기술자 러셀Russell, J. S.은 운하를 지나는 배가 급정지했을 때 뱃머리에 생긴 파도가 파형을 바꾸지 않고 그대로 전달되는 것을

우연히 목격하고 신기하게 생각했다.

- 이렇게 단독으로 전해지는 파도를 **고립파**(솔리톤)라고 한다.

고립파를 나타내는 KdV 방정식

- 1895년 네덜란드 수학자 코르테베그Korteweg, D. J.와 네덜란드 수학자 드 브리스de Vries, G.가 비선형성과 분산성을 잘 조합하여, 이론적으로 고립파를 나타내는 방정식을 도출하였다. 이것은 오늘날 **KdV 방정식**이라고 불린다.
- 그로부터 70년이 지난 1965년 미국 물리학자 잡스키Zabusky, N. J.와 미국 수학자이자 물리학자인 크루스칼Kruskal, M. D.이 KdV 방정식을 수치로 계산하여 고립파가 마치 입자처럼 움직인다는 것을 발견했다.
- **지진해일**, 즉 '쓰나미'도 일종의 고립파이다. 또 만조 시에 강의 수면보다 해수면이 높아짐에 따라 파도가 강을 거슬러 올라오는 현상이 일어

고립파/솔리톤solitary wave/soliton…형태를 바꾸지 않고 고립된 채로 전해지는 파를 말한다. 고립을 뜻하는 'solitary'에, 광의 입자성에서 입자를 의미하는 접미사 '-ton'을 붙여서 솔리톤이라는 말이 만들어졌다.

나는데, 이것을 **해일**이라고 하며 해일도 고립파의 성질을 가지고 있다. 특히 하구가 삼각형 모양인 큰 강 하구에서는 대역류가 일어나는데, 그 유명한 아마존 강의 해일은 **포로로카**라고 불린다.

2-5

진자와 용수철은 단진동

진동의 역학

자연계에서 일어나는 파동 현상은 매우 다양하고 복잡하지만 단순한 진동도 있다. 예를 들어, 진자의 진동이나 추를 단 용수철의 진동 등이다. 단순한 진동의 역학적 성질에 대해 알아보자.

진자의 진동

- 줄을 지탱하는 점(지점)에서 늘어뜨린 줄 끝에 추를 달고, 흔드는 것을 단진자라고 한다.

〔단진자 식〕

$$m\ell \frac{d^2\theta}{dt^2} = -mg\sin\theta$$

$$\frac{d^2\theta}{dt^2} = -\omega^2\theta \qquad \left(\omega^2 = \frac{g}{\ell}\right)$$

θ: 진동각
m: 진자의 질량
ℓ: 진자의 길이
g: 중력 가속도
ω: 각진동수

- 단진자가 흔들리지 않을 때 줄이 가리키는 방향을 연직이라고 하고, 연직 방향으로 그은 선을 연직선이라고 한다.
- 단진자는 진동각이 최대가 될 때마다 속도가 0이 되고, 추가 연직이 될 때마다 속도는 최대가 된다. 단진자의 속도는 (진동각이 작을 때는) 진동각의 크기로만 결정할 수 있으므로, 진동은 진동각을 변수로 한 정

현함수로 나타낼 수 있다. 이러한 진동을 **단진동**이라고 한다.

용수철의 진동

- 용수철을 생각해보자. 늘리면 늘릴수록, 누르면 누를수록, 원래의 모양으로 돌아가려는 힘(복원력)이 강해진다. 그 크기는 변위의 크기에만 의존한다.
- 이때 변위의 크기를 각도와 바꾸어보면, 단진자와 같은 물리 현상(단진동)으로 파악할 수 있다.
- 단진자 운동과 용수철 운동은 물리적인 상황은 전혀 다르지만, 단진동이라는 공통점이 있어서 두 운동 모두 동일한 정현함수로 나타낼 수 있다.

〔용수철의 진동을 나타내는 식〕

$$m\frac{d^2x}{dt^2} = -kx$$

$$\frac{d^2x}{dt^2} = -\omega^2 x \quad \left(\omega^2 = \frac{k}{m}\right)$$

x: 평형 위치에서 벗어난 길이
m: 추의 질량
k: 용수철 상수
ω: 각진동수

단진동simple oscillation … 조화 진동harmonic oscillation이라고도 한다. 또 외부로부터 힘이 작용하지 않으므로 자유 진동이라고도 한다.

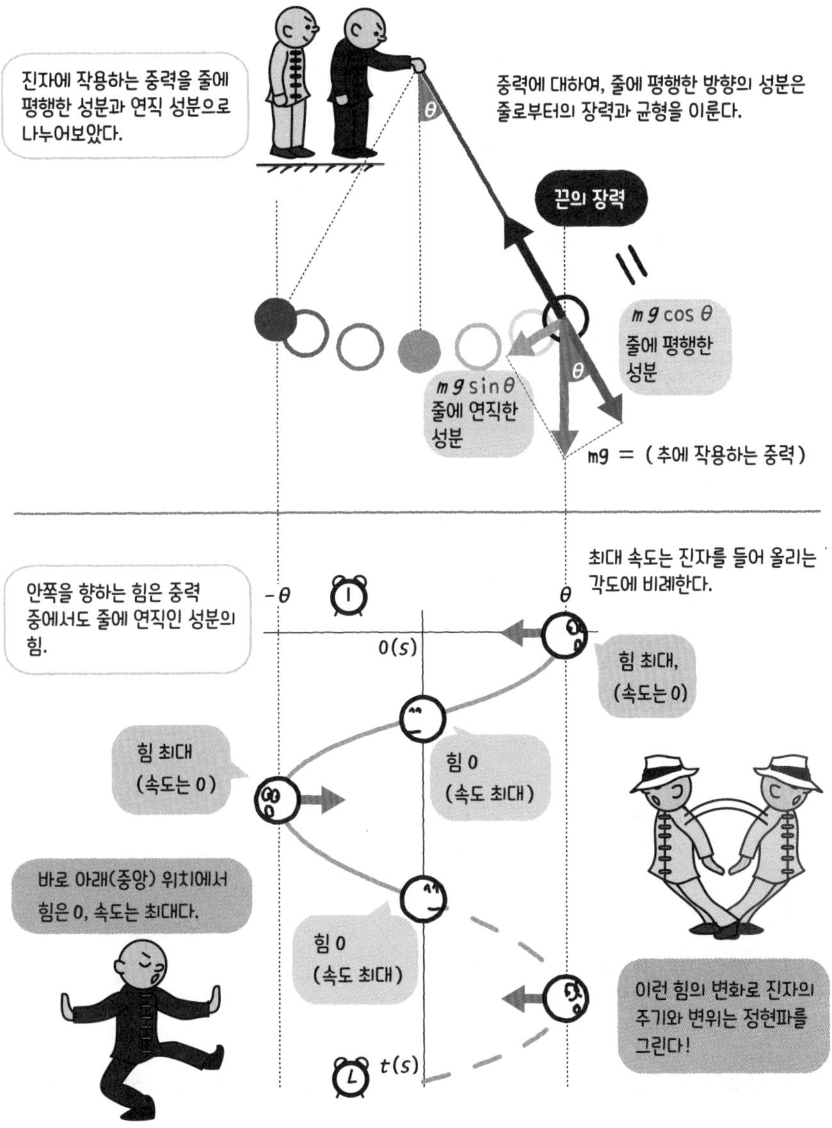

진자에 작용하는 중력을 줄에 평행한 성분과 연직 성분으로 나누어보았다.
θ
중력에 대하여, 줄에 평행한 방향의 성분은 줄로부터의 장력과 균형을 이룬다.
끈의 장력
mg cos θ
줄에 평행한 성분
mg sinθ
줄에 연직한 성분
mg = (추에 작용하는 중력)
최대 속도는 진자를 들어 올리는 각도에 비례한다.
안쪽을 향하는 힘은 중력 중에서도 줄에 연직인 성분의 힘.
-θ
θ
0(s)
힘 최대, (속도는 0)
힘 최대 (속도는 0)
힘 0 (속도 최대)
바로 아래(중앙) 위치에서 힘은 0, 속도는 최대다.
힘 0 (속도 최대)
이런 힘의 변화로 진자의 주기와 변위는 정현파를 그린다!
t(s)

추가 달린 용수철의 진동도 단진동이 된다

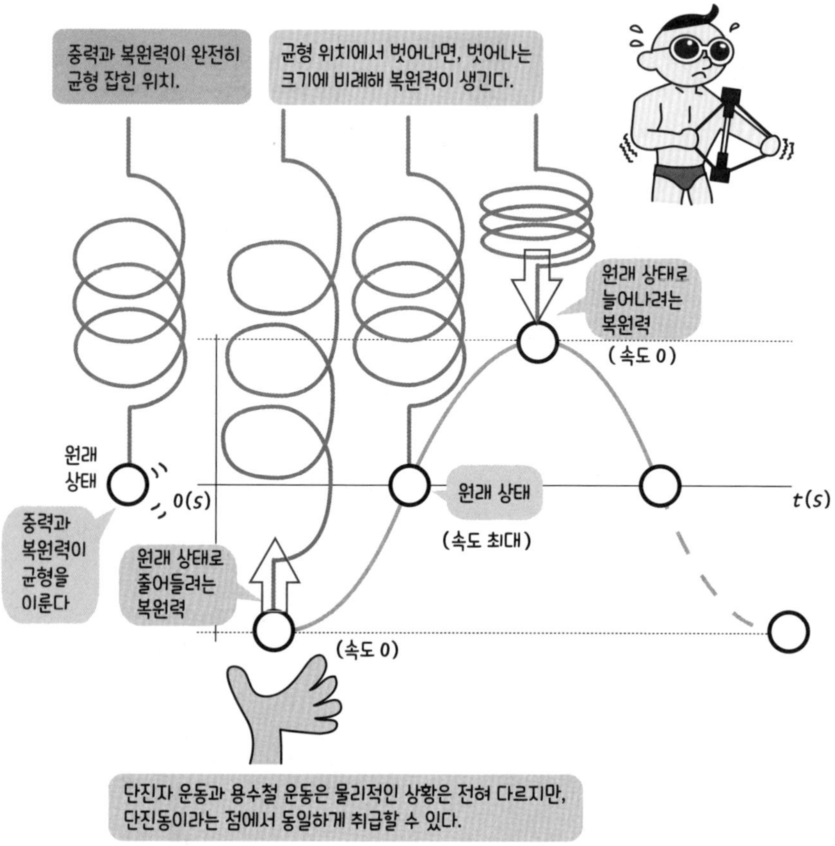

감쇠 진동과 과감쇠, 임계 감쇠

- 외부로부터 힘이 작용하지 않으므로 단진동을 자유 진동이라고도 한다. 반면 실제 진동에서는 지점 부분(축)과의 마찰이나 공기 저항 등 운동을 방해하는 힘(저항력)에 의해 진동은 서서히 감쇠되는데 이러한 진동을 감쇠 진동이라고 한다.

- 감쇠 진동은 단진동과 같은 주기를 유지하면서도, 진폭이 지수 함수적으로 작아지면서 진동이 감쇠해간다.
- 반면 저항력이 너무 큰 경우에는, 진동하지 않고 급격히 감쇠된다. 이것을 **과감쇠**라고 한다. 감쇠 진동과 과감쇠의 경계에 해당하는 감쇠를 **임계 감쇠**라고 한다.

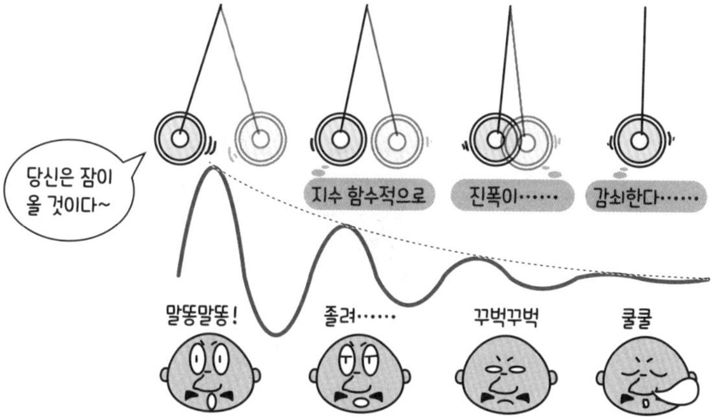

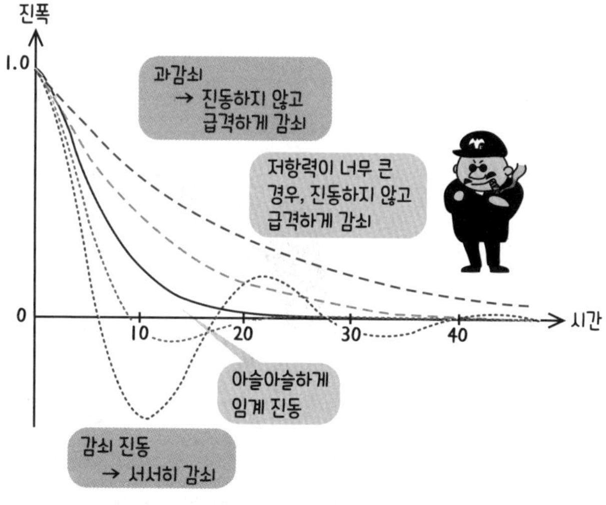

감쇠 진동damping oscillation … 저항력이 작용하는 진동.

강제 진동과 공명/공진

- 그네처럼 밖에서 진동이 계속되도록 힘을 가해서 강제적으로 진동시키는 것을 강제 진동이라고 한다.

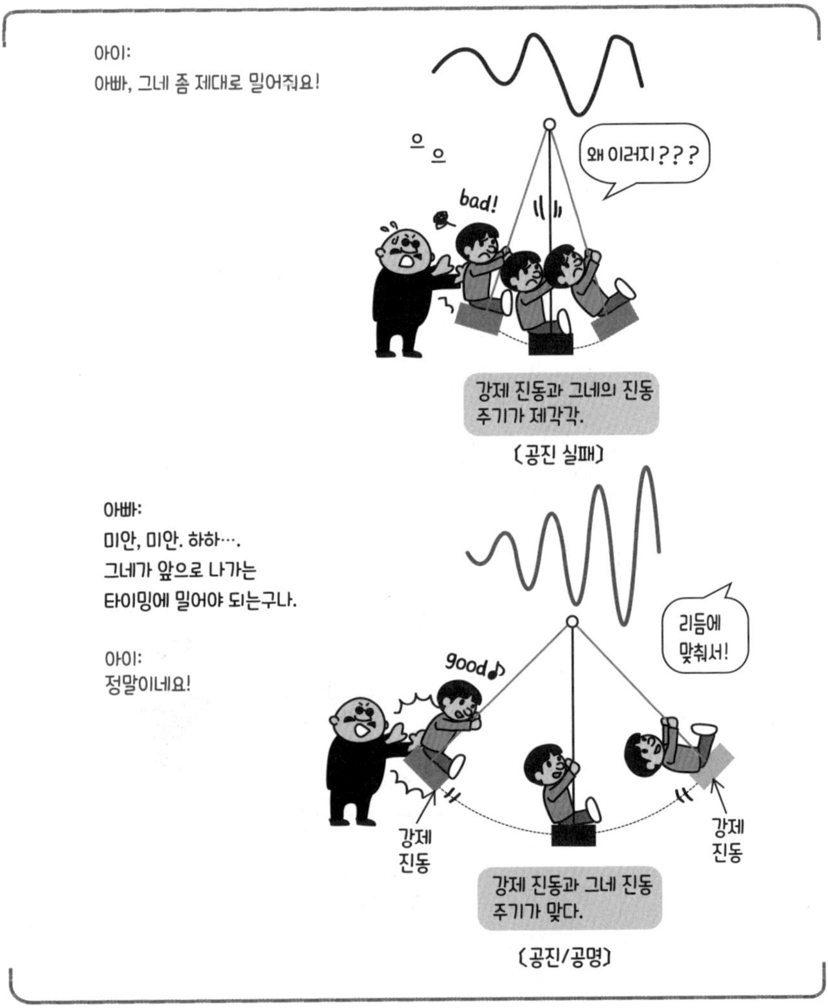

강제 진동 forced oscillation … 강제력은 주기적인 힘이어도 되고, 비주기적인 힘이어도 된다.

- 강제 진동에서는 힘을 가하는 방향을 진동수에 맞추지 않으면 진동을 크게 하거나 유지할 수 없다.
- 즉, 강제 진동의 힘을 가하는 방향의 진동수와 원래 진동의 진동수(진

- 지진의 진동수와 고층빌딩의 고유 진동수가 일치하면 빌딩은 크게 흔들린다.
- 호류지 5층탑에는 '심주 구조'라는 기술이 사용되었다.

공명resonance ··· 공진과 영어 스펠링이 같다.
고유 진동eigen frequency ··· 진동계가 원래 가지고 있는 진동으로, 기본 진동이나 고주파를 가리킨다.

동계의 고유 진동수)가 맞았을 때, 진폭은 증가한다. 이것을 공명, 또는 공진이라고 한다.

- 지진의 진동수와 고층빌딩의 고유 진동수가 일치하면, 고층빌딩은 크게 흔들리다 무너지게 된다. 따라서 고층빌딩의 내진 장치로 제진댐퍼가 사용되고 있다.
- 1400년 전에 만들어진 일본의 호류지 5층탑에는 공진을 방지하는 심주 구조라는 것이 있다. 지진이 많은 일본에서 건축물을 지키기 위한 장인들의 지혜를 엿볼 수 있다.

2-6

파는 서로 강화시키기도 하고 약화시키기도 한다

파의 간섭

수면의 한 곳에 파를 일으키면, 그곳을 중심으로 파면이 원형으로 전달된다. 또한 두 곳에서 파를 일으키면, 두 개의 파가 서로 강해지기도 하고 약해지기도 한다. 이것이 파의 간섭 현상이다.

수면파의 간섭

- 수면에 2개의 원형 파를 발생시키면, 파의 진동이 '있는 곳'과 '없는 곳'이 있는 것처럼 보인다.
- 파의 진동이 계속되고 있는데 어떤 부분에서는 진동이 없는 것처럼 보이는 이유는, 그 부분에서 두 파의 마루와 골이 만나, 서로 부딪치며 진동하고 있기 때문이다.
- 반대로 마루와 마루, 골과 골끼리 만난 장소에서는 강한 진동이 생긴다.
- 이런 효과를 파의 간섭이라고 부른다.
- 이 결과 생기는 모양을 합성파라고 한다.

음파의 간섭

- 소리의 파(음파)도 간섭을 한다.
- 이 때문에 2개의 스피커에서 동시에 소리를 내면, 잘 들리는 장소와 잘 들리지 않는 장소가 생긴다.

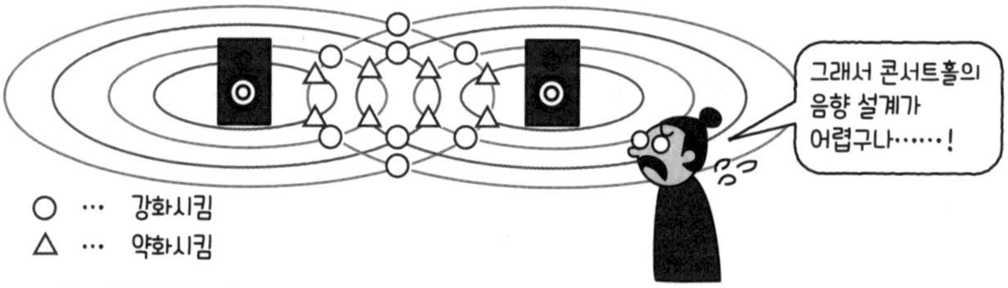

2개의 스피커에서 동시에 소리를 내면 잘 들리는 장소(음파가 강화되는 곳)와 잘 들리지 않는 장소(음파가 약화되는 곳)가 생긴다.

- 음파의 파형은 수면파에 비해 복잡하지만, 아무리 복잡한 파형이라도 그 파형과 대칭인 파형의 파를 겹쳐놓으면, 전체적으로 서로 약화시켜 사라질 수 있다.
- 이 원리를 응용한 것이 노이즈 캔슬링 기능이 있는 이어폰이나 헤드폰이다.
- 노이즈 캔슬링 기능을 이용하면 소리(소음)를 지울 수 있다. 구체적으로는 외부에서 들어오는 잡음을 없애기 위해 외부의 잡음과 반대 파형을 가진 인공적인 잡음을 발생시켜 중첩한다.

간섭 interference…간섭시키는 장치는 간섭계 interferometer라고 한다.

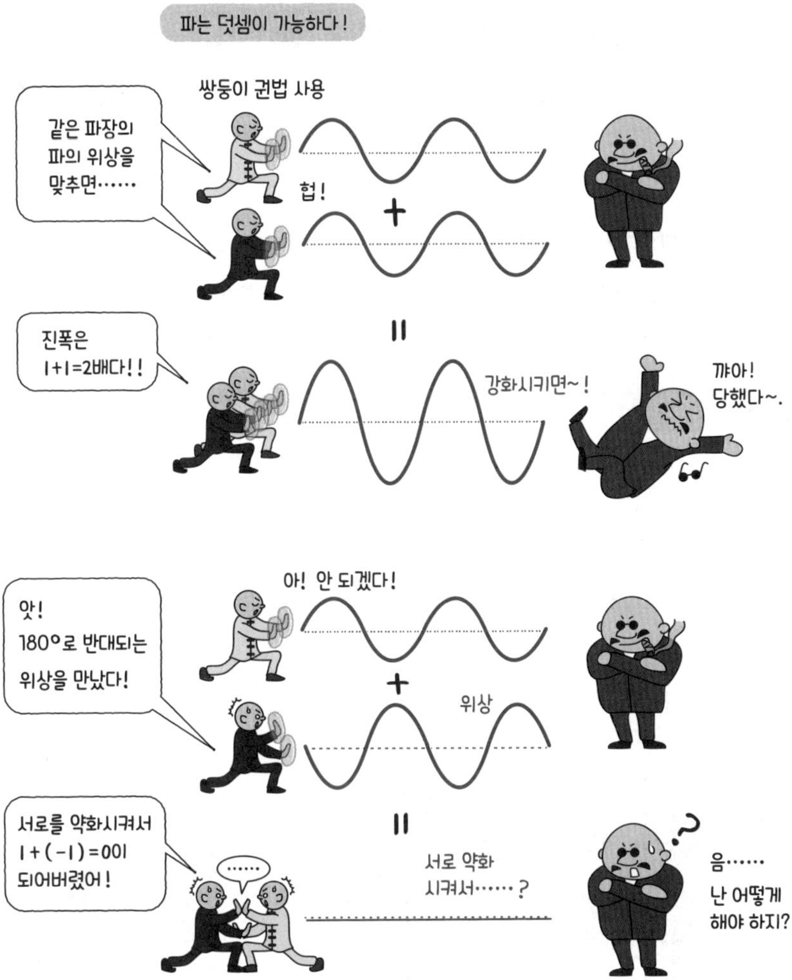

파는 덧셈이 가능하다!
쌍둥이 권법 사용
같은 파장의 파의 위상을 맞추면……
헙!
+
=
진폭은 1+1=2배다!!
강화시키면~!
꺄아! 당했다~.
아! 안 되겠다!
앗! 180°로 반대되는 위상을 만났다!
+
위상
=
서로를 약화시켜서 1+(−1)=0이 되어버렸어!
……
서로 약화 시켜서……?
음…… 난 어떻게 해야 하지?

2-7

파는 장애물 뒤쪽까지 전달된다

파동의 회절

물체(입자)는 장애물이 있으면 그 너머로 가지 않는다. 반면 파는 장애물이 있어도 그 틈(슬릿)이나 가장자리를 조금 돌아 뒤쪽까지 전달된다. 이것이 파의 회절 현상이다.

물결파의 회절

- 물결이 평면파로 슬릿이 있는 장애물에 도달했다고 하자.
- 그러면 파는 슬릿을 통과한 후 장애물 뒤쪽으로 전달된다. 이것이 파의 회절이다.

회절

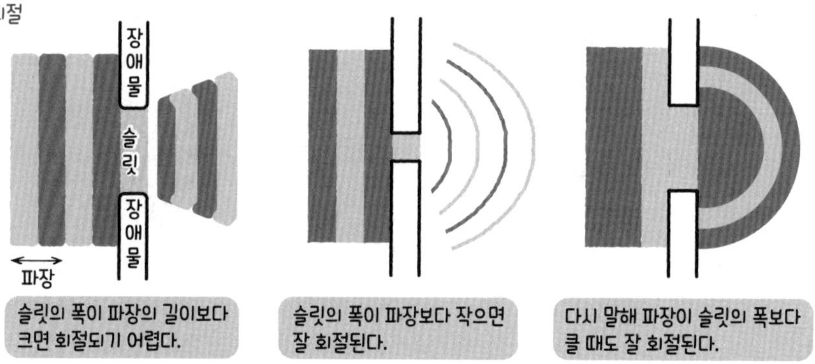

회절diffraction…파동이 장애물이나 좁은 틈을 통과할 때 그 뒤편까지 파가 전달되는 현상.

- 회절의 정도는 슬릿의 폭이 작을수록, 파의 파장이 길수록 커진다.

하위헌스의 원리

- 회절 현상은 하위헌스의 원리라고 불리는 이론으로 설명된다.
- 하위헌스의 원리란 원래의 파면에서 무수히 작은 구면파(소원파라고 부른다)가 발생하고 있고, 그 소원파가 새로운 파면을 만든다는 원리이다.
- 회절 현상도 하위헌스의 원리로 설명할 수 있다.

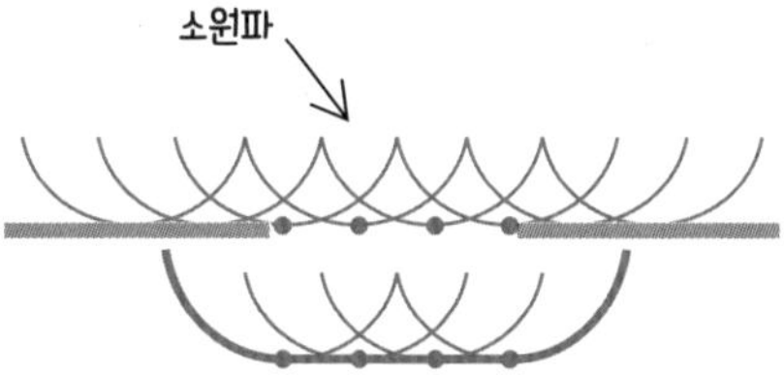

음파의 회절

- 음파도 회절한다.
- 인간의 귀에 소리는 파장이 짧은 것이 고음으로, 파장이 긴 것이 저음으로 들린다.
- 하위헌스의 원리에 따라, 파장이 짧은 고음의 음파는 그 소원파의 파

하위헌스의 원리Huygens'principle…네덜란드의 물리학자 크리스티안 하위헌스Huygens, c.의 이름에서 따왔다.
소원파elementary wave…이 용어는 대부분 하위헌스의 원리에만 나온다.

장도 짧기 때문에 회절하는 비율이 작아진다.

- 따라서 저음은 장애물 뒤쪽으로 많이 회절하지만 고음은 별로 회절하지 않는다. 이것을 **소리의 그림자**라고 한다.

2-8

음색은 파형에 의존한다

음의 3요소와 음속

음파는 종파(60페이지 참조)이며, 파동을 전달하는 매질에 음파의 근원이 되는 압력을 가하면 만들 수 있다. 단 진공 상태에서는 발생시킬 수 없다.

또 음파가 전달되는 속도(음속)는 매질에 따라 달라진다.

음의 3요소

- 음의 높이, 음의 크기, 음색을 소리의 3요소라고 한다.
- 2-7에서 설명한 바와 같이, 음의 높이는 음파의 진동수에 의존하며 진동수가 클수록 높은음이 되고, 작을수록 낮은음이 된다.

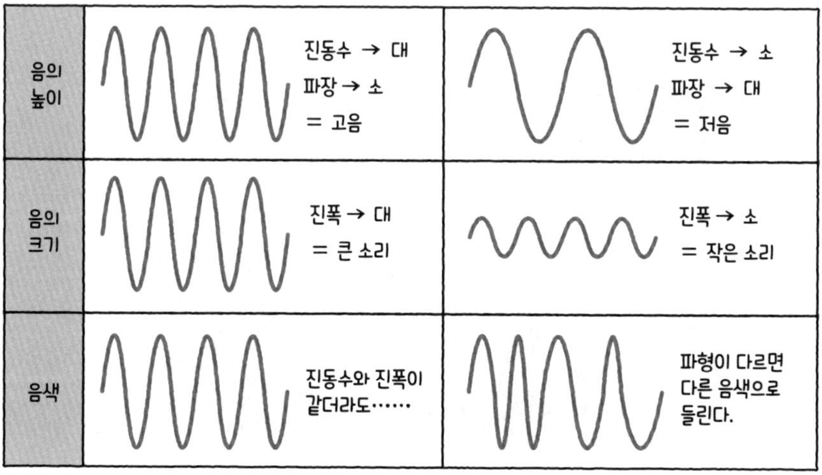

- 음의 크기는 음파의 에너지(= 음파의 진폭)에 의존하며, 음파의 진폭이 클수록 큰 소리가 되고, 작을수록 작은 소리가 된다.
- 음색은 각각의 음파의 파형에 의존한다. 악기는 하나의 단순한 음파를 여러 개 겹침으로써 복잡한 파형이 된다.

음속, 진동수와 파장

- 음파는 종파이므로, 진공 상태가 아니라면 모든 매질을 (공기 중에도 수

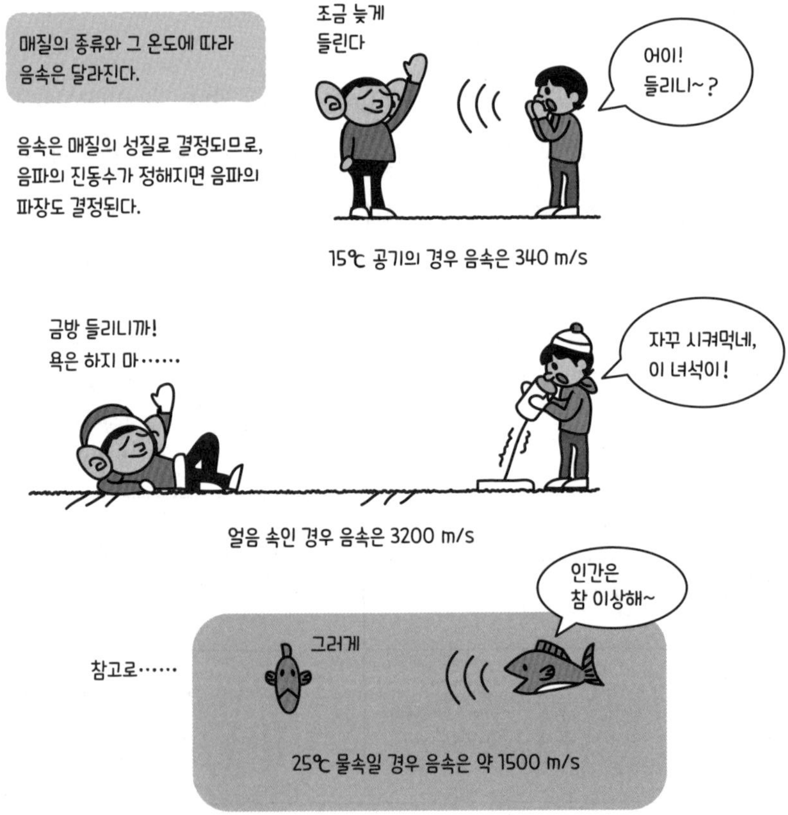

중에도, 고체에도) 전달할 수 있다.

- 단, 매질의 종류나 온도에 따라 음속은 달라진다. 예를 들어 0°C의 공기 중의 음속은 331 m/s 정도인데, 15°C 공기 중에서는 340 m/s이다. 참고로 물속의 경우 25°C이면 1500 m/s인데, 얼음(0°C) 속에서는 3200 m/s가 된다.
- 또 음속과 음파의 진동수, 파장 사이에는 다음과 같은 관계가 성립한다.

(음속) = (음파의 진동수) x (음파의 파장)

- 위와 같이 음속은 매질의 성질에 따라 결정되고, 음파의 진동수(음의 높이)에 따라 음파의 파장도 결정된다.

2-9

도레미는 진동수와 관계가 있다

기본 진동과 음계

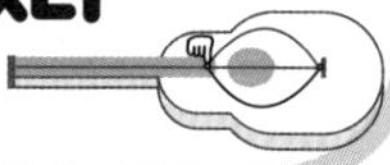

기타와 같은 현악기는 양 끝을 고정한 현을 튕겨서 소리를 낸다. 반면 플루트 같은 관악기는 한쪽이 열린 관에 공기를 불어 넣어 소리를 낸다. 각각의 파가 진동하는 모습은 어떻게 다를까?

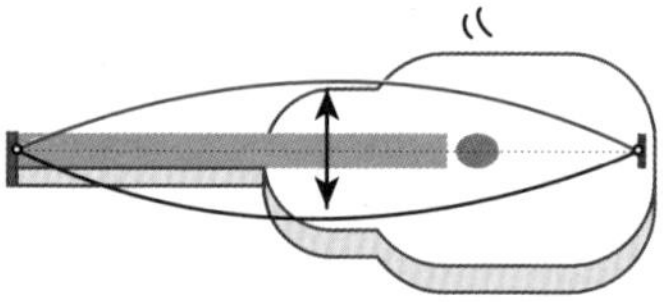

고정단

- 기타는 현의 양 끝이 고정되어 있다. 정상파(60페이지 참조)에서 이러한 파의 끝을 고정단이라고 한다. 고정단은 반드시 파의 마디가 된다.
- 기타 줄을 손가락으로 누르지 않고 개방(개방현)하여 연주하면 그 파장은 현 길이의 2배이므로 현의 길이는 파장의 절반이 된다.
- 현의 한가운데를 닿을 듯 말 듯 가볍게 누르면, 그 파장은 딱 현의 길이와 같아진다. 소리가 공기 중에 전달되는 속도가 같을 때 파장이 절반이 되면 음파의 진동수, 즉 음의 높이는 개방현(기본이 되는 파동)의 딱 2배(2배 진동) 배음(하모닉스)이 되는 셈이다. 기본이 되는 파동(기본 진동)

기본 진동 fundamental mode … 가장 낮은 저주파 진동을 내는 모드. 기음이라고도 한다.

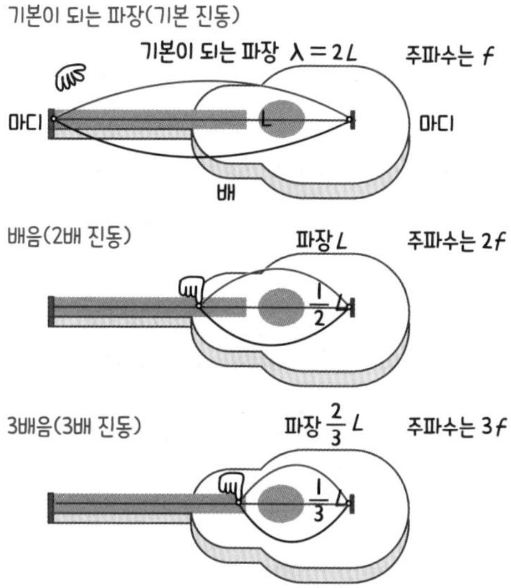

의 정수배 파동을 고주파라고 한다.

- 현의 길이가 3분의 1이 되는 곳을 닿을 듯 말 듯 가볍게 누르면, 딱 3배(3배 진동)인 3배음이 된다.

개방단

- 정상파에서 한쪽 또는 양쪽이 열려 있는 파의 끝을 개방단이라고 한다. 개방단은 반드시 진동의 배가 되며, 플루트 같은 관악기의 관은 개방되어 있기 때문에 개방단이 있다.
- 정리해보면 끝(고정단이어도 개방단이어도 된다)을 가진 유한한 영역에 갇힌 파 중에는, 일반적으로 기본 진동과 그 고주파가 종종 정상파로서 존재한다.

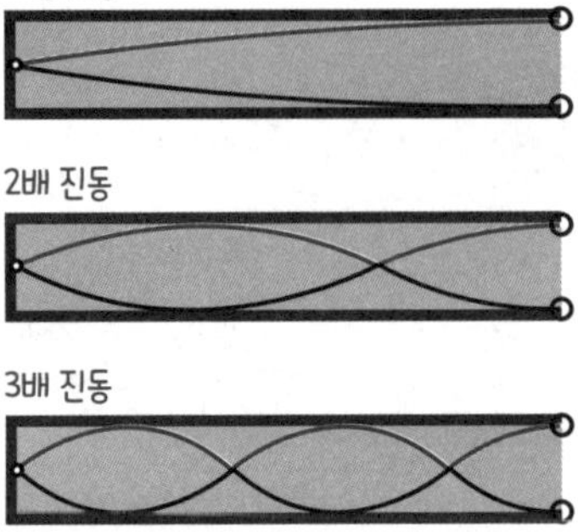

고정단이 마디이고 개방단이 배(몸통)가 되므로, 관의 길이는 기본 진동의 $\frac{1}{4}$ 파장이 된다.

(한쪽이 고정단일 경우)

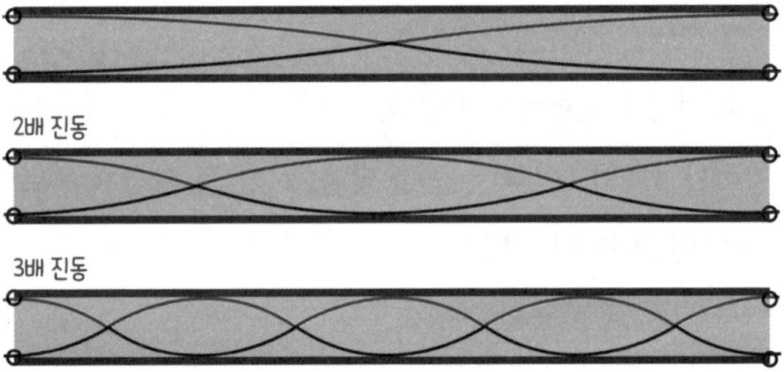

중앙이 마디, 양 끝이 배(몸통)가 되므로 관의 길이는 기본 진동의 $\frac{1}{2}$ 파장이 된다.

(양쪽이 개방단일 경우)

음계와 음의 진동수 관계

- 음악 수업에서 옥타브라는 용어를 들어본 적이 있는가? 예를 들어 노래를 부를 때 '한 옥타브 올리자!'라고 하면 음을 올려서 노래한 적이 있을 것이다.

- 정확하게는 처음 진동수에서 진동수가 2배인 소리를 1옥타브 높다고 한다.
- '도레미파솔라시도'로 표시되는 음계는 첫 번째 '도'와 그다음 '도' 사이에 음파의 진동수가 딱 2배 다르다. '도'를 '솔'이나 '라' 같은 다른 음계로 바꿔도 마찬가지이다.
- 음악가 바흐가 정한 평균율에는, 이 1옥타브를 등비급수적으로 6음계(12의 반음)로 분할한다. 즉 하나의 음계당 2의 $\frac{1}{6}$ 제곱 ≈ 1.122배만큼 진동수가 다르다(1반음당 2의 $\frac{1}{12}$ 제곱 ≈ 1.0595배이다).

음계와 음의 진동수 관계

옥타브	음(계이름)						
	C(도)	D(레)	E(미)	F(파)	G(솔)	A(라)	B(시)
0	16.35	18.35	20.60	21.83	24.50	27.50	30.87
1	32.70	36.71	41.20	43.65	49.00	55.00	61.74
2	65.41	73.42	82.41	87.31	98.00	110.0	123.5
3	130.8	146.8	164.8	174.6	196.0	220.0	246.9
4	261.6	293.7	329.6	349.2	392.0	440.0*	493.9
5	523.3	587.3	659.3	698.5	784.0	880.0	987.8
6	1047	1175	1319	1397	1568	1760	1976
7	2093	2349	2637	2794	3136	3520	3951
8	4185	4699	5274	5588	6272	7040	7902
9	8372	9397	10548	11175	12544	14080	15804

(A(라) 열 옆 화살표: 각 옥타브 사이 × 2)

표 안의 * : 국제표준고도(1939년 런던국제회의에서 결정된 것으로, A(라)4 = 440 Hz)

옥타브octave … 어떤 음의 8도 위(혹은 아래)라는 뜻의 프랑스어. 1옥타브 사이를 등비급수적으로 12의 반음으로 분할한 것이 바흐가 정한 평균율. 1옥타브에서 진동수가 2배 차이가 나기 때문에, 1개의 반음당 $2^{\frac{1}{12}}$ ≈ 약 1.0595배만큼 진동수가 달라지게 된다.

- 각각의 음계의 기준이 되는 구체적인 진동수는 '도'=262 Hz, '레'=294 Hz, '미' = 330 Hz, '파' = 349 Hz, '솔' = 392 Hz, '라' = 440 Hz, '시' = 494 Hz, 그리고 그다음 '도' = 523 Hz이다.
- 기준이 되는 '도' 소리의 진동수(262 Hz)와 상온(15°C)의 음속(340 m/s)으로 계산하면, 기준이 되는 '도' 소리의 파장은 1.3 m이다.

HELLO
I AM...

도플러

Christian Andreas Doppler

1803~1853

2-10에서 소개할 '도플러 효과'의 발견자인 도플러는 오스트리아 중북부 잘츠부르크의 석공의 집에서 태어났다. 도플러는 가업을 이어야 했지만 몸이 약해서 도저히 가업을 이을 수 없었다. 그래서 대신 연구자의 길을 가야겠다고 결심했다.

빈 공과대학에서 교육을 받고 1825년에 졸업했다. 빈 대학에서 수학과 물리학, 천문학을 공부했는데, 성적이 우수했음에도 대학에서 일을 얻지 못하자 한때는 미국으로 이주까지 생각했다고 한다.

다행히 32세 때에 프라하 공과대학에서 교수가 되었고, 1850년 47세에 빈 대학에서 실험 물리 교수가 되어, 물리학 연구소 소장에 취임했다.

유명한 도플러 효과를 발견한 것은 1842년, 그의 나이 39세 때 일이다. 1845년 네덜란드 중부에 있는 유트레히트에서 흥미로운 실험을 진행하였다. 달리는 수레에 탄 트럼펫 연주자가 '라(G)' 음을 계속 불고, 그것을 절대 음감을 가진 음악가가 들었을 때, 분명히 음정에 변화가 있다는 것을 증명한 것이다. 이 실험을 통해 도플러 효과의 정확성이 제대로 검증되었다.

또 그는 도플러 효과가 소리에 그치지 않고 빛에도 적용할 수 있음을 파악했다.

2-10

다가오는 구급차는 긴박감을 준다

소리의 도플러 효과

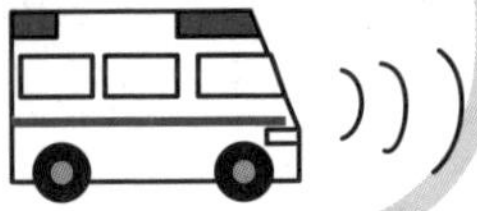

가끔 구급차나 경찰차가 사이렌을 울리며 달려오는 경우가 있는데, 가까이 다가올수록 긴박감이 느껴지고, 반대로 멀어져 갈수록 조금 편안하게 느껴졌을 것이다. 이 현상은 도플러 효과라고 불리는 원리로 설명할 수 있다.

도플러 효과

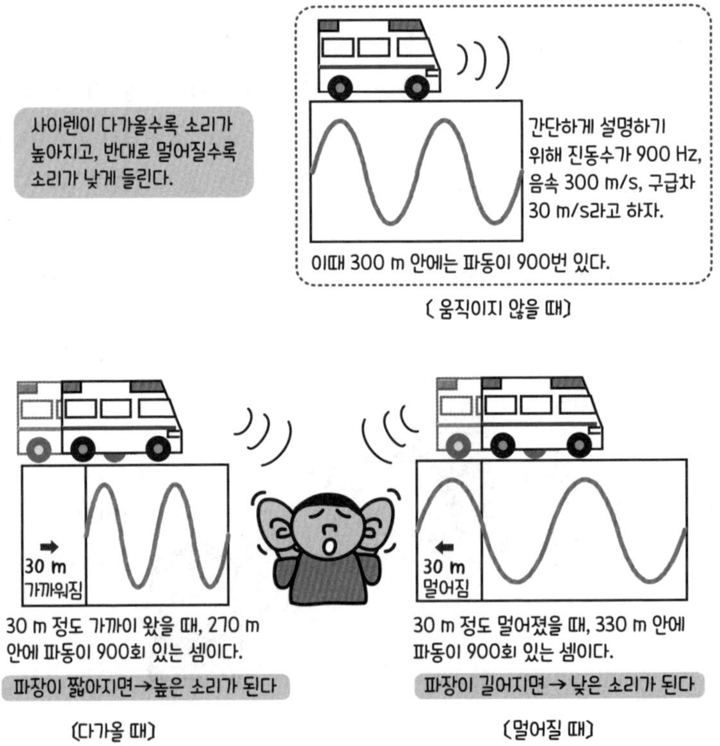

소리의 도플러 효과

- 구급차나 경찰차가 사이렌을 울리면서 내 옆을 지나갈 때, 다가오는 사이렌 소리는 높게 들리고 멀어지는 사이렌 소리는 낮게 들린다.
- 이것은 소리가 파동이기 때문에 음원이 소리를 내면서 차량과 함께 점점 다가오게 되면, 다가오는 만큼 원래의 음파보다 파장의 간격이 좁아져 높은 소리가 나기 때문이다. 반대로 음원이 멀어지면 멀어진 만큼 파장의 간격이 넓어져 낮은 소리가 난다.
- 이 현상은 소리가 파이기 때문에 생기는데, 발견한 사람의 이름을 따서 소리의 도플러 효과라고 부른다.
- 도플러 효과는 음파뿐만 아니라 물의 파동이나 빛의 파동에도 나타난다.
- 도플러 효과를 이용하면 파동의 발생 근원인 파원의 진행 속도를 구할 수 있다.

도플러 효과를 응용한 기기

- 도플러 효과는 우리 주위 여러 곳에서 응용되고 있다. 날아가는 공의

스피드건

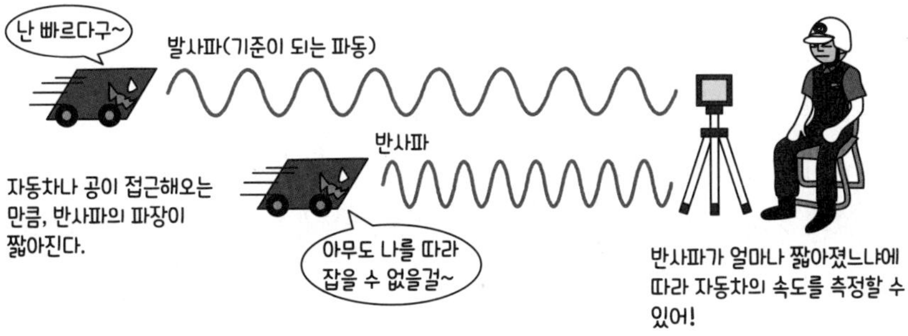

속도나 자동차의 속도를 측정하는 스피드건이 한 예이다.

- 초음파식 유량계에도 도플러 효과가 응용되고 있다.
- 의료 분야에서는 초음파 진단 장치 등에 도플러 효과가 응용되고 있다.

2-11

지진의 진원지를 바로 알 수 있는 이유

매그니튜드와 진도

지진이 발생하면 바로 뉴스에서 진원지를 보도한다. 너무 당연하게 생각해 의문을 가진 적이 없을 수도 있을 것이다. 어떻게 이렇게 빨리 진원지를 알 수 있을까?

진원까지의 거리

- '번개가 치는 것을 보고 하나, 둘, 셋까지 세고 난 후에 천둥소리가 들렸다면, 천둥의 중심은 아직 멀리 있기 때문에 괜찮다'는 말을 들어본 적 있을 것이다. 반대로 번개와 천둥소리가 거의 동시에 보이고 들려서 무섭다고 느낀 적이 있는가?
- 이것은 같은 원인(번개)으로부터 2개의 신호(빛과 소리)가 전해지는데, 이 두 신호의 속도가 다른 것을 이용하여, 원인까지의 거리를 어림잡아 계산하는 것이다. 이런 방법을 지진에도 사용할 수 있다.
- 지진이 발생할 때는 처음에 작은 흔들림(초기 미동)이 있고, 그 후에 큰 흔들림(본진, 주요 진동)이 있다.
- 이 초기 미동을 일으키는 파(P파)는 종파(60페이지 참조)이므로 비교적 빠르고, 지표 부근에서는 6 km/s에서 7 km/s로 전파된다.
- 반면 주요 진동의 원인이 되는 파(S파)는 횡파이고, 지표 부근의 전파

속도는 4 km/s 정도이다.

- 따라서 초기 미동이 계속되는 시간이 길수록 진원까지의 거리가 멀다는 것을 알 수 있다. 이를 이용해 초기 미동이 계속되는 시간을 서로 떨어진 세 지점 이상에서 측정할 수 있다면, 진원의 위치를 구할 수 있는 것이다.

지진의 진도와 매그니튜드

- 지진의 크기를 나타내는 데 진도와 매그니튜드라는 용어가 사용된다.
- 진도는 각지에서 측정한 흔들림의 크기로, 장소마다 다르다.
- 매그니튜드는 (진원에 따른) 지진 자체의 크기(에너지)를 나타낸다. 따라서 하나의 지진에는 하나의 매그니튜드밖에 없다.

P파primary wave…속도가 빠르기 때문에 가장 먼저 발생하는 지진파. 지진에 의해 발생한 고체나 액체에도 전파되는 음파의 일종.
S파secondary wave…P파에 이어 발생하는 지진파. 지진에 의해 생긴 고체의 변형이 전파되는 것으로, 고체 안에서만 전해지는 진동.

Primary
Secondary

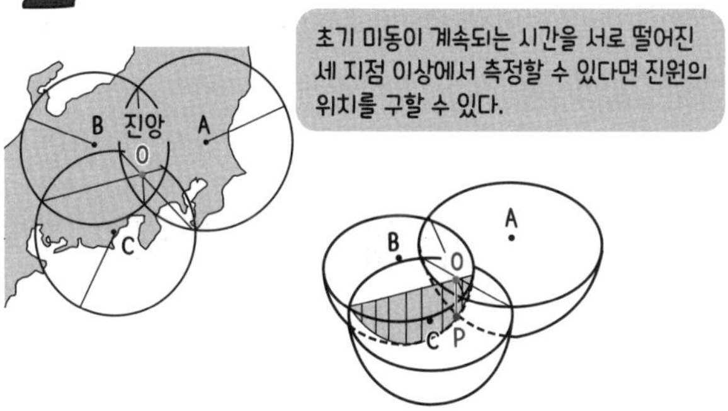
초기 미동이 계속되는 시간을 서로 떨어진 세 지점 이상에서 측정할 수 있다면 진원의 위치를 구할 수 있다.
B
진앙
A
O
C
A
B
O
C
P

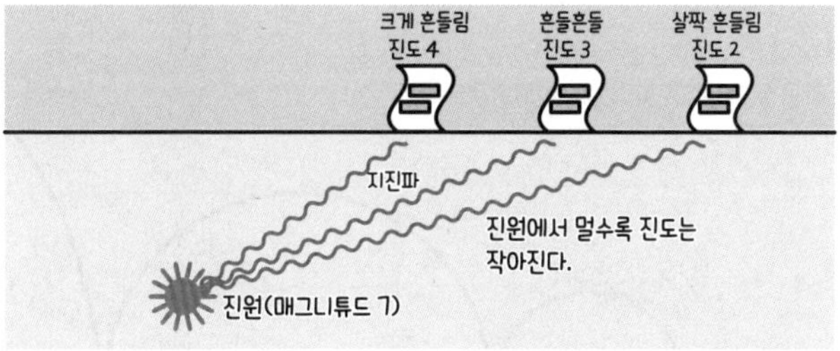
크게 흔들림
진도 4
흔들흔들
진도 3
살짝 흔들림
진도 2
지진파
진원에서 멀수록 진도는 작아진다.
진원(매그니튜드 7)

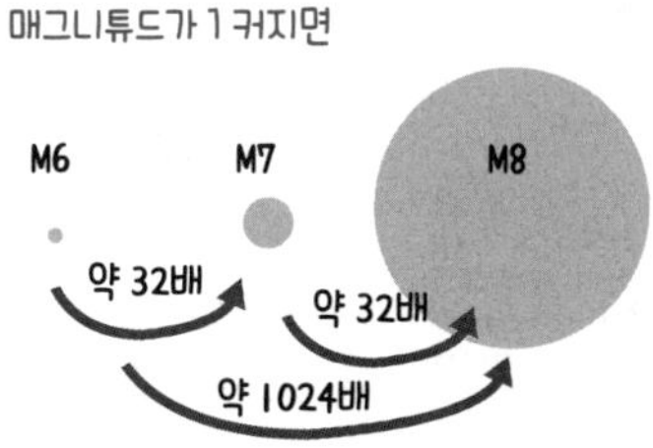
매그니튜드가 1 커지면
M6
M7
M8
약 32배
약 32배
약 1024배

2-12

소닉 붐도 비선형

충격파

매질에서 파원이 파원에서 발생하여 진행하는 파를 추월하면서 생기는 현상이 충격파이다. 충격파도 비선형파(65페이지 참조) 중의 하나이다.

고속으로 달리는 배 앞에는 왜 파도가 없는가?

- 배가 움직이고, 뱃머리에서 파도가 생겨 수면에 전해지는 모습을 떠올려보자.

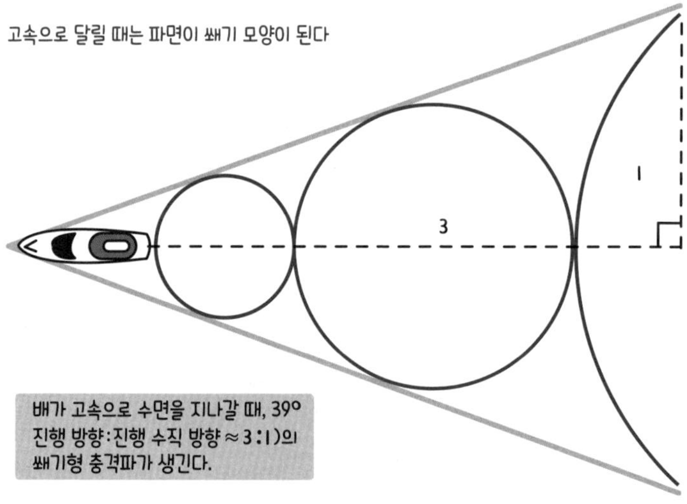

- 배의 속도가 느릴 때 뱃머리에 생기는 파면의 형태는, 물건을 수면에

떨어뜨렸을 때와 같이 둥글게 퍼져나간다.

- 그러나 배의 속도가 빨라지면 파면은 뱃머리에서부터 날카롭게 수면을 가르듯 뱃머리를 정점으로 배 후미로 펼쳐지는 쐐기 모양이 된다.
- 그 이유는 수면에서 파도가 전해지는 속도보다 배의 속도가 빠르면, 배의 앞쪽에서는 배가 만든 파도가 전해지기도 전에 배가 먼저 지나가기 때문이다.
- 그 결과, 뱃머리에서 생긴 여러 개의 파도가 쐐기 모양으로 겹쳐서 파도가 세진다. 이것을 **충격파**라고 한다. 소리에도 음원의 속도가 음속을 넘으면 충격파가 생긴다. 또 폭발 현상처럼 매질 자체의 진행 속도가 그 속에 전달되는 파동의 속도를 넘어서면 충격파가 생길 수 있다.
- 충격파는 강한 비선형파로, 파동의 매질을 크게 섞어준다. 따라서 충격파 발생 전후에는 매질의 압력이나 밀도, 온도 등의 물리량이 급격히 변화한다. 이 변화로 인해 충격파의 파면에는 대량의 에너지가 축적된다.

다양한 충격파

- 지구에서 일반적으로 공기 중의 음속은 340 m/s 정도이므로, 그보다 빠른 속도로 움직이는 것이 있으면 초음속이 되어 음파의 충격파가 생긴다. (단, 음속은 온도나 고도에 따라 다르다. 85페이지 참조) 예를 들어 부드

러운 잔가지나 채찍을 휘둘렀을 때 휙휙 하는 소리가 나는 것도 충격파가 발생하기 때문이다. 이처럼 음속을 넘는 것은 그렇게 드문 일이 아니며, 음파의 충격파는 우리 주변에서도 많이 일어난다.

- 2013년 러시아 첼랴빈스크에 거대한 운석이 떨어졌다. 그 운석은 약 15 km/s의 초음속으로 대기권을 통과하면서, 많은 건물의 유리창이 깨지는 등의 피해가 발생했다. 음속을 뛰어넘는 이러한 소리와 진동을 **소닉 붐**이라고 한다. 소닉 붐도 충격파의 일종이다.
- 화산 폭발 등에서도 폭풍이 폭발음의 전파를 추월함으로써 충격파가 발생한다. 강할 때는 파면이 빛을 내는 경우도 있다. 같은 구조로 핵폭발이나 초신성 폭발에도 충격파가 발생한다.

3장

광학

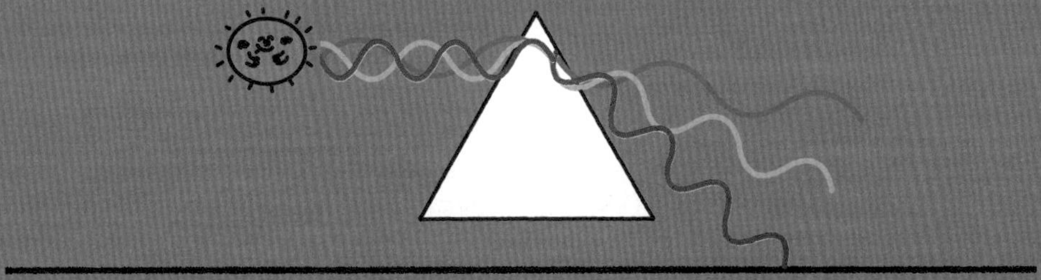

빛을 추구하다

광학이란

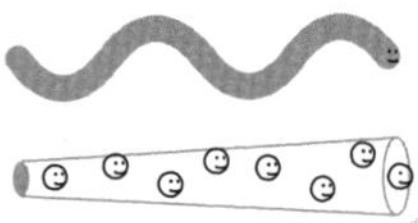

빛은 파동의 성질과 입자의 성질을 모두 가진다. 이 특수한 성질 때문에 파동을 전달하는 매질이 없는 진공 상태에서도 전파된다. 이러한 빛의 물리적 특성이나 성질을 알아보는 학문이 광학이다.

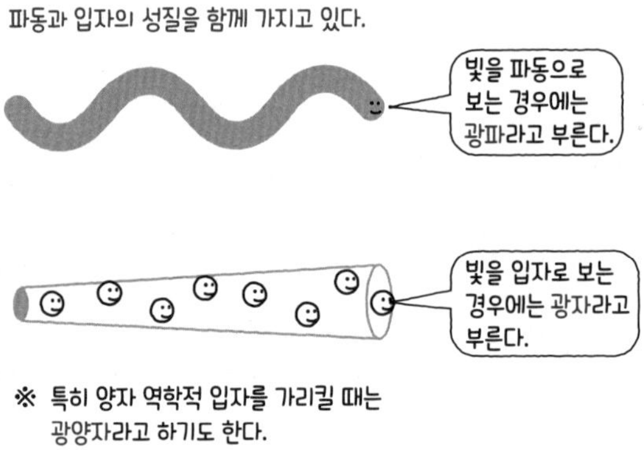

빛

- 빛을 파동으로 보는 경우에는 **광파**라고 부른다.
- 빛을 아주 작은 물질의 입자, 즉 **입자**로 보는 경우에는 **광자**라고 한다. 특히 양자 역학적 입자를 가리킬 때는 **광양자**라고 하기도 한다.

빛light … 진공의 우주 공간에서 빛 자체를 볼 수는 없다. 레이저 광선이 보이는 것은 공기 중의 먼지 등으로 산란되기 때문이다.

- 또한 빛의 다발이 직선상으로 진행하는 실체를 **광선**이라고 한다.
- 빛은 에너지와 운동량을 가질 수 있다.
- 운동량을 가진 빛이 물체에 닿으면, 그 압력인 **광압**(복사압)이 생긴다.
- 에너지를 가진 빛을 물체가 흡수하면, 물체는 가열된다.
- 에너지를 가진 빛을 물체가 방사하면, 물체는 냉각된다.

광학

- 빛의 물리적 특성이나 성질을 조사하는 학문이 **광학**이다.

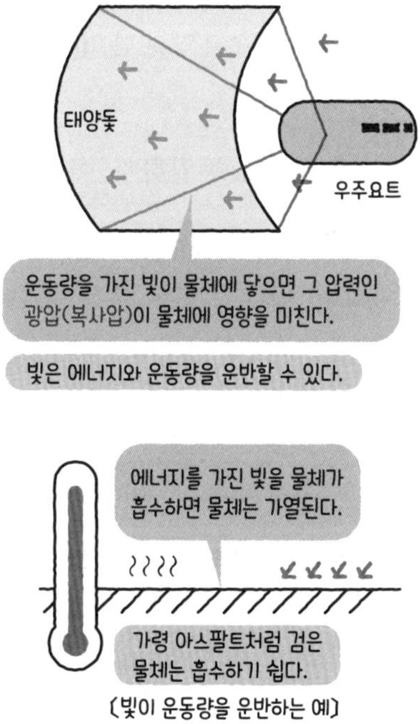

〔빛이 운동량을 운반하는 예〕

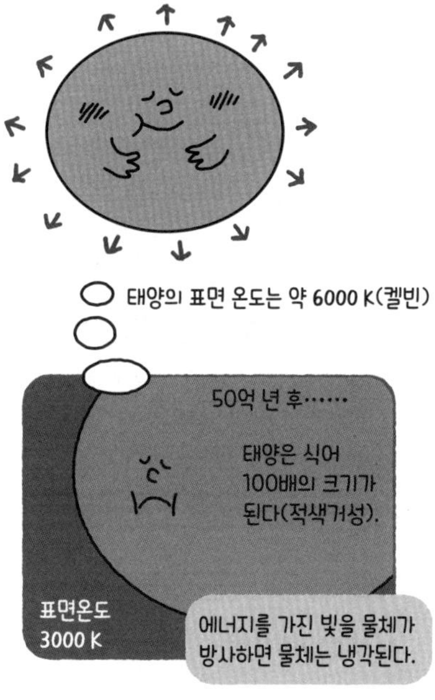

〔빛이 에너지를 운반하는 예〕

광학optics…이 책에서는 광(전자기파) 전반을 대상으로 한다.

- 이중에서 직진이나 반사 등의 입자적인 관점에서의 광학을 기하 광학이라고 한다.
- 반대로 간섭이나 회절 등의 파동적인 관점에서의 광학을 파동 광학이라고 한다.
- 광압을 통한 가스체(=기체)와 운동량을 주고받거나 가열/흡수를 통한 가스체와의 에너지 교환을 고려하여, 유체로서의 가스체와 광을 함께 다루는 물리학 중 하나를 복사 유체 역학이라고 한다.

빛의 속도

- 빛의 속도(광속도)는 진공 중에서는 약 30만 km/s (1초에 약 30만 km 진행되는 속도)이다.
- 진공 상태의 광속도는 누가, 언제, 어디서 측정해도 동일하다. 이것을 광속도 불변의 원리(262페이지 참조)라고 한다.
- 모든 입자 및 물체뿐만 아니라 인간도 광속을 넘는 속도로 운동할 수 없다.
- 그러나 물질 내부에서 빛의 속도는 진공 상태의 광속보다 느려진다. 예를 들어 물속에서 광속은 약 22.5만 km/s(1초에 약 22.5만 km 진행되는 속도)가 된다. 진공에 한해 광속은 모든 물체가 도달할 수 있는 운동속도보다 빠르다.

기하 광학 geometric optics …광학 기기의 설계 등에서 중요하다.
파동 광학 wave optics …간섭이나 회절 등은 기하 광학에서 다룰 수 없는 현상이다.

- 따라서 물속에서 하전 입자가 물속의 광속도를 넘는 스피드(초광속)로 진행하는 것은 가능하다.
- 이러한 '초광속' 하전 입자는, **체렌코프 광**이라고 불리는 청백색의 빛을 방출한다.

3-2

빛은 파동인가? 입자인가?

파장과 진동수, 광속도

빛은 파동의 일종이지만 다른 파동과는 크게 다른 몇 가지 특징을 가지고 있다. 먼저 빛은 전자기파라고 불리는 특수한 횡파(61페이지 참조)로, 파동을 전달하는 매질이 없는 진공 상태에서도 전달될 수 있다.

빛의 파동의 속도(광속도)는 진공 상태에서 누가 관측해도 일정하며, 약 30만 km/s 이다.

빛의 파장·진동수·에너지와 광속의 관계

- 빛도 다른 파들처럼 파장과 진동수가 있다. 그러므로 광속도는 파장과 진동수의 곱으로 표현된다.
- 그러나 3-1에서 설명한 바와 같이 광속도는 진공 상태에서 일정하므로, 파장을 결정하면 진동수가 정해지고, 반대로 진동수를 결정하면 파장이 정해진다.

$$c = \lambda \nu$$

광속도 : c
파장 : λ
진동수 : ν

- 또한 빛의 입자(광자)는 다음과 같이 진동수에 비례하는 에너지 E와 운동량 p를 가지고 있다(플랑크 상수는 369페이지 참조).

빛(전자기파)의 이미지도

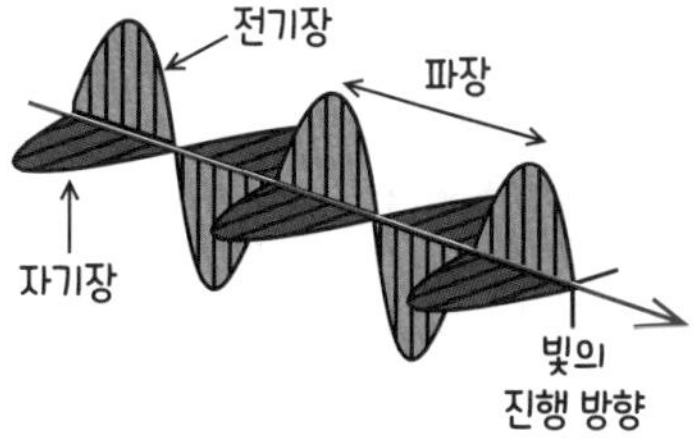

(빛의 진동수) x (빛의 파장) = (빛의 파동이 진행되는 속도)
↑
광속도
(진동수에 의존하지 않고 일정)

$$E = h\nu、\quad p = \frac{E}{c}$$

에너지 : E
플랑크 상수 : h
진동수 : ν
운동량 : p

편광

- 빛은 횡파이므로(61페이지 참조), 그 진행 방향에 대해 수직인 방향으로 진동한다.

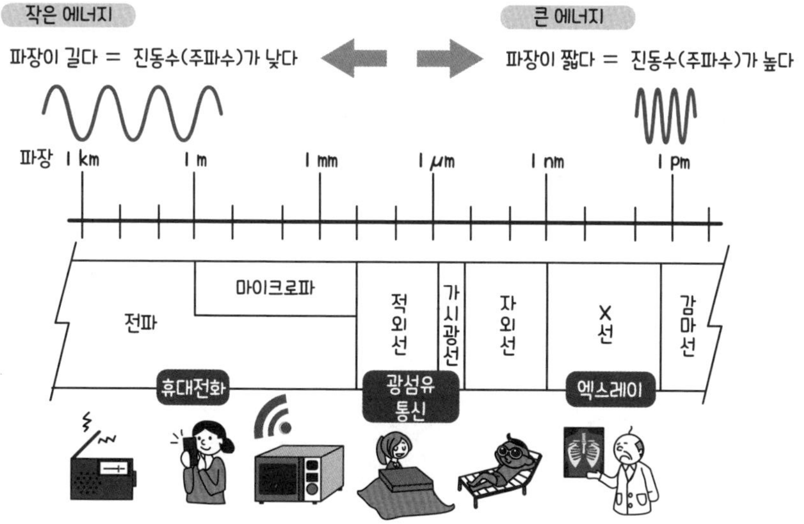

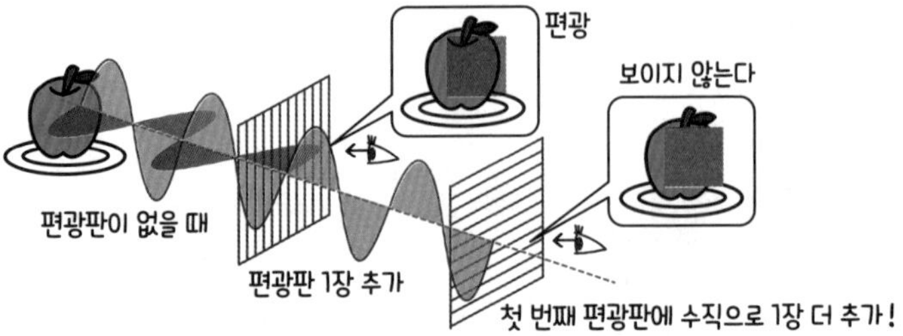

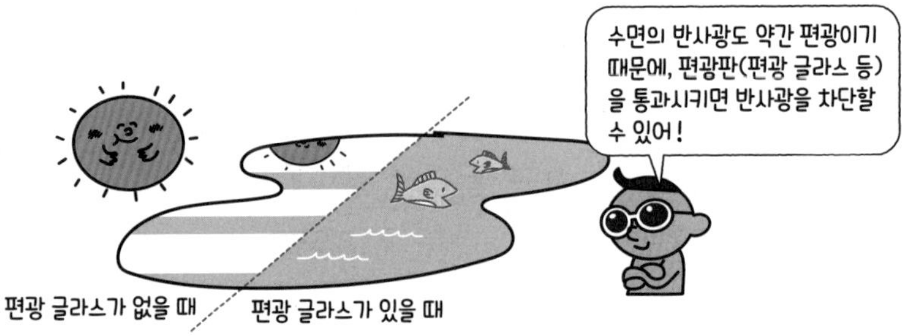

- 이 진동의 방향에는 서로 직교하는 2개의 독립적인 방향이 있다.
- 2개의 독립적인 방향 중 어느 한쪽에 방향 성분이 없어서 다른 한쪽으로 편중된 빛만 있는 것을 편광(선편광)이라고 한다.

3-3

백색광은 7가지 색으로 분광된다

빛의 색과 스펙트럼

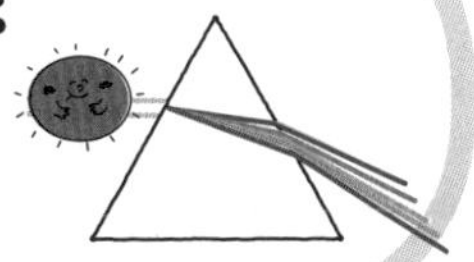

우리 눈에 보이는 태양은 백색이다. 태양광이 백색이기 때문에 구름도 눈도 하얗게 보이는 것이다. 인류는 태양광 아래에서, 태양광이 가장 밝은 백색이라고 느끼도록 진화했을 것이다.

빛의 색과 스펙트럼

- 태양의 백색광을 프리즘(125페이지 참조)으로 분해하면 빨강, 주황, 노랑, 초록, 파랑, 남색, 보라, 이렇게 7가지 색으로 나뉜다(빛의 분산).

프리즘으로 빛을 분해한다

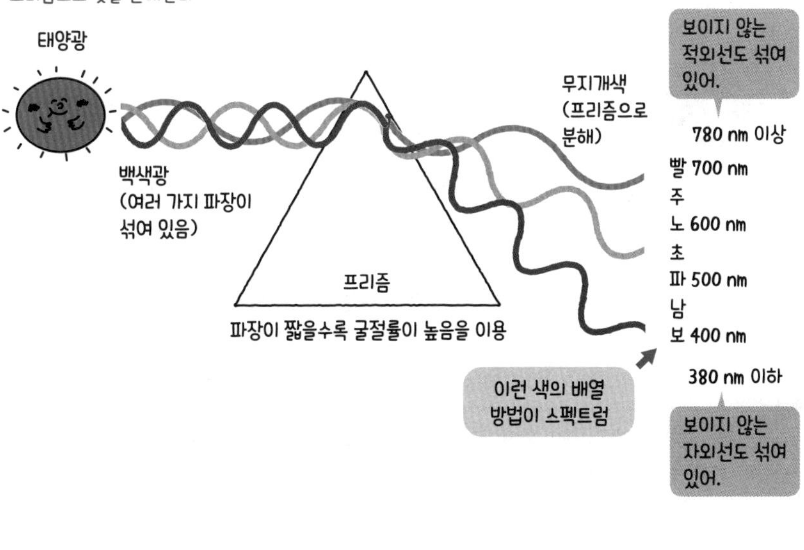

- 이러한 색의 차이는 파장의 차이에 따른 것인데, 인간의 눈에는 파장이 길수록 빨갛게, 짧을수록 파랗게 보인다.
- 이 색의 배열을 **빛의 스펙트럼**이라고 한다.
- 또한 파장이 380 nm(나노미터, 1 nm = 10^{-9} m)부터 780 nm까지, 눈에 보이는 빛을 **가시광선**이라고 한다.
- 뉴턴 이전부터 프리즘에 빛을 비추면 백색광이 7가지 무지개색으로 나뉜다는 것은 알려져 있었는데, 천재 뉴턴은 이것을 역발상으로 새로운 실험을 했다. 뉴턴은 프리즘을 2개 준비해서, 먼저 첫 번째 프리즘을 통해 백색광을 7가지 색으로 나누고, 거기에 뒤집어놓은 또 하나의 프리즘을 통과시킴으로써 7가지 색의 빛이 다시 백색광이 되는 것을 보여주었다.
- 뉴턴의 이 실험으로, 태양광과 같은 백색광은 다양한 색의 빛으로 이루어져 있다는 것이 처음으로 증명되었다.

프리즘으로 빛을 합성하다

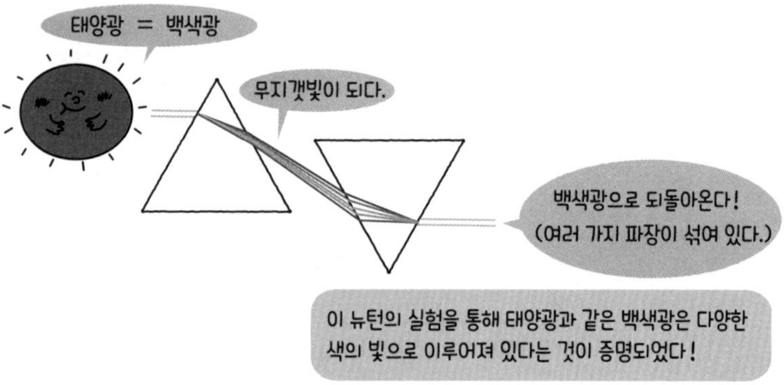

스펙트럼spectrum…형태, 형상, 환상이라는 뜻의 라틴어로, 빛의 색깔 배열을 나타낸 말. 스펙트럼이라 이름 붙인 것은 뉴턴이다.

여러 가지 스펙트럼

- 태양 이외의 별, 혹은 백열전구가 내뿜는 빛의 스펙트럼도 7가지 색이 연속적으로 이어져 있다.
- 태양광, 별빛, 백열전구의 불빛과 같이 뜨거운 물질로부터 방사(열방사)되는 빛은 연속적인 스펙트럼이 된다. 이를 열방사 스펙트럼 또는 연속 스펙트럼이라고 한다.
- 단, 반딧불과 같이 생체가 내뿜는 빛도 열방사는 아니지만 연속 스펙트럼이다.
- 한편 형광등이나 나트륨등이 내뿜는 빛의 스펙트럼에는 특정한 파장이 강하게 나타나는 부분이 존재한다(휘선輝線이 존재함). 이는 형광등에 포함된 수은이나 나트륨의 원자에서 방사되는 빛의 스펙트럼이 가진 특징으로, 원자 스펙트럼이라고도 한다.
- 실제로 별들의 연속 스펙트럼도 자세히 보면, 군데군데 검은 선(암선)이 있음을 볼 수 있다. 이것을 흡수선이라고 한다. 흡수선은 별들이 대기에 포함된 여러 원자로부터 특정한 파장의 빛을 흡수하여 생기는 것으로 이 또한 원자 스펙트럼의 일종이다(375페이지 참조).

3-4

빛은 똑바로 진행한다

빛의 직진, 반사, 굴절

빛의 기본적인 성질, 즉 직진, 반사, 굴절은 기원전 알렉산드리아(이집트 지중해변의 대도시)에서도 이미 알려져 있었다.

광선의 3법칙

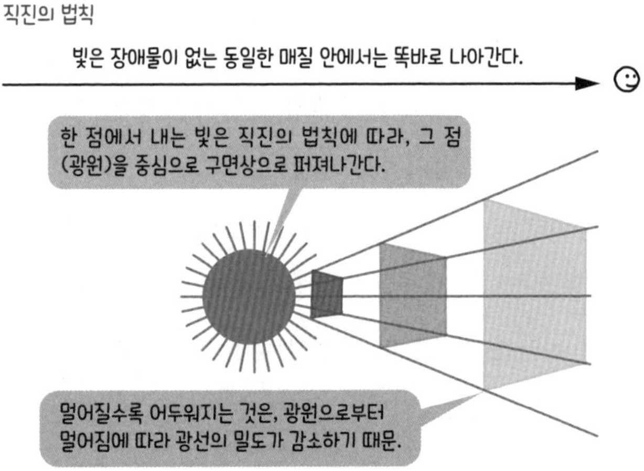

- 빛은 장애물이 없는 동일한 매질 안에서는 똑바로 나아간다(직진의 법칙). 이는 가시광선에 한하지 않고, 일반 전자기파(전파 등)에서도 마찬가지다(168페이지 참조). 예를 들어 TV 방송의 전파는 가로막는 것(장애물)이 있으면 잘 수신이 되지 않아서 TV의 영상이 선명하지 않다.
- 한 점에서 나오는 빛은 직진의 법칙 때문에 그 점(광원)을 중심으로 모

든 방향에 구면상으로 퍼져나가게 된다.

- 밤에 손전등을 비추었을 때 빛이 멀어질수록 어두워지는 것은, 광원에서 멀어지면 거리의 제곱에 반비례하여 어두워지기 때문이다. 즉, 광원을 중심으로 한 어떤(= 임의의) 공이 있다고 하고, 그 구면을 관통하는 총 광선의 수가 동일하다고 하면, 구의 표면적은 반지름의 제곱만큼 늘어나므로(구의 표면적) $= 4\pi \times$ (구의 반경)^2, 광원에서 멀어질수록 구면상의 광선의 밀도는 반지름의 제곱에 반비례하여 감소한다.
- 광선이 거울이나 금속 면 등 매끄러운 평면에 부딪힌다(입사한다)면 그 일부가 반사된다(나머지는 흡수된다).
- 이때 평면에 수직으로 세운 수직선과 입사광선이 이루는 각도를 **입사각**, 수직선과 반사광선이 이루는 각도를 **반사각**이라고 하면 입사각과 반사각은 동일하다. (반사의 법칙, 137페이지도 참조.)

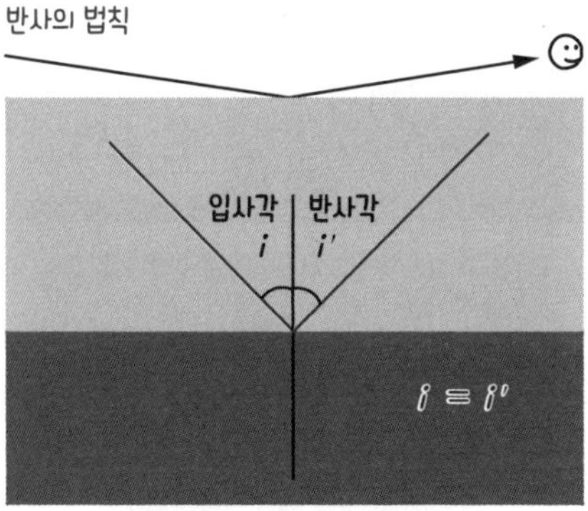

입사각과 반사각은 동일하다.

입사각incident angle … 일반적으로 i를 사용하여 나타낸다.
굴절각refraction angle … 일반적으로 r을 사용하여 나타낸다.

- 공기와 물 등 다른 물질의 경계면에 입사한 빛은 하나의 매질(예를 들어 공기)에서 다른 매질(예를 들어 물)로 들어갔을 때, 경계면을 지나면서 경로가 휘어진다. 이것을 **굴절**이라고 한다.
- 경계면에 수직으로 세운 수선과 입사광선이 이루는 각도를 입사각, 수선과 굴절광선이 이루는 각도를 **굴절각**이라고 하면, 밀도가 작은 매질에서 밀도가 큰 매질로 입사했을 때 입사각보다 굴절각이 작아진다. (굴절의 법칙)

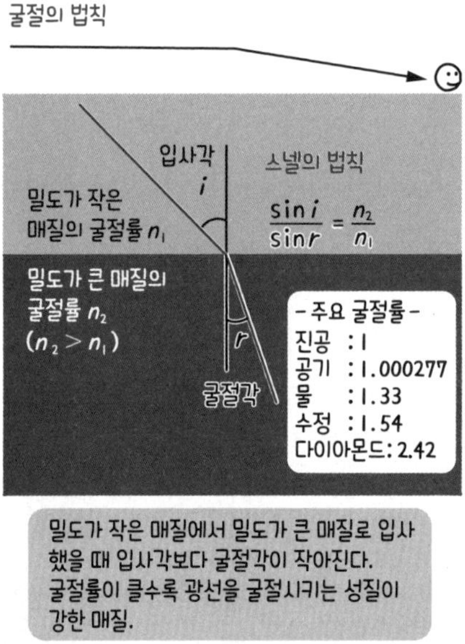

- 각 매질 사이의 굴절 정도를 정확하게 나타내기 위해, 빛에 대한 매질의 농도를 나타내는 기준으로 **굴절률**을 사용한다. 예를 들어 진공 상태의 굴절률은 1, 공기는 1.000277, 물은 1.33, 수정은 1.54, 다이아몬드는 2.42 등이다. 굴절률이 클수록 광선을 굴절시키는 성질이 강한 매질이라고 할 수 있다.

3-5

빛에는 파동과 같은 성질도 있다

빛의 분산, 간섭, 회절

빛은 파동의 일종이므로 파동의 성질을 가진다. 따라서 간섭(77페이지 참조)이나 회절(80페이지 참조)을 한다.

빛의 집합체인 백색광은 다양한 파장을 가지고 있기 때문에, 각 빛의 파장에 따라 간섭이나 회절의 정도가 조금씩 다를 수 있다. 그래서 빛에 따라 여러 가지 색으로 보이는 경우가 있다.

빛의 분산, 간섭, 회절

- 공기 중에서 프리즘과 같이 공기와 굴절률이 다른 매질에 빛을 입사시키면, 파장에 따라 굴절률이 다르기 때문에 백색광(여러 파장을 가진 빛의 집합체)은 여러 색깔의 빛으로 분해된다(분산).

- 프리즘에 의한 빛의 분해, 또는 무지개나 푸른 하늘 같은 자연 현상은 빛의 분산 때문에 발생한다.
- 다른 파처럼 빛의 파동도 서로 강화하거나 약화한다(간섭).
- 비눗방울이나 물에 떠 있는 기름은 원래 무색이지만 색이 있는 것처럼 보인다. 비눗방울이나 물에 뜬 기름막의 두께는 빛의 파장 정도로 얇기 때문에, 막의 위쪽에서 반사된 빛과 아래쪽에서 반사된 빛 사이에 간섭이 일어난다.

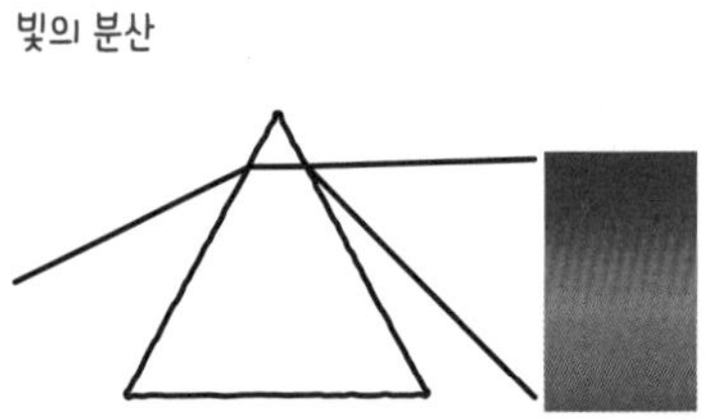

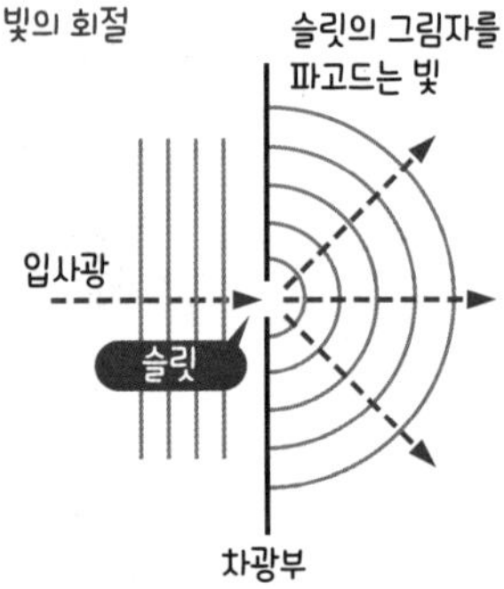

- 이때 서로의 파장이 조금 다르기 때문에, 어떤 파장의 빛은 서로 보강 간섭하고 다른 파장에서는 상쇄 간섭하게 되어, 결과적으로 색이 있는 것처럼 보인다. 즉, 비눗방울에 색이 있는 것처럼 보이는 것은 빛이 파동이라는 확실한 증거이다.
- 빛의 파장과 같은 길이의 미세한 슬릿 가장자리에서 빛은 약간 휘어져 들어온다(회절).
- 빛의 회절 정도도 각각의 파장에 따라 다르다.

3-6

푸른 하늘과 붉은 노을의 이유

빛의 산란

맑게 갠 날, 전망 좋은 곳에서 석양을 보고 있노라면 서쪽 하늘은 점점 붉은색으로 물드는데 내 머리 위로는 여전히 파란 하늘이 보이곤 한다. 하늘은 마치 붉은색에서 푸른색으로 예쁘게 그러데이션을 해놓은 것처럼 보인다.

이 아름다운 현상의 다른 측면은 어떠할지 살펴볼까?

푸른 하늘과 붉은 노을

- 대기 중에는 공기 분자나 먼지와 같은 아주 작은 입자가 무수히 존재하고 있다.
- 따라서 대기 중으로 들어온 태양 광선 일부는 이것들과 부딪혀 흩어진다. 이것을 빛의 **산란**이라고 한다.
- 비교적 큰 미립자에 의한 산란이라면, 모든 파장의 빛이 산란한다. 그렇기 때문에 산란광에는 색깔이 없고, 하얗게 흩어진다. 이것을 **미**Mie **산란**이라고 한다.

산란scattering…분산과 산란은 비슷하나, 분산은 빛이 파장(색)으로 나뉘는 현상이고 산란은 광선의 방향이 흩어지는 현상이다.
미 산란Mie scattering…독일의 물리학자 미Mie, G.A.F.L.의 이름에서 따왔다.

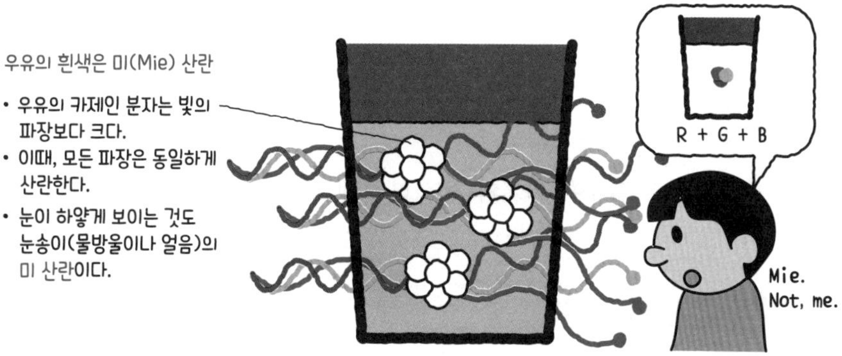

● 공기 분자처럼, 빛의 파장과 비교해 크기에 별 차이가 없는 매우 작은 미립자에 의한 산란은, 파장에 따라 산란하는 정도가 다르다.

● 구체적으로는, 산란하는 양은 파장의 4제곱에 반비례한다.

● 푸른빛 파장은 붉은빛 파장의 절반 정도이므로, 푸른빛은 붉은빛보다 16배 정도 더 많이 산란한다. 이것을 **레일리**Rayleigh **산란**이라고 한다.

● 레일리 산란의 결과, 푸른빛이 산란의 정도가 크고 많이 산란하기 때문에, 구름 한 점 없는 맑은 하늘은 파랗게 보이는 것이다(푸른 하늘).

레일리 산란Rayleigh scattering…영국의 물리학자 제3대 레일리 남작 존 윌리엄 스트럿Strutt, J. W.의 이름에서 따왔다. 레일리는 후에 아르곤을 발견하여 노벨 물리학상을 수상하였다.

- 또 지평선 쪽에 있는 태양은, 광선이 통과해야 할 대기의 거리가 길어지기 때문에, 푸른빛은 레일리 산란에 의해 흩어지고 붉은빛만이 남게 되므로 아침과 저녁 하늘은 붉게 보인다(아침노을, 저녁노을).
- 대기 상층으로 갈수록 공기가 적기 때문에, 하늘색은 군청색으로 변한다.

태양의 백색광 코로나

- 개기일식 때는 태양의 코로나를 육안으로 볼 수 있는데, 이때 태양의 코로나는 유백색으로 빛난다.
- 태양의 코로나는 수소가스로 되어 있는데, 코로나의 온도는 100만°C나 되는 고온이기 때문에 수소가스는 양성자와 전자로 완전히 나뉘어 있다. 그리고 전자가 태양광을 산란시킴으로 코로나는 유백색으로 보인다.

개기일식 때 보이는 태양의 코로나 빛은 전자 산란에 의한 빛

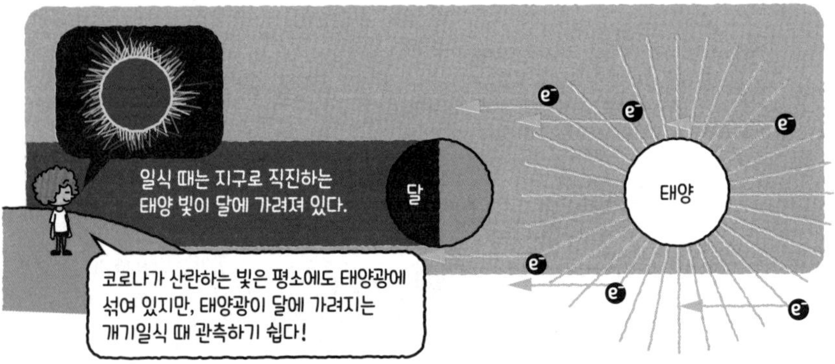

톰슨 산란Thomson scattering … 영국의 물리학자 조지프 존 톰슨Thomson, J. J.의 이름에서 따왔다. 톰슨은 1906년 노벨 물리학상을 수상하였다.

- 이러한 산란을 **전자 산란** 또는 **톰슨 산란**이라고 한다.
- 톰슨 산란은 파장에 영향을 받지 않기 때문에, 유백색 코로나의 색깔이 바로 태양광의 색이다.

빛의 굴절이나 분산으로 생기는 대기의 미스터리

신기루와 무지개

대기 중에서는 신기루와 무지개 등 다양한 광학 현상이 발생한다. 이러한 현상이 생기는 구조도 빛(광선)의 굴절이나 분산 등의 원리로 설명할 수 있다.

신기루의 원인은 빛의 굴절

- 신기루는 사막이나 강 하구에 나타나는 광학 현상으로, 공중에 오아시스나 길거리가 보이기도 하고 숲이나 섬이 거꾸로 보이기도 한다.
- 일본의 아리아케해와 야쓰시로해의 도깨비불도 신기루의 일종이다.
- 바람이 없는 더운 여름날, 아스팔트에 물이 있는 것처럼 보이다가 가까이 가보면 멀어지는 현상도 신기루의 일종이다.

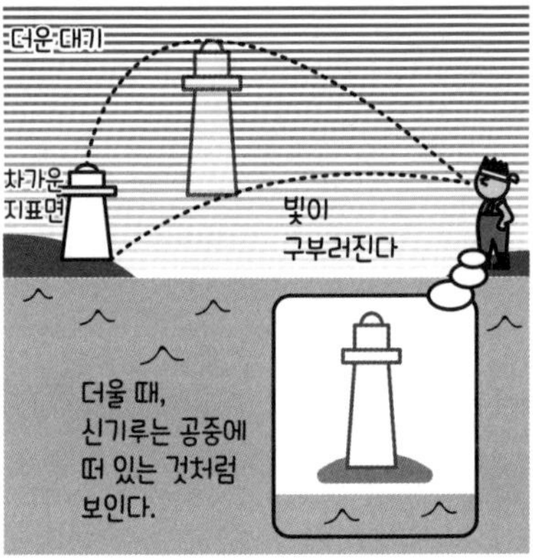

신기루mirage…과거 중국에서, 신기루는 전설 속의 동물인 대합조개가 환영으로 누각을 만들어 놓는 것이라고 상상했다.

- 신기루는 빛의 굴절로 인해 발생한다. 사막에 모래가 뜨거워지거나 강 하구에서 바다로 찬 강물이 흘러들어올 때, 지면이나 수면에 접하는 공기의 온도가 갑자기 바뀌면서 수직 방향으로 큰 기온 차가 생긴다.
- 뜨거운 공기는 차가운 공기보다 밀도가 낮기 때문에, 대기의 수직 방향에서 굴절률이 크게 변하게 되고 광선이 공기 중에서 굴절되어 빛이 구부러지게 된다.

무지개의 원인은 빛의 분산

- 비 갠 하늘이나 폭포의 물보라에서 무지개를 볼 수 있다.
- 이때 공기 중에는 떠 있는 많은 물방울이 프리즘(125페이지 참조)과 같은 역할을 하고 있다.
- 물방울은 미세한 구형인데, 태양의 백색광은 물방울에 입사될 때와 나올 때 두 번 굴절하게 된다.
- 굴절 시에는 빨간색보다 보라색의 굴절각이 크기 때문에, 7가지 색의 무지개가 만들어진다.

> 무지개rainbow…일찍이 중국에서는 무지개를 하늘과 땅을 잇는 뱀이라고 보고 색의 배열에 따라 수컷 무지개, 암컷 무지개라 불렀다.

- 구체적으로는, 백색 광선의 입사 방향에 대해 보라색 빛은 40° 정도로, 빨간색 빛은 42° 정도로 구부러진다.
- 그 결과, 무지개를 보고 있는 사람은 태양을 등지고 40°에서 42° 범위의 원주 상에서, 바깥쪽부터 빨강 - 주황 - 노랑 - 초록 - 파랑 - 남색 - 보라색 순으로 보이게 된다.

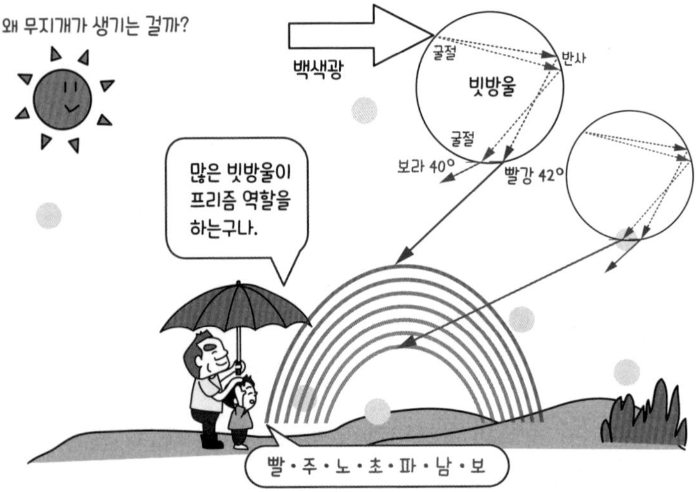

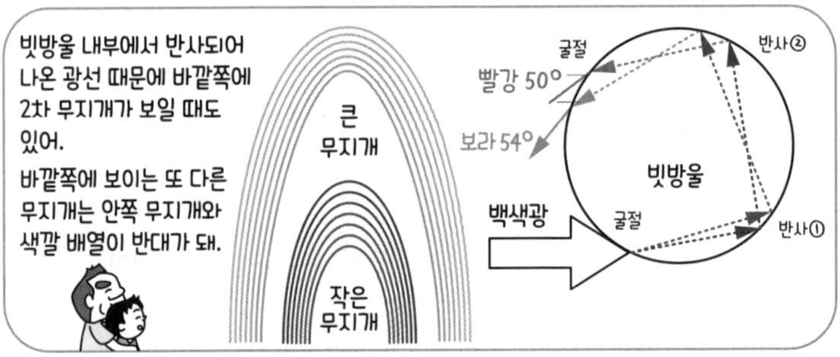

3-8

안경은 광학기기

프리즘과 렌즈

눈이 나쁜 사람에게 안경은 꼭 필요하다. 그 외에도 세면대의 거울이나 도로의 반사경, 광섬유에서 현미경, 망원경에 이르기까지 광학의 법칙을 이용한 광학기기는 일일이 열거할 수 없을 정도로 많다. 이런 기기에 사용되는 프리즘과 렌즈를 살펴보자.

프리즘과 렌즈

- 유리나 플라스틱 등의 투명한 물질로 만든 삼각주가 **프리즘**이다.
- 프리즘에 빛이 입사되면 공기와 유리의 경계면에서 굴절이 일어나고, 프리즘에서 나오는 빛(출사광)은 입사광에 대해 특정한 각도로 굴절하게 된다.
- 빛의 파장에 따라 이 굴절되는 각도가 달라서, 백색광을 프리즘에 입사시키면 7가지 색으로 구분되어 나온다. 이것을 **분광 작용**이라고 한다.
- 광선을 모으거나 퍼지게 하는 가장 간단한 광학기기가 **렌즈**이다.
- 렌즈에는 돋보기 한 장으로 이루어진 단일 렌즈와 여러 장의 렌즈를 조합하여 만든 카메라의 줌렌즈 등 다양한 종류가 있다.
- 렌즈의 중심은 평평한 평판이지만, 바깥쪽으로 갈수록 각도가 있는 프리즘과 비슷하다고 볼 수 있다.

- 돋보기처럼 중심 쪽으로 갈수록 두꺼워지는 렌즈가 **볼록 렌즈**이다. 볼록 렌즈는 **집광 작용**을 하는데, 이를 통해 물체에서 나온 광선을 한 점(초점)으로 다시 모을 수 있다. 이것을 **결상 작용**이라고 한다.
- 가장자리와 비교하여 중앙이 얇아지면서 오목하게 되는 렌즈가 **오목 렌즈**이다.

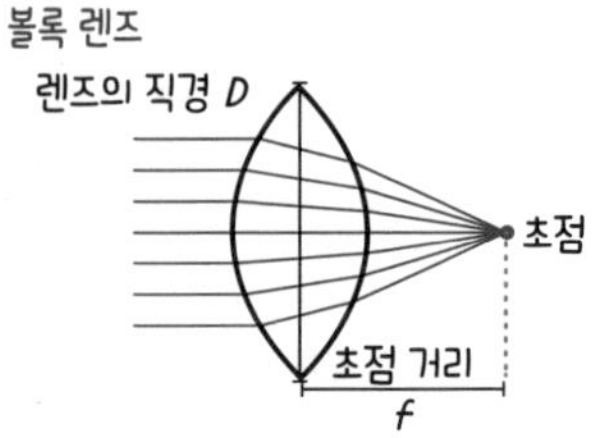

입사한 광선 다발을 한 점으로 모은다.

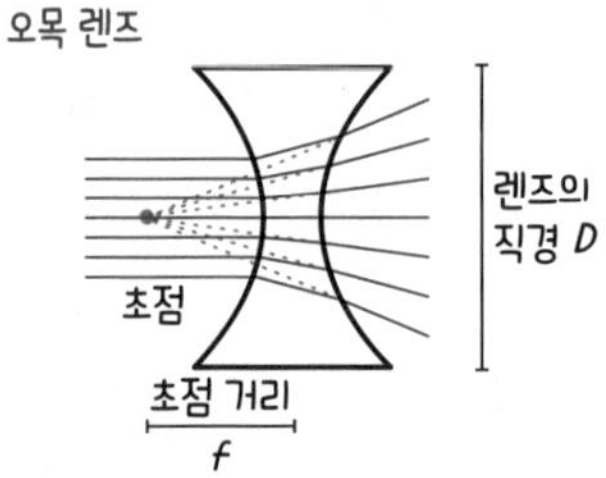

입사한 광선 다발을 확산한다.

렌즈의 종류

- 인간의 눈에서는 수정체가 렌즈의 역할을 하고 있다.
- 눈으로 들어온 빛은 각막 뒤의 수정체인 렌즈에서 굴절되어 유리체를 통과하여 안구 안쪽 망막 위에 상이 맺힌다.
- 망막에는 많은 시세포가 있는데, 빛에 의해 자극을 받으면 그것을 신호로 뇌에 전달한다.
- 단, 망막에 비치는 상은 실제로는 위아래가 반대인 도립상인데, 뇌가 그 정보를 정립상으로 변환하므로 우리는 그것을 인식한다.
- 근시가 되면 망막 앞에 초점이

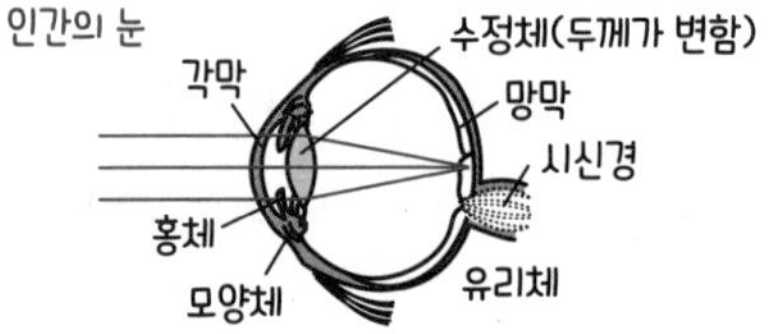

수정체의 렌즈를 통해 망막에 결상한다.

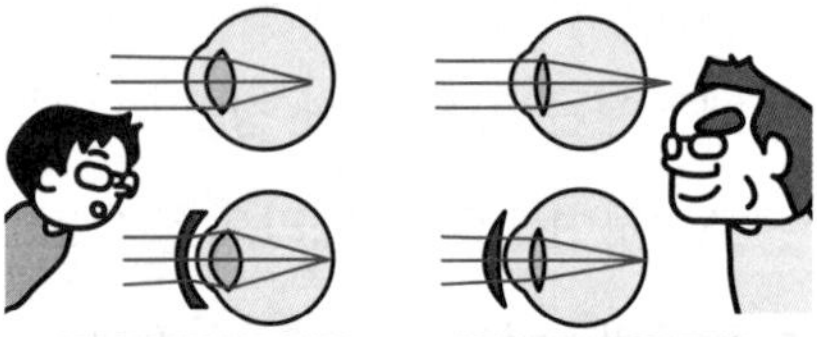

오목 렌즈로 조정 (근시인 사람)

볼록 렌즈로 조정 (원시(노안)인 사람)

생기기 때문에 안경이나 콘택트렌즈의 오목 렌즈로 광선을 넓혀서 초점이 망막에 맺히게 보정한다.

- 원시나 노안이 되면 망막 뒤에 초점이 맞춰지기 때문에, 안경이나 콘택트렌즈의 볼록 렌즈로 광선을 좁혀서 보정한다.
- 카메라도 렌즈의 광학계를 이용한 광학기기이다.
- 작은 것을 확대해서 보는 광학기기가 **현미경**이다.
- 현미경은 대물렌즈의 초점에 생긴 물체의 실제 상을, 접안렌즈로 더욱 확대한다.
- 반면, 먼 곳에 있는 물체를 확대해 보는 광학기기는 **망원경**이다.
- 굴절 망원경은 대물렌즈의 초점에 생긴 대상의 실제 상을 접안렌즈로 더욱 확대한다(케플러식 망원경).
- 갈릴레오(32페이지 참조)는 오목 렌즈를 접안렌즈로 사용한 굴절 망원경으로 천체를 관측하였다(갈릴레오식 망원경).
- 반사 망원경은 오목거울을 이용하여, 굴절 망원경과 같은 효과가 나도록 광학계를 구성하여 만든다.

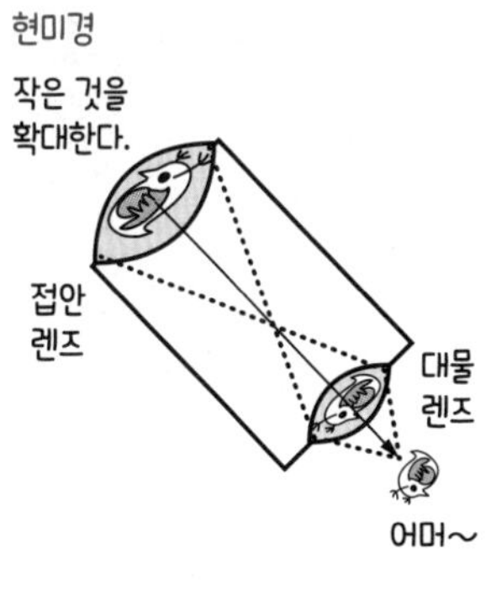

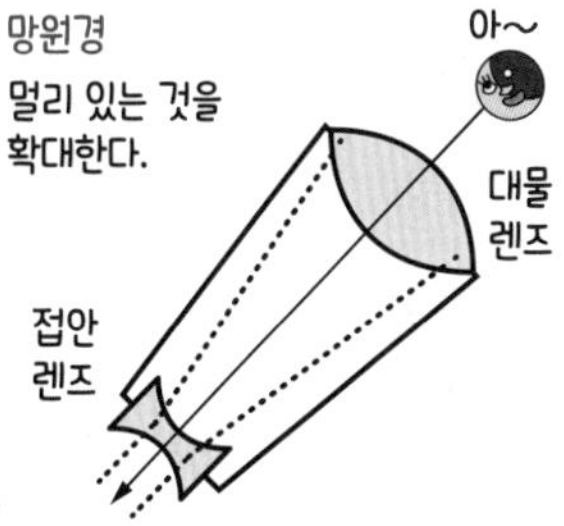

3-9

7가지 색깔의 스펙트럼은 환상?

빛의 3원색과 색의 3원색

촛불, 가로등 불빛, 태양이나 별처럼 스스로 빛을 내는 것을 광원이라고 하며, 꽃의 색깔, 새의 색깔, 달이나 행성의 색깔처럼 빛을 받아서 색을 내는 것을 물체색이라고 한다.

광원색은 광원에서 발하는 빛의 성분으로 결정되는데, 물체색은 물체 표면에서 광원의 일부가 흡수되어 생기므로 광원에서 발하는 빛의 성분과 물체 표면에서 흡수되는 성질, 이 두 가지 모두에 의존한다.

빛의 3원색과 색의 3원색

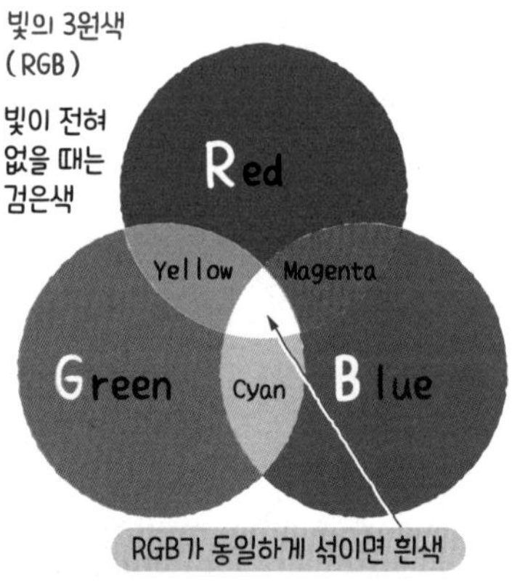

- 빨강(red: 700 nm)과 초록(green: 546.1 nm) 및 파랑(blue: 435.8 nm)을 **빛(색광)의 3원색**이라고 하며, 머리글자를 따서 RGB라고도 한다.
- 빨강과 초록을 섞으면 노랑이 되고, 초록과 파랑을 섞으면 시안(청록색)이 되고, 파랑과 빨강을 혼합하면 마젠타(진홍색)가 되는데, 거기에 3원색을 적당한 강도로 혼합하면 다른 색깔의 빛도 만들 수 있다.
- 빛의 3원색을 섞어가면 밝아지고(가법혼색), 빨강과 초록과 파랑을 같은

강도로 혼합하면 백색광이 된다.

- 시안(cyan), 마젠타(magenta), 옐로우(yellow)를 **색(색료)의 3원색**이라 하며, 머리글자를 따서 CMY라고도 한다.

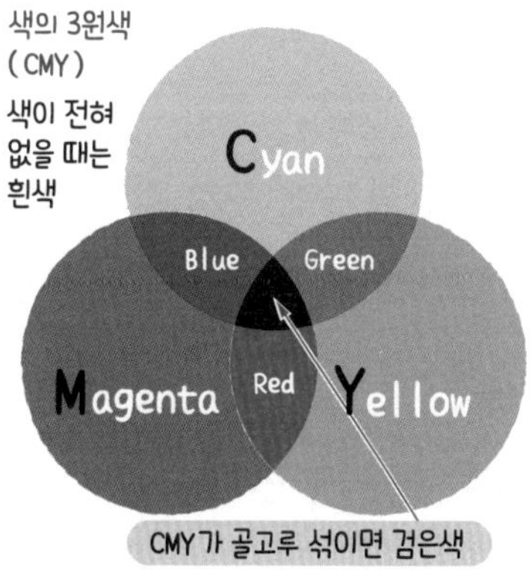

- 시안은 붉은빛을 흡수하고, 마젠타는 녹색빛을 흡수하고, 옐로우는 파란빛을 흡수하기 때문에 이런 색이 나타난다.
- 시안과 마젠타를 섞으면 파랑으로, 마젠타와 옐로우를 섞으면 빨강으로, 옐로우와 시안을 섞으면 초록이 되고, 이 3원색을 적당한 비율로 섞으면 다른 색도 만들 수 있다.
- 색의 3원색을 섞어나가면 어두워지고(감법혼색), 시안과 마젠타와 옐로우를 같은 비율로 섞으면 검은색이 된다.

사람의 시세포

- 인간의 시세포에는 막대 모양의 **간체 세포**와 원뿔 모양의 **추체 세포**가 있다.
- 간체 세포는 명암을 느끼는 기능을 한다. 한쪽 눈에 1억 2000만 개 정도나 있으며 어두운 곳에서도 명암을 잘 구분한다.
- 추체 세포는 한쪽 눈에 700만 개 정도밖에 없고, 밝은 곳에서만 작용하는데, 색채를 느끼고 구분할 수 있다.
- 추체 세포는 3종류가 있는데, 붉은색 빛에 감도가 높은 것과 녹색 파

장대에서 감도가 최대가 되는 것, 그리고 청색 부근에서 감도가 높은 것이 있다.

- 인간의 눈은 주로 감도 영역의 중앙(녹색 빛)에서 밝기를 파악하고, 감도 영역의 양 끝(파란색이나 빨간색)에서 색깔을 인식한다.

빛은 무색투명!?

학생:
"무지개의 7가지 색을 합치면 백색광이 되는데, 빛의 3원색을 합쳐도 백색광이 되는군요."
"게다가 노란색 빛을 봤을 때는 물론 노란색으로 인식하겠지만, (빨간색 빛) + (녹색 빛)을 합친 빛을 봤을 때도 노란색으로 인식하네요."

선생님:
"물론 노란색 빛과 (빨간색 빛) + (녹색 빛)은 물리적으로 전혀 다른 파장의 빛이지만, 눈으로 보고 뇌가 인식하는 색은 모두 노란색이지요."
"다시 말해, 색이라는 개념은 빛에 근거를 둔 특성이 아니라 인간이 어떻게 인식하는가에 달려 있습니다."

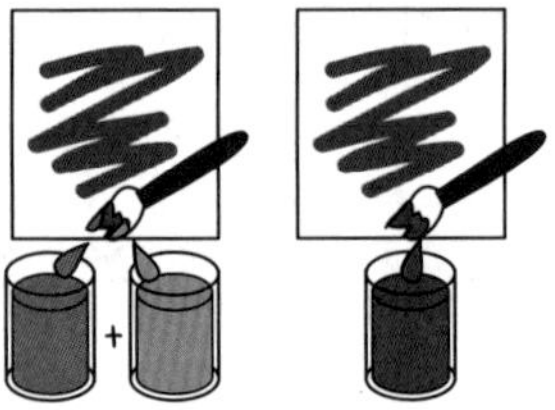

색깔이라는 개념은 인간에게 달린 문제

- 시세포에서 빛을 받았을 때의 광화학 반응이나 시신경에 전해질 때의 감각 자극치, 뇌의 시각령으로 전해지는 색에 대한 정보 및 뇌에서 이루어지는 분석, 그리고 심리적 요인들과 맞물려 색을 인식하게 되는 것이다.

3-10

가까워지면 파랑, 멀어지면 빨강

빛의 도플러 효과

빛도 파동의 일종이므로, 소리의 도플러 효과와 같은 현상이 일어난다.

즉, 천체와 같은 광원과 관측자 사이에 상대적인 운동이 있으면, 관측되는 빛의 파장은 멈춰 있을 때와 비교해 길어지거나 짧아진다. 이것을 빛의 도플러 효과라고 한다.

빛의 도플러 효과

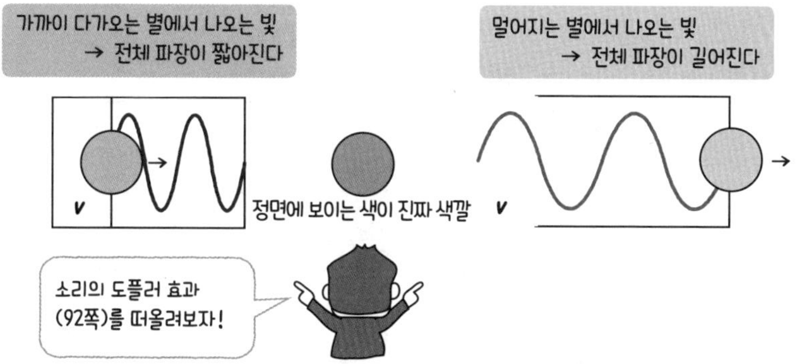

도플러 효과에 의한 파장의 차이를 조사하면 천체의 속도를 알 수 있다.

적방 편이
↓

$$z=\frac{\Delta\lambda}{\lambda_0}\approx\frac{v}{c}\left(\frac{v}{c}\ll 1\right)$$

빛의 도플러 효과에 의한 파장 차이로 천체의 시선 방향의 속도를 알 수 있다.

$\Delta\lambda$: 파장 변화(차이)
λ_0 : 광원이 멈춰 있는 경우의 파장
v : 천체의 시선 방향의 속도
c : 광속도

빛의 도플러 효과

- 천체가 멀어지면 천체에서 들어오는 빛의 파장이 길어진다. 가시광선에서 파장이 긴 빛은 붉은빛이기 때문에 이것을 **적방 편이**라고 한다.
- 반대로 천체가 가까워지면 관측되는 빛의 파장이 짧아진다. 가시광선에서 파장이 짧은 빛은 푸른빛이기 때문에 이것을 **청방 편이**라고 한다.

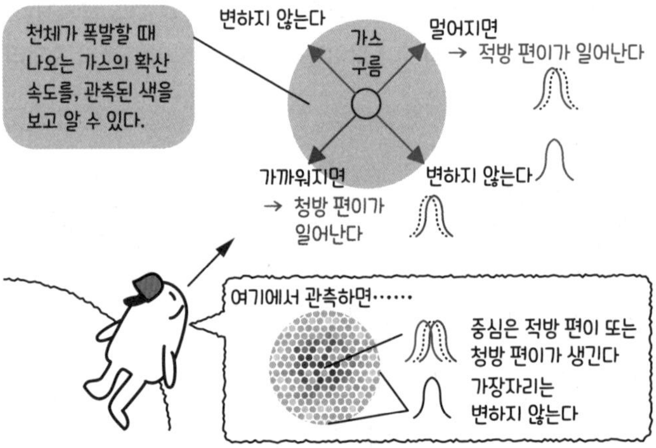

- 빛의 도플러 효과에 의한 파장 차이를 조사하면 천체의 시선 방향(관측자의 눈에 보이는 천체의 방향)의 속도를 알 수 있다.
- 연성의 운동이나 우주의 팽창 속도(346페이지 참조) 역시 도플러 효과를 응용하여 조사할 수 있다.

3-11

파동인가? 입자인가?

파동설과 입자설

일반적인 파동과 달리, 빛은 진공 상태에서도 전파되는 특별한 파동이다. 빛은 분산·간섭·회절 등 파동으로서의 성질을 나타내는 한편, 직진·반사·굴절 등의 성질도 나타난다. 빛은 도대체 무엇일까? 파동일까? 입자일까?

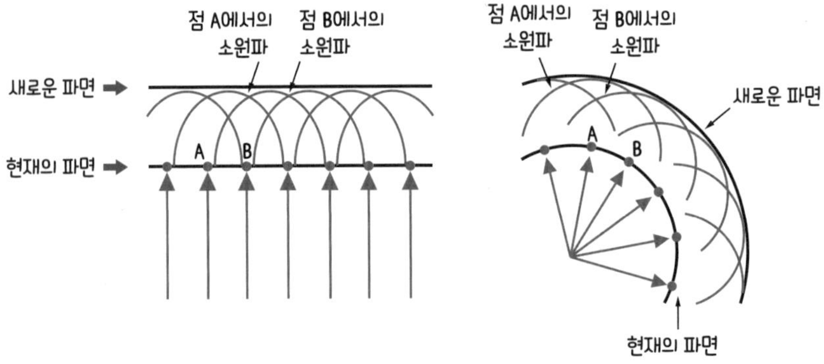

〔평면파〕 〔구면파〕

파동설과 입자설

- 근대 과학이 확립되기 시작한 17세기 후반에서 18세기 초, 빛의 정체를 둘러싸고 파동설과 입자설이 대립했다.
- 하위헌스는 소원파라고 불리는 파동의 일종으로 빛의 분산, 간섭, 회절과 같은 현상의 구조를 설명했다(81페이지 참조).
- 만약 빛이 미세한 입자라면 2개의 광선을 교차시켰을 때 입자가 서로

파동설과 입자설

충돌해야 하는데, 광선은 서로 그냥 통과한다. 그래서 하위헌스는 입자설은 틀렸다고 생각했다.

- 한편 데카르트Descartes, R.는 입자설의 입장에서 굴절의 법칙을 증명했다.
- 그리고 뉴턴은 1704년에 저술한 『광학』에서 입자설을 지지하는 입장에 섰다.
- 당시 물리학의 거장이었던 뉴턴의 주장은 보증수표와도 같아서, 빛의 정체를 둘러싼 제1막은 입자설에 손을 들어주었다.
- 약 100년 후 빛의 정체를 둘러싼 논란 제2막이 열린다. 주인공은 토머스 영Young, T.이다. 1800년경 그 유명한 '이중 슬릿 실험'을 실시하였다.
- 영이 좁은 간격으로 띄운 2개의 슬릿에 빛을 통과시키자, 스크린에 무늬가 생겼다.
- 이러한 간섭 줄무늬는 입자설로는 설명이 불가능하고, 물에서 생기는 파동의 간섭처럼 2개의 슬릿을 통과한 빛이 간섭했다고 보아야만 설명할 수 있다.
- 영의 이중 슬릿 실험으로, 제2막은 파동설에 손을 들어주었다.

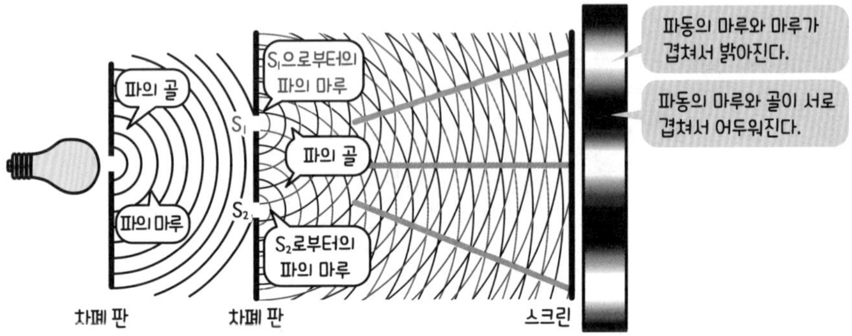

- 그리고 100년 후인 20세기, 아인슈타인의 광양자 가설(369페이지 참조)에서는, 빛이 에너지를 가진 입자(광양자)로서 존재한다고 여겨졌다.
- 이로 인해 빛은 파동과 입자라는 서로 다른 성질을 함께 가지고 있다고 생각하게 되었다.

HELLO I AM...

스넬

Willebrord Snell/Snellius
1508~1626

빛의 굴절 법칙을 발견한 스넬은 네덜란드 서부 라이덴에서 태어난 수학자이자 천문학자였다. 라이덴 대학 수학 교수였던 그의 아버지 루돌프가 그의 연구에 큰 영향을 주었다. 스넬은 유럽 내 대학에서 법과 수학을 공부했고, 1613년, 33세 때 아버지의 뒤를 이어 라이덴 대학의 수학 교수가 되었다. 스넬은 수학 연구를 계속하면서 측지학을 배웠고, 삼각 측량의 아버지라고 불렸다. 자신의 집을 기점으로 하고, 그 지역의 교회를 참조점으로 하여 지역 지도를 제작하기도 했다. 1617년에는 삼각 측량에 대한 연구 결과를 정리해 『바타비아의 에라토스테네스Eratosthenes Batavus』라는 책을 저술하였다.

그의 가장 큰 발견인 '스넬의 법칙'은 많은 실험을 거듭한 후 1621년경 완성되었다.

$$\frac{\sin i}{\sin r} = \frac{n_2}{n_1}$$

i : 입사각
r : 굴절각
n_1 : 입사 전 매질의 굴절률
n_2 : 입사 후 매질의 굴절률

그후, 스넬의 법칙은 페르마의 원리(다음 페이지 참조)로 도출되는 것을 알게 되었다.

스넬은 수학뿐 아니라 천문학에도 관심이 많았다. 천문학을 연구하고 논의하기 위해 유럽을 두루 다니고 여행하며, 케플러나 브라헤 등 유명 인사들과도 공동 연구를 진행하였다.

스넬은 1608년에 결혼해서 8명의 아이를 낳았으나 5명은 어릴 때 세상을 떠났는데, 이 시대는 영유아 사망률이 매우 높았다. 스넬 자신도 1626년 46세의 젊은 나이에 세상을 떠났다.

지식 라이프세이버의 문제(페르마의 원리)

라이프세이버가 해변 백사장의 W 지점에서 바다 위 C 지점까지 전속력으로 달릴 때, 최단 시간에 인명을 구조하려면 어떤 경로로 이동해야 할까? 이것을 **라이프세이버의 문제**라고 한다.

백사장을 달리는 속도와 바다에서 헤엄치는 속도가 같다면 W 지점에서 C 지점까지 곧장 가면 되겠지만 실제로는 모래사장을 달리는 속도가 바다를 헤엄치는 속도보다 빠를 것이다. 이때 라이프세이버는 W 지점에서 파도가 치는 P 지점까지는 조금 구부러진 경로로 달리고, P 지점에서 C 지점까지는 직선 경로로 헤엄치는 것이 최선이다. 이렇게 구부러진 경로를 따라 이동 속도가 빠른 백사장을 길게 이동하고, 속도가 느린 바닷속에서의 경로를 단축하여 도착 시간을 최단으로 할 수 있다.

이 라이프세이버의 문제는 사실 빛의 굴절과 같은 원리이다. 광속도는 약 초속 30만 km인데, 이것은 진공 상태일 때의 값으로, 물질 속에서는 빛의 속도는 느려진다(물질의 굴절률로 나눈 값이 된다). 또 공기 중의 광속도는 진공 중의 광속도와 거의 동일하지만 수중의 광속도는 공기 중보다 조금 느려진다. 그렇기에 공기와 물의 경계선에서 굴절하는 것이, 공간적인 경로는 길어도 시간적으로는 최단 시간에 도달하는 방법이다.

광선이 지나가는 매질의 성질이 위치에 따라 변화한다면, 광선의 경로를 휘게 할 수 있다. 게다가 블랙홀 주변처럼 광이 전파되는 공간의 성질 자체가 위치에 따라 변했을 때도, 광선의 경로가 휠 수 있다. 즉 '빛이 지나가는 매질과 공간의 성질이 변화하기 때문에, 광선의 경로가 휜다'는 것 자체는 신기한 일은 아니다. 오히려 진짜 어려운 문제는 매질 속을 지나는 광선이 어떻게 자신이 가야 할 길을 찾는가 하는 것이다.

'빛이 지나는 경로는 최단 시간의 경로이다'라는 원리는 프랑스의 과학자 페르마 Fermat, P.의 이름을 따서 **페르마의 원리**로 불린다. 질량 보존 법칙이나 에너지 보존 법칙 등과 함께 페르마의 원리도 자연계의 기본 원리 중 하나인데 아직 증명되지는 않았다. 그러나 자연계는 어쨌든 좀 더 편리한 쪽으로 나아가려는 근본 원리의 지배를 받는 것처럼 보인다. 마찬가지로 광선도, 가장 시간 낭비가 없는 최단 코스를 찾아 앞으로 나아가는 것이다.

4장

전자기학

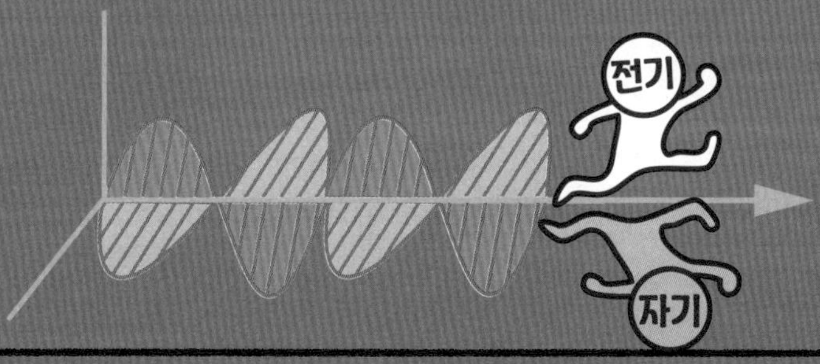

4-1

전기와 자석의 은밀한 관계
전자기학이란

우리 주변에서 전기적 현상과 자기적 현상을 흔히 접할 수 있다(스마트폰과 가전제품 등이 전기와 자기적 현상을 이용한 제품들이다.) 원래 전기적 현상과 자기적 현상은 각각 다른 것이 아니라 전자기라는 현상 중의 일부이다. 이러한 전기와 자기의 성질을 다루는 물리학의 한 분야가 전자기학이다.

전기

- 전기적 현상의 근원이 되는 실체적 입자가 전하이다.
- 전기(전하)에는 양(+)전하와 음(−)전하가 있으며, 양전하와 음전하는 서로 인력(끌어당기는 힘)이 작용하고, 양과 양이나 음과 음처럼 같은 전하끼리는 서로 척력(밀어내는 힘)이 작용한다.
- 전선처럼 선을 따라 전달되는 전하의 흐름을 전류라고 한다.
- 전류에 의해 생기는 자기장을 이용하여 모터를 돌리거나 전등을 켜는 등 전기 에너지는 다른 형태의 에너지로 변환할 수 있다.
- 건조한 날에 무심코 자동차나 문손잡이를 잡는 순간, '타닥' 하고 튀는

전류electric current … 음의 전하를 띤 전자의 흐름에서 생긴다.
전지battery … 전기의 방전이 포격과 비슷하다고 하여, 프랑스어 'battuere(때리다)' 또는 'battery(포격)'에서 유래되었다.

전하에는 양과 음이 있다.

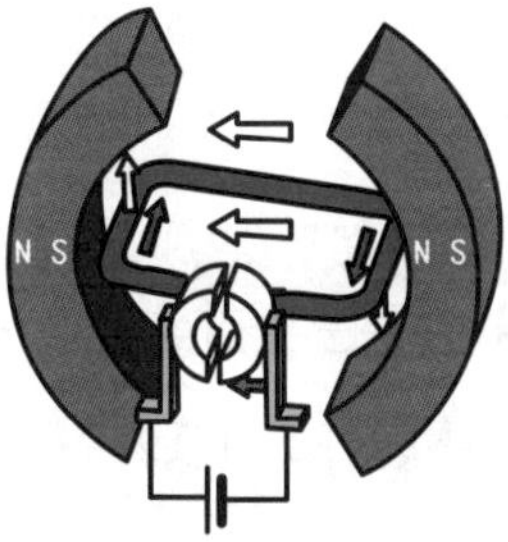

전동기(모터)는 전기 에너지를 운동 에너지로 변환한 것이다.

소리가 나면서 따끔했던 적이 없었는가? 그때 불꽃이 튀는 것을 본 적이 있을지도 모른다. 이것은 정전기력(144페이지 참조)에 의해 발생하는 방전 현상으로 설명할 수 있다.

자기

자석에는 N극과 S극이 있다

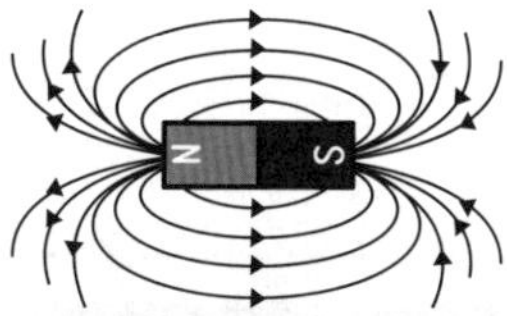

위의 화살표가 나타내는 선을 자력선이라고 하며, 이 선의 각 지점에서의 접선 방향이 자기장의 방향이 된다.

- 우리 주변에 있는 전기제품 대부분에는 자석이 사용된다. 자석이 가지고 있는 자기磁氣를 이용한 것이다.
- 자석에는 N극과 S극이 있다. N극과 S극은 전기에서 양전하와 음전하 간에 일어

나는 상호 작용과 유사한 특성이 있다.

- N극과 S극은 서로 끌어당기는 인력을 가지며, 같은 극끼리는 서로를 밀어내는 척력을 가진다. 이 힘을 **자력**이라고 한다.
- 그러나 전하와 달리 자기의 근원이 되는 자하磁荷(147페이지 참조)는 존재하지 않는다.

전자기학

- 전기와 자기의 성질을 다루는 물리학의 한 분야가 **전자기학**이다.
- 전자기학은 물리학의 한 분야로서, 19세기에 완성되었다.
- 전기력을 일으키는 근원으로, 전하의 주위에 **전기장**(전계라고도 한다)이 존재한다고 생각했다.
- **자력**(자기력)을 일으키는 근원으로, 자하의 주위에 **자기장**(자계라고도 한다)이 존재한다고 생각했다.

전기장의 기본

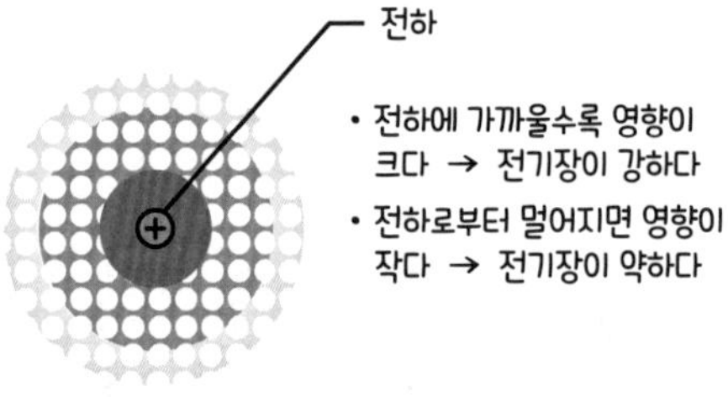

지구도 태양도 자기장을 가진다

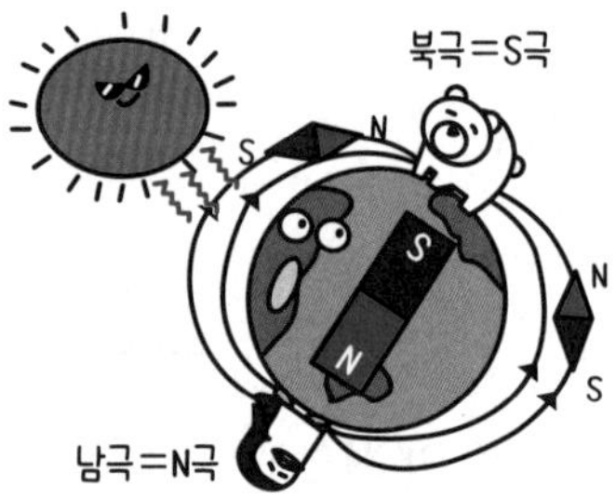

전기electricity…호박琥珀을 뜻하는 그리스어 'elektron'이 어원이다. 플라톤의 『티마이오스』에도 호박 이야기가 나오는 것으로 미루어 기원전 고대 그리스에서 이미 호박의 정전기는 알려져 있던 것으로 보인다.

- 이러한 생각을 **장의 개념**이라고 하는데, 처음에는 실제로 존재하지 않는 것이고 현상을 이해하기 위한 편리한 도구 정도로만 생각했다(397 페이지 참조).

4-2

정전기장의 특징

정전기장에 관한 쿨롱의 법칙

전하를 띤 입자 주위에는 정전기장이 생긴다. 정전기장의 성질은 '쿨롱의 법칙'으로 잘 알려져 있다.

정전기장에 관한 쿨롱의 법칙

- 4-1에서 설명한 바와 같이, 전기에는 양(+)전하와 음(–)전하가 존재한다.
- 양과 음의 전하가 서로 끌어당기는 힘, 또는 양과 양, 음과 음이 같은 종류의 전하를 서로 밀어내는 힘을 **정전기력**이라 한다.
- 정전기력의 크기는 물체가 띤 전하의 양에 비례함과 동시에, 그 물체로부터의 거리의 제곱에 반비례하여 약해진다.
- 정지하고 있는 전하 주위 공간에는, 전기를 느끼는 **정전기장**이 펼쳐져 있다. 프랑스의 과학자 쿨롱Coulomb, C. A.은 정전기장의 특징을 간단한 법칙으로 정리하였다. 이것이 오늘날 **정전기장에 관한 쿨롱의 법칙**으로 알려져 있다.
- 그의 이름을 따서, 전하의 양을 나타내는 단위는 쿨롱(C)이다.

자기magnetism…자석magnet의 어원은 자철광의 산지인 마그네시아에서 왔다고 한다. 자철광이 철을 끌어당기는 성질도 정전기력과 마찬가지로 이미 고대 그리스에서 알려져 있었다.

- 쿨롱의 법칙에 따르면, 2개의 전하(각각 q_1, q_2) 사이에 작용하는 정전기력 $\boldsymbol{F}$는 각각의 전하의 곱에 비례하고, 전하 사이의 거리 $\boldsymbol{r}$의 제곱에 반비례하므로 다음과 같은 식으로 나타낼 수 있다. $\boldsymbol{F}$가 양의 값이면 서로 반발하는 힘(척력), 음의 값이면 서로 끌어당기는 힘(인력)를 나타낸다.

$$F = k\frac{q_1 q_2}{r^2}$$

q_1、q_2: 전하 (C)
r: 두 전하 사이의 거리 (m)
k: 비례 상수
F: 정전기력 (N)

- 비례 상수 k의 값은 각각의 물리량을 표시하는 단위계를 붙이는 방법(m나 cm 등)에 따라 다르게 표시된다.

쿨롱의 법칙과 만유인력의 법칙

- 정전기력의 세기가 전하의 양에 비례하는 것은, 만유인력(45페이지 참조)이 질량의 크기에 비례하는 것과 유사하다.
- 힘의 근원이 되는 관련된 '양'으로써 쿨롱의 법칙에서는 전하가, 만유인력의 법칙에서는 질량이 정의된다.
- 정전기력이 만유인력처럼 거리의 제곱에 반비례하여 약해진다는 것은, 전하에서 **전기력선**(가상의 힘의 선)이 나오고 있다고 생각하면 이해하기 쉬울 것이다.
- 전하를 둘러싼 공간에 전기력선이 나오고 있고, 그것이 구의 형태라고 생각해보자. 그 구면의 단위면적당 관통하는 전기력선의 수는 앞에서

설명한 것처럼 거리의 제곱에 반비례하여 감소한다(113페이지도 참조). 따라서 정전기력의 세기도 거리의 제곱에 반비례하여 감소한다고 이해할 수 있다.

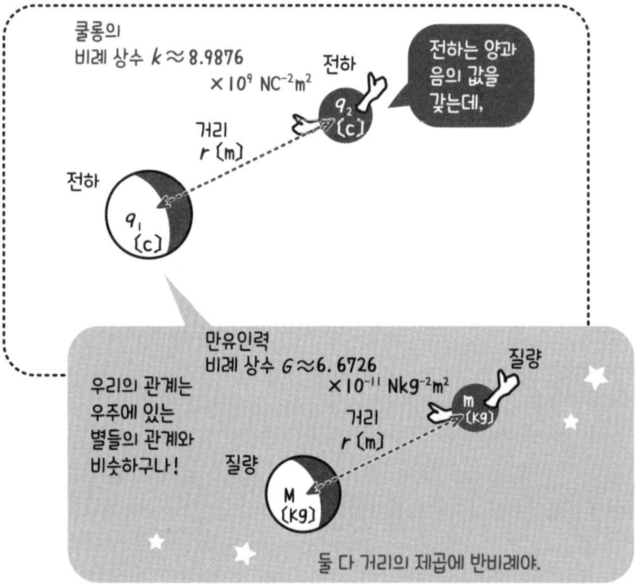

정전기장의 모식도

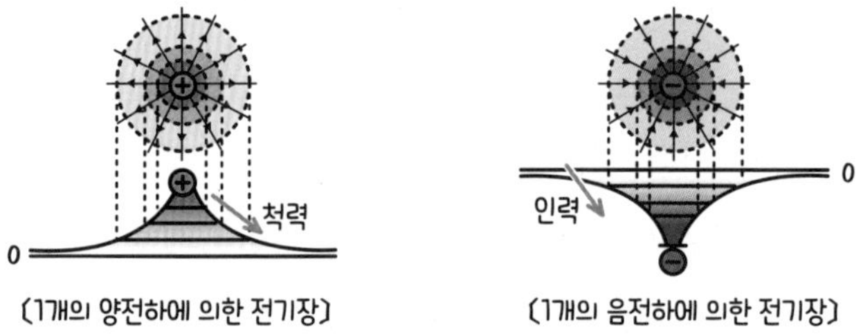

전자기학electromagnetism … 영어로는 '전자기'라는 뜻뿐이지만, 전자기학이라고 번역한다.
영 정전기장 ⇒ electrostatic field
영 정전기력 ⇒ electrostatic force

4-3

정자기장의 특징 NSNSNS

정자기장에 관한 쿨롱의 법칙

자기를 띤 물체 주위에는 정자기장이 생긴다. 자기장의 성질은 정자기장에 관한 쿨롱의 법칙으로 알려져 있다.

정자기장에 관한 쿨롱의 법칙

- 자석에는 N극과 S극이 존재한다.
- N극과 S극은 서로 당기는 힘이 작용하고, N극과 N극, S극과 S극끼리는 서로 미는 힘이 작용하며, 이를 **자기력**이라 한다.
- 정자기력도 전기력과 마찬가지로 자기의 양(자하)에 비례하고, 자하로부터 거리의 제곱에 반비례하여 약해진다. 실제로 자하는 N과 S로 분리할 수 없다.
- N극이나 S극 주위에는 자기력이 생기는 자기장이 펼쳐져 있다고 생각할 수 있다.

전기력선electric field lines…전기력을 전달한다고 가정하는 가상의 힘의 선으로, 양전하에서 음전하로 들어간다고 생각한다. 장의 사고방식에서는, 전기력선도 어떤 종류의 실재라고 생각한다.
정자기장magnetostatic field…움직이지 않는 자하의 주위에 생기는, 시간이 지나도 변하지 않는 자기장을 말한다.

- 쿨롱은 전기력과 함께 자기력의 성질도 연구하여 간단한 법칙으로 정리하였다(**자기력에 관한 쿨롱의 법칙**).
- 자기의 양을 나타내는 **자하**의 단위는 웨버(Wb)이다. (163페이지 참조)
- 정자기력에 관한 쿨롱의 법칙에 따르면, 2개의 극이 띠고 있는 자하(각각 m_1, m_2) 사이에 작용하는 정자기력 $\boldsymbol{F}$는 각각의 자하의 곱에 비례하고, 자극 사이의 거리 $\boldsymbol{r}$의 제곱에 반비례하며, 다음 식으로 나타낼 수 있다. 그 값이 양이면 밀어내는 힘(척력), 음의 값이면 끌어당기는 힘(인력)을 나타낸다.

$$F = k' \frac{m_1 m_2}{r^2}$$

m_1、m_2 : 자하 〔Wb〕
r : 자극 간의 거리 〔m〕
k' : 비례 상수
F : 정자기력 〔N〕

- 각각의 물리량을 표시하는 단위계 방법에 따라(m나 cm 등) 비례 상수 k'의 값은 다르게 표시된다.

자기력선과 자기장

- 정자기력이 자하의 양에 비례하는 것도, (정전기력과 전하의 양처럼) 만유인력이 질량에 비례하는 것과 비슷하다고 보면 된다. 즉 힘을 일으키는 '양'에 따라 자하가 정의된다(단, 현재까지 자하의 원인이 되는 존재는 확인되지 않았다).
- 또, 정자기력이 거리의 제곱에 반비례하는 것도, 자하로부터 **자기력선**(가상적인 힘의 선)이 나오고 있다고 생각하면 이해하기 쉬울 수 있다.

- 예를 들어 자하를 둘러싼 공간에 자하로부터 자기력선이 나오고 있다고 하면, 3차원 공간에서는 구면의 단위면적당 관통하는 자기력선의 수는 거리의 제곱에 반비례하여 감소한다(113페이지 참조). 따라서 정자기력의 세기도 거리의 제곱에 반비례하여 감소하는 것으로 이해할 수 있다.
- 단, 전기의 경우 양의 전하, 음의 전하만으로 각각 존재할 수 있지만, 자기의 경우 N극의 자하와 S극의 자하는 반드시 쌍으로 존재하며 자하는 따로 분리할 수 없다.

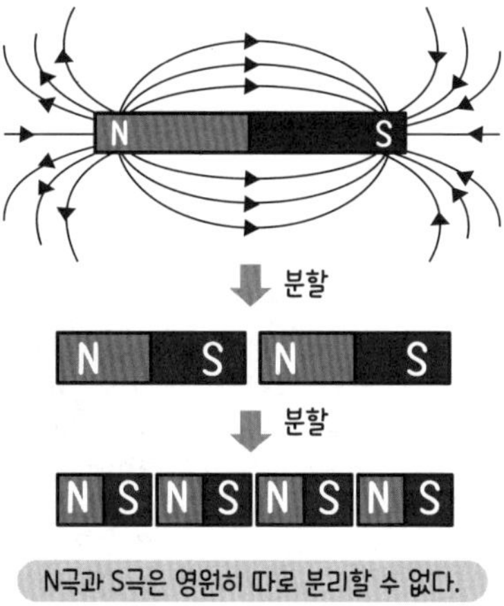

중력, 정전기력, 정자기력의 정리

	대표량	장	힘
중력	질량 m (kg)	중력 가속도 g (m/s²)	중력 mg (N)
정전기력	전하 q (C)	정전기장 E (N/C)	정전기력 qE (N)
정자기력	자하 m (Wb)	정자기장 H (N/Wb)	정자기력 mH (N)

자기력선magnetic field lines…자기력을 전달한다고 생각하는 가상의 힘의 선으로, N극에서 나와 S극으로 들어간다고 정의한다. 전기력선과 마찬가지로, 자기력선도 어떤 종류의 실재라고 생각한다.

4-4

전위는 전하의 위치 에너지

전위와 전압

힘의 장field에는 항상 '장의 에너지'가 존재한다.

전하가 전기장에 놓여 있을 때 전하의 위치 에너지를 전위라고 하는데, 중력장에서 물체를 높은 곳으로 가져가면 (중력에 의한) 위치 에너지가 증가하는 것처럼, 전위가 높은 '위치'에 있을 때 에너지는 더 커진다.

전하의 위치를 바꾸면 주위의 장과 서로 에너지를 주고받게 된다.

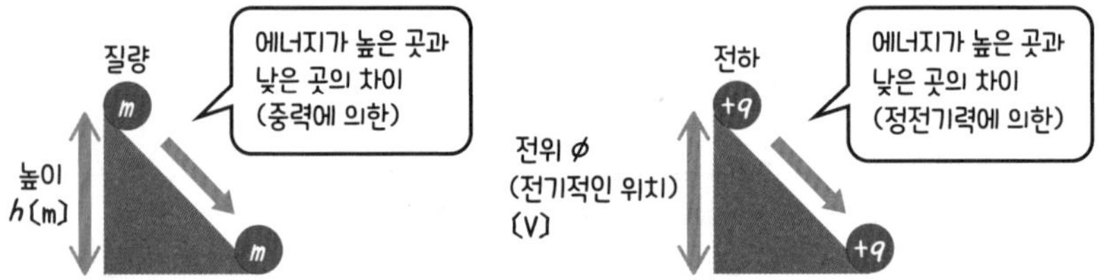

위치 에너지: mgh

m: 물체의 질량 (kg)
g: 중력 가속도 (m/s^2)
h: 높이 (m)

(역학에서의 위치 에너지)

전기적인 위치 에너지: $q\phi$

q: 전하 (C)
ϕ: 전위 (V)

(전위)

전위는 전하의 위치 에너지, 바꾸어 말하면 어떤 점에서 다른 점까지 전하를 움직였을 때 외력에 의해 하여진 일을 의미한다.

전기장의 에너지

- 수력 발전은 높은 위치에서 낮은 위치로 물이 떨어지는 힘을 이용해 터빈을 회전시킨다. 중력에 의한 위치 에너지를 전기 에너지로 변환하는 것이다. 같은 유량이라면 위치 에너지는 수위가 높으면 커지고, 낮으면 작아지는 것을 이용한다.
- 전기장에도 강약이 있어서 그에 따라 위치 에너지가 변하며, 전하의 위치 에너지를 전위라고 한다.
- 정전기장의 경우, 전위는 **정전 퍼텐셜 에너지**(쿨롱 퍼텐셜)라고도 한다
- 전위의 차이를 전압이라고 하고, 전압의 단위는 볼트(V)로 표시한다.

중력 퍼텐셜과 정전 퍼텐셜

- (크기를 무시한) 질점의 **중력 퍼텐셜**(중력에 의한 위치 에너지)은 질량에 비례하고 질점으로부터의 거리에 반비례한다.
- 마찬가지로, (크기를 무시한) 점전하의 전위(정전 퍼텐셜 에너지)도, 전하에

비례하고 점전하로부터의 거리에 반비례한다.

- 점전하에 의한 전위 ϕ는 전하 q에 비례하고, 거리 r에 반비례한다.

$$\phi = k\frac{q}{r}$$

- 비례 상수 k의 값은 각각의 물리량을 표시하는 단위계 방법에 따라(m 나 cm 등) 다르게 표시된다.
- 복수의 전하가 존재하는 경우, 합계 전위는 각 전하의 전위의 합으로 나타낼 수 있다.

4-5

전류? 전력? 전력?? 전류??

전류와 전력

일상적으로 사용되는 전류나 전력이라는 용어는, 과연 물리학적으로는 어떤 의미가 있을까? 이 부분을 정리해보자.

전압과 전류와 전력

- 전위의 차이가 전압이다.
- 전류는 중력에 의해 물체가 떨어지듯이 전위의 차이(전압)에 의해 전하가 이동함으로써 발생한다. 정확하게 말하자면 전류는 1초 동안 흐른 전하의 양을 말한다. 전류의 단위는 암페어(A)이다.
- 전하와 전류의 관계는, 아래의 식으로 나타낼 수 있다.

$$I = \frac{Q}{t}$$

I: 전류 (A)
Q: 전하 (C)
t: 시간 (s)

- 1 A의 전류가 1초 동안에 흘려보내는 전하의 양은 1쿨롱(C)이다 (C = A·s).
- 전압(전위의 차)과 전류(전하의 이동량)를 곱하면, 단위 시간당 전체 전기 에너지를 구할 수 있고 이를 전력이라 한다.

$$P = EI$$

P: 전력(W=J/s)
E: 전압(V)
I: 전류(A)

- 전력의 단위는 와트(W)이다. (W = J/s, 1 W의 전력으로 1초당 1 J의 일을 할 수 있다).
- 일본에서 일반 가전기기의 규격 전압은 100 V, 콘센트 1개의 규격 전

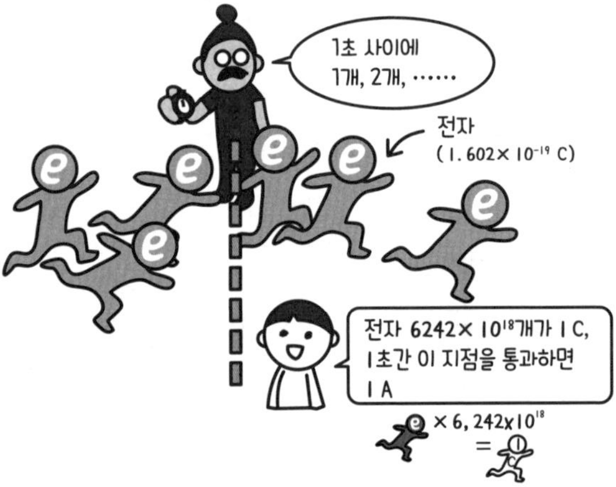

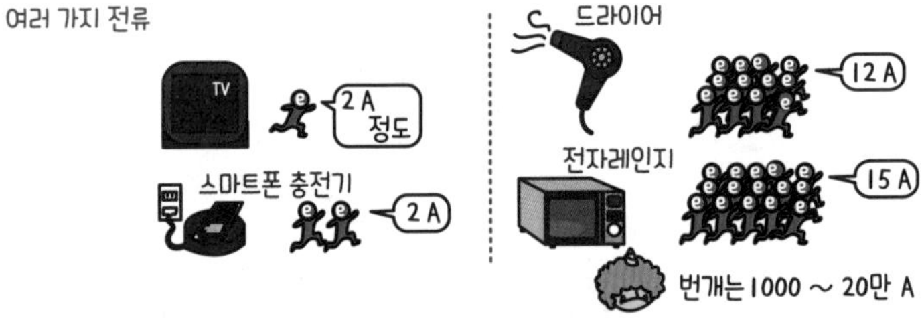

전력electric power…단위 시간당 방출되는(흐르는) 전기 에너지를 말한다. 가전기기에 표시되는 소비전력과 같다.

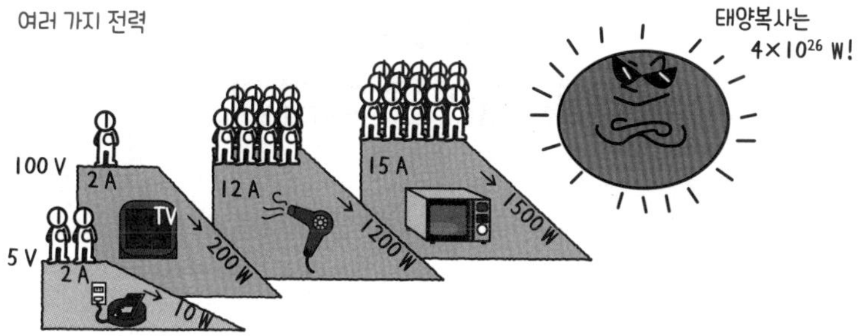

류는 15 A이다. 따라서, 콘센트 1개로 100 V × 15 A = 1500 W 이상의 소비전력이 필요한 전기기기는 사용할 수 없다.

- 소비전력 400 W 전기기기에 전류가 4 A로 기재되어 있는 경우
  → 전위차인 전압은 400 ÷ 4 = 100 V
- 소비전력 700 W 전기기기에 전압이 100 V로 기재되어 있는 경우
  → 흐르는 전류는 700 ÷ 100 = 7 A

4-6

문어발 배선은 위험해

옴의 법칙

전압, 즉 전위의 차이가 있으면 기전력이 생겨 전류가 흐른다. 그러나 전위의 차이를 연결하는 경로(도선)의 종류에 따라 전류가 잘 흐르는 경우도 있고 잘 흐르지 않는 경우도 있다. 즉, 경로에 전하의 이동을 방해하는 것이 있을수록 전류는 잘 흐르지 않는다. 이렇게 전류의 흐름을 방해하는 것을 저항이라 하는데, 전압과 전류, 저항의 관계를 나타낸 것이 옴의 법칙이다.

저항

- 물의 흐름을 생각해보자. 어떤 지점과 다른 지점 사이에 수위 차이가 있다고 하자. 그 사이를 관으로 연결하면, 높은 쪽에서 낮은 쪽으로 물이 흐르게 된다.
- 마찬가지로 어떤 점과 다른 점 사이에 전위의 차이가 있을 때, 도선으로 사이를 연결하면 기전력에 의해 전류가 흐른다.

- 관이 굵으면 한 번에 흐르는 물의 양이 많아지고, 가늘면 적어지듯이, 전하도 흐르기 쉬운 도선의 전류가 더 커진다.
- 전류의 흐름을 방해하는 것이 (전기) **저항**이다. 저항의 단위는 옴(Ω)이다.
- 아래 식으로 표시되는 성질을 **옴의 법칙**이라고 한다.

$$E = IR$$

E: 전압 (V)
I: 전류 (A)
R: 저항 (Ω)

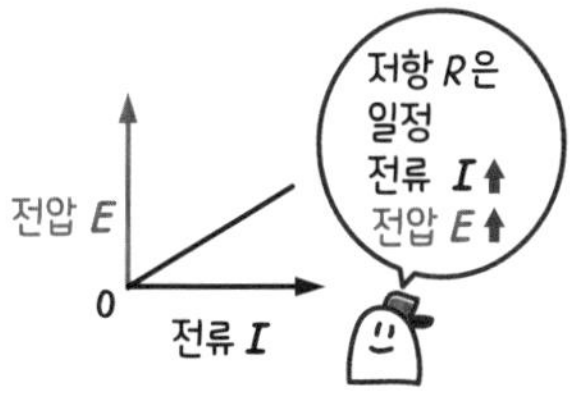

(전류와 전압의 관계)

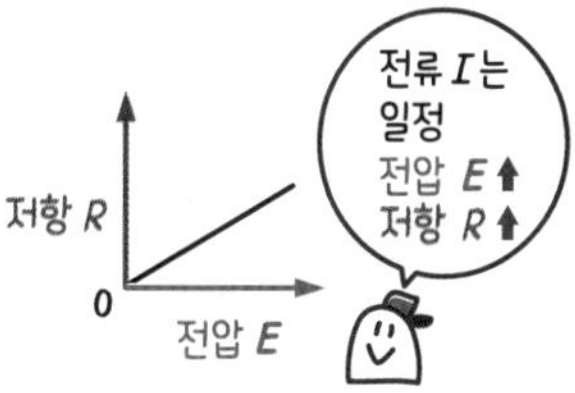

(전압과 저항의 관계)

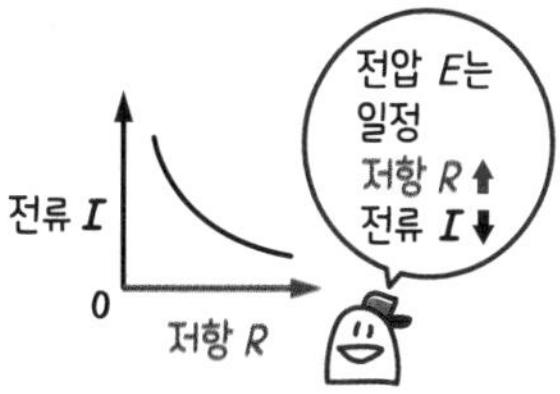

(저항과 전류의 관계)

왜 문어발 배선은 위험한가?

일본의 일반적인 콘센트나 멀티탭의 규격 전류는 15 A인데, 규격 전류를 초과하면 전류가 과다하게 흘러 도선에 이상 발열이 생겨 위험할 수 있다.

가정용 콘센트 100 V에 문어발 배선으로 가전기기를 연결했다고 가정해보자.

옴의 법칙Ohm's law…독일의 물리학자 옴Ohm, G. S.이 1826년에 발표했다. 법칙 자체는 옴보다 먼저 영국 물리학자 캐번디시Cavendish, H.가 1781년에 발견하였으나 학계에 발표하지 않았다. 옴의 이름을 따서 일반적으로 그리스어의 Ω(오메가)로 표기한다.

전기난로	800 W	⇒	800 ÷ 100 = 8 A
TV	200 W	⇒	200 ÷ 100 = 2 A
냉장고	300 W	⇒	300 ÷ 100 = 3 A
청소기	700 W	⇒	700 ÷ 100 = 7 A

이때 콘센트에는 총 전류 20 A가 흐르게 된다.

콘센트의 규격 전류 15 A를 초과하게 되므로 비정상적으로 열이 발생해 발화할 위험이 커지게 되는 것이다.

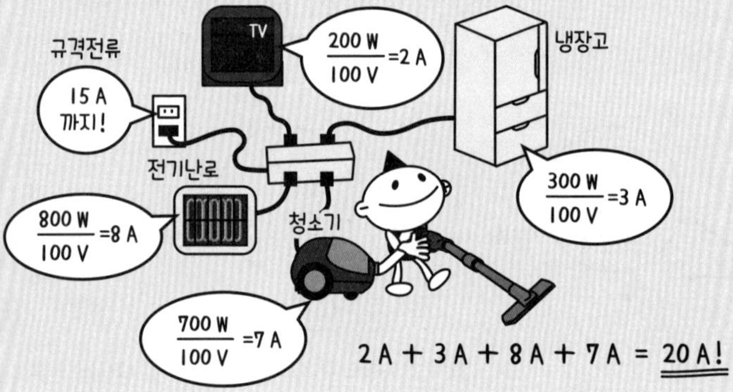

4-7

모터는 무엇으로 움직이는가

앙페르의 법칙

쿨롱의 법칙에서 알 수 있듯이, 전기와 자기는 비슷한 성질을 가지고 있다. 실제로 전기와 자기는 밀접하게 관련된 현상이다. 이를 보여주는 것이 전자석이다.

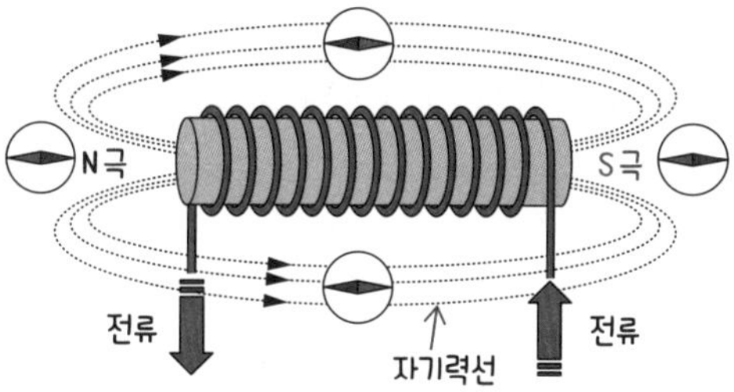

전자석과 앙페르의 법칙

- 니크롬선(니켈과 크롬을 주로 한 합금으로 만든 도선)을 원통 모양으로 감아 코일(도선을 감은 전기부품)을 만들어 전류를 흐르게 하면 코일이 자기를 띤다. 이처럼 전류를 흘릴 때만 자석의 성질을 띠는 것을 **전자석**이라고 한다. 반면 전기를 가하지 않아도 자성을 띠는 것을 **영구자석**(자석)이라고 한다.
- 전자석이야말로, 전기와 자기가 밀접하게 관련되어 있다는 증거이다.
- 프랑스의 물리학자 앙페르 Ampáre, A. M.는 2개의 도선을 평행하게 배열하여 전류를 흐르게 하면 도선에 힘이 작용하는 것을 발견하고, 그 힘

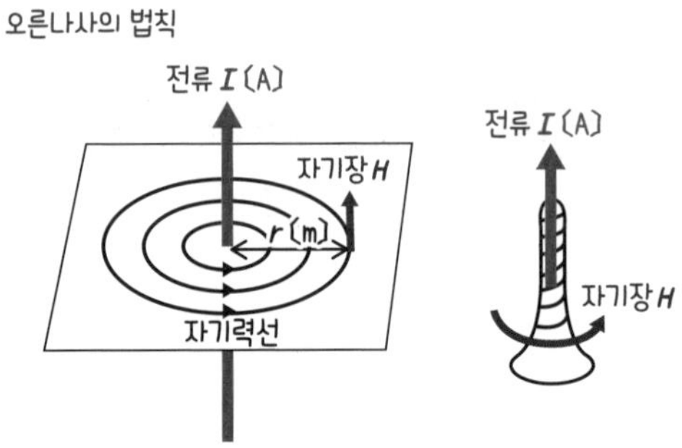

도선에 전류를 흘려보내면, 그 주위에 자기장이 생긴다.

의 크기를 측정했다. 도선에 전류를 흘려보내면 그 주위에 자기장이 생기는데, 전류에 의해 생긴 자기장의 성질은 영구자석이 만드는 자기장의 성질과 똑같다.

- **앙페르의 법칙**이란, 도선에 전류를 흐르게 했을 때 생기는 자기장의 세기(자기장 강도) H가 전류의 크기 I에 비례하고 도선으로부터의 거리 r에 반비례한다는 것이다. 이것을 다음 식으로 나타낼 수 있다.

$$H = \frac{I}{2\pi r}$$

H: 자기장 강도 (A/m)
I: 전류 (A)
r: 도선으로부터의 거리 (m)

모터의 구조

- **모터**motor(전동기)나 **다이너모**Dynamo(발전기)는 전자석의 성질을 이용한 기기이다.
- 모터는 전류를 흘려보내서 동력을 얻는 장치이고, 다이너모는 그 반대이다. 이 안에는 영구자석과 전자석이 잘 배치되어 있다.

직류 모터의 모식도

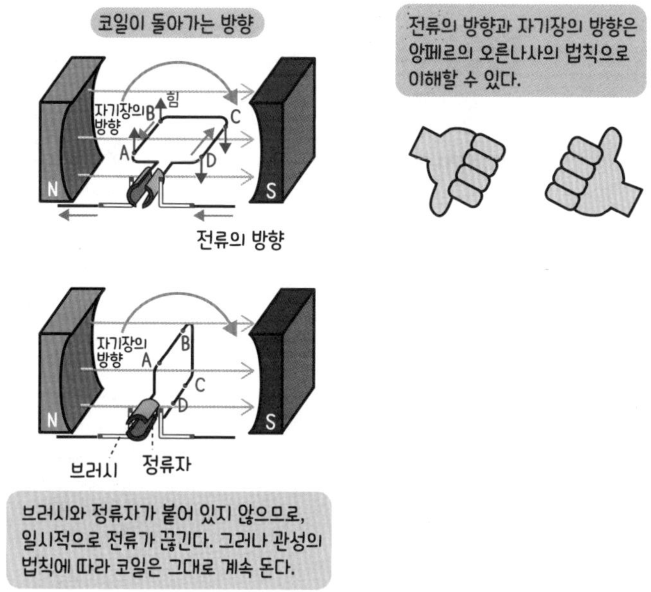

- 전류를 흐르게 하면 영구자석과 전자석 사이에 작용하는 힘이 조절되어 축의 회전 운동으로 바꿀 수 있다. 이것을 이용한 것이 모터이고, 다이너모는 그 반대이다.

4-8

현상 유지의 법칙이 발전기의 원리

패러데이의 전자기 유도 법칙

전류가 자기장을 만들고, 자기장은 전류를 만든다. 이것을 전자기 유도라고 한다.

전자기 유도electromagnetic induction···도체 주변의 자기장이 바뀌면, 도체에 전위차가 생겨 전류가 흐르는 현상을 말한다. 이때 발생하는 전류를 유도 전류라고 한다.

전자기 유도와 패러데이의 전자기 유도 법칙

- 코일에 빠르게 자석을 가까이 대면, 그 순간 전류가 흐른다. 반대로 자석을 빠르게 멀리하면, 이전과는 반대 방향으로 전류가 흐른다. 이 현상을 **전자기 유도**라고 한다. 코일에 자석을 빠르게 접근시키거나 멀리하면, 전류가 방향을 바꾸면서 계속 흐르게 되어 전기를 생산할 수 있다.
- 전자기 유도, 즉 자기장의 변화에 의해 전류를 발생시키는 것은 영국 과학자의 패러데이Faraday, M.가 1831년에 발견했으므로, **패러데이의 전자기 유도 법칙**이라고 한다.
- 패러데이의 전자기 유도 법칙은, 닫힌 회로에 발생하는 전압(유도 기전력)이 그 회로에 둘러싸인 면을 통과하는 자속의 시간 변화율에 비례한다는 것이다.
- 여기에서 **자속**이란, 회로를 관통하는 실효적인 자기장(자속 밀도)의 총량을 일컫는다. 이때 1 V의 유도 기전력을 발생시키는데 필요한 1초당 자속의 변화량이 1 Wb이다(N/Wb = A/m).

다이너모의 구조

- **다이너모**(발전기)는 흐르는 물과 증기를 이용해 **터빈**(회전식 원동기)을 돌려 전류를 일으키는 장치로, 터빈이 회전했을 때의 유도 기전력으로 도선에 전류가 흐르는 구조이다.
- 자전거는 자주 배터리를 교체하지 않아도 점등되는 램프가 부착되어

태양 전지 이외의 발전에는 대개 다이너모가 사용되고 있다.

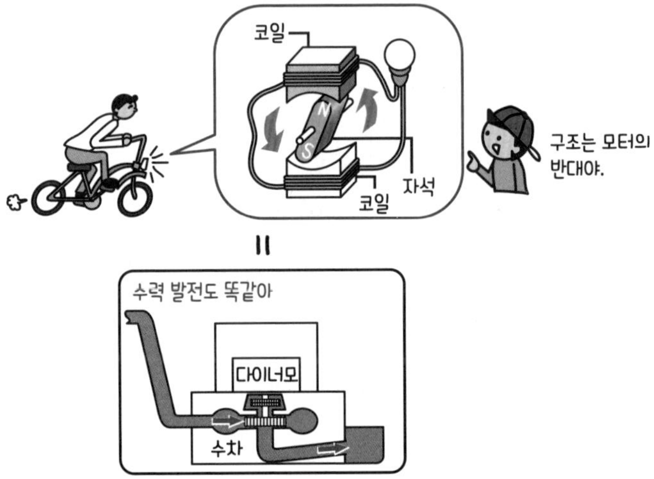

있다. 이 램프가 사용하는 전력은 자전거 앞바퀴의 회전을 이용하여 전기를 만드는 작은 다이너모에서 얻는 경우가 많다.

4-9

전자기와 관련된 방정식 4개

맥스웰 방정식

전류로부터 자기장이 생기고, 또 자기장으로부터 전류가 생긴다는 '전기와 자기의 법칙'은 맥스웰(315페이지 참조)에 의해 전자기학으로 통합되고 확립되었다. 그 기초 방정식이 맥스웰 방정식이다.

전기 법칙과 자기 법칙의 통합

- 맥스웰은 다양한 전기의 법칙과 자기의 법칙을 통합하여 전자기학을 확립했다.
- 그 후 전기나 자기의 법칙은 단 4개의 방정식으로 정리되었다. 현대적인 벡터 기법(벡터를 사용한 표기 방법)에서는 이것을 매우 아름다운 식으로 나타낼 수 있다.

맥스웰 방정식

① $\mathrm{div}\,E = \nabla \cdot E = 4\pi\rho$

② $\mathrm{div}\,B = \nabla \cdot B = 0$

③ $\mathrm{rot}\,E = \nabla \times E = -\frac{1}{c}\frac{\partial B}{\partial t}$

④ $\mathrm{rot}\,B = \nabla \times B = \frac{1}{c}\frac{\partial E}{\partial t} + \frac{4\pi}{c}J$

E : 전기장
B : 자기장
ρ : 전하 밀도
J : 전류 밀도
c : 광속
π : 원주율 3.14…

- 맥스웰 방정식을 말로 표현하면 다음과 같다.
  ① 전하의 주위에는 다른 전하에 영향을 주는 힘의 장(전기장)이 존재한다. ⇒ 이것은 정전기장에 관한 쿨롱의 법칙을 포함하고 있다.
  ② (자하는 단독으로 존재하지 않지만) N극과 S극의 자극 사이에는 자기의 장(자기장)이 존재한다. ⇒ 이것은 정자기장에 관한 쿨롱의 법칙을 포함하고 있다.
  ③ 자기장이 변화하면, 유도 기전력이 생긴다. ⇒ 이것은 패러데이의 전자기 유도 법칙을 일반화한 것이다.
  ④ 전류가 흐르면 그 주위에 자기장이 생긴다. ⇒ 이것은 앙페르의 법칙을 일반화한 것이다.

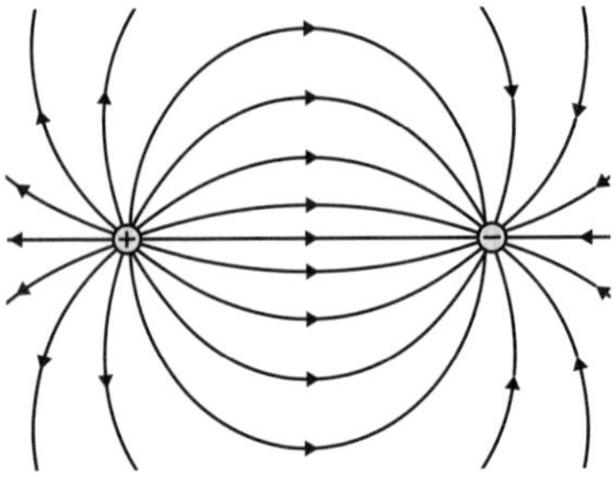

전기력선은 양전하에서 나와서 음전하에서 끝난다.

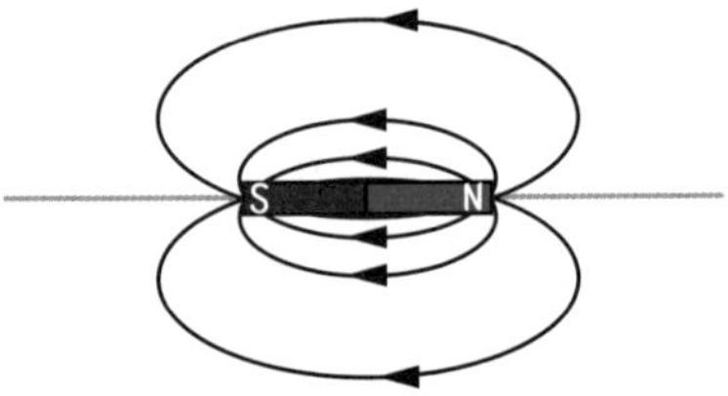

자기력선은 흘러나오지도 않고 빨아들이지도 않는다.
(N과 S에 해당하는 자하를 따로 분리할 수 없다.)

(맥스웰 방정식까지의 과정으로) 미래를 예측해본다면

- 18세기부터 19세기에 걸쳐 일어난 산업혁명으로 기계 공학이 사회의

전하 밀도charge density…단위 부피당 전하를 말함.
전류 밀도current density…단위 면적당 전류를 말함.

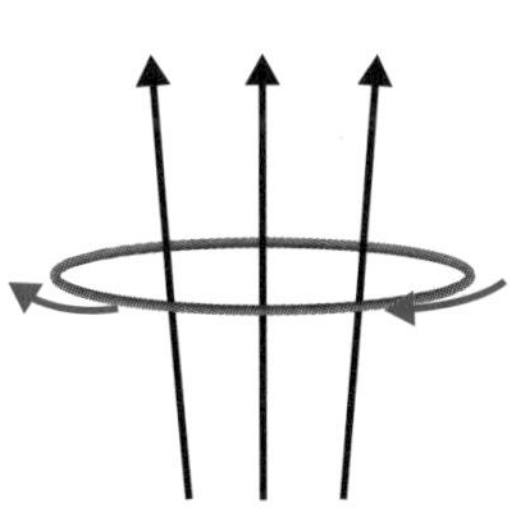

자기장의 시간 변화로 전기장이 생긴다.

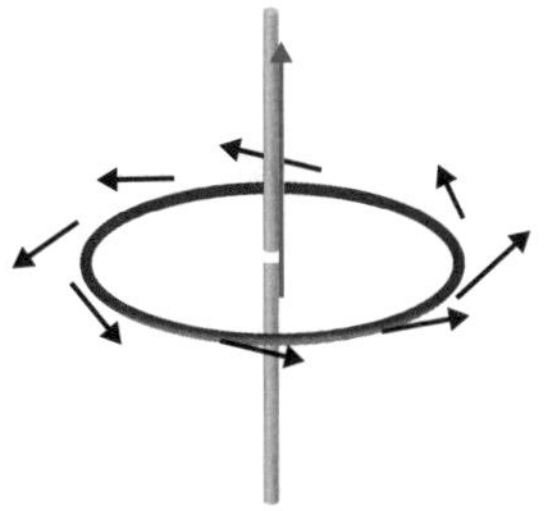

전류 주위에 자기장이 생긴다.

핵심 기술이 되었다.

- 기계 공학의 기초가 된 것이 17세기에 뉴턴이 확립한 역학이었다.
- 그리고 20세기에 크게 발전한 전기 전자 공학의 기초가 된 것이, 19세기에 맥스웰이 통합하고 확립한 전자기학이다. 현재 우리 생활은 전기 전자 공학에 의해 유지되고 있다고 말할 수 있다. 그렇다면 지금부터 50년 후 미래 사회의 핵심 기술은, 20세기에 성립된 상대성 이론이나 양자 역학, 분자 생물학을 기초로 하는 중력 공학gravity engineering이나 양자 공학quantum engineering, 나노 기술, 그리고 생물 공학bio-technology이 될지도 모른다.
- 물리학자가 되려는 여러분은, 어쩌면 100년 후의 세계를 책임지는 기술을 만드는 사람이 될지도 모른다.

4-10

빛의 정체는 전자기파

전자기파와 광

맥스웰 방정식은 그 이전에 알려진 전기나 자기의 성질을 간단명료하게 나타낸 것뿐만 아니라, 이 방정식으로 인해 이전에 아무도 예상치 못했던 현상을 알 수 있게 되었다. 그중 하나가 전자기파의 존재이다.

전기장과 자기장의 파동

- 맥스웰 방정식에는 과학적인 예술성이 있다. 이렇게 법칙을 정리하고 식을 만들어낸 업적은 그동안 난립했던 법칙을 단순히 정리해 통합한 것에 그치지 않는다. 사물은 융합하여 하나로 통합되었을 때, 종종 새로운 성질을 띠며 새로운 발견으로 이어지기도 한다.
- 그 새로운 발견 중 하나가 바로 빛이 전자기파임을 증명한 것이다.

전하 ρ와 전류 J가 없는 단순화된 맥스웰 방정식

① $\nabla \cdot E = 0$

② $\nabla \cdot B = 0$

③ $\nabla \times E = -\frac{1}{c}\frac{\partial B}{\partial t}$

④ $\nabla \times B = \frac{1}{c}\frac{\partial E}{\partial t}$

- 우선, 전하도 전류도 없는 상태라고 가정해보자. 맥스웰 방정식은 더욱 간단해지고, 전기장과 자기장의 대칭을 이루게 된다.
- 이때, 물질(전하를 띤 입자인 하전 입자)이 전혀 없는 상태이므로 진공 상태라고 생각하면 된다. 즉 단순화된 맥스웰 방식에 의하면, 진공에서도 전기장과 자기장은 존재하게 된다.
- 또 전기장과 자기장을 조금만 흔들면, 전기장이나 자기장의 미세한 진동이 파동이 되어 전해지는 것을 알 수 있다(자세한 해설은 생략).
- 이 파동은 물이나 공기와 같은 매질이 전혀 없어도, 진공 상태에서 횡파로 전파된다.
- 즉 전기장의 변화가 자기장을 만들고 자기장의 변화가 전기장을 만들면서 진공의 공간에서 전파된다. 이것은 전기장과 자기장에 의한 파동이므로 **전자기파**라고 한다.
- 더 놀라운 것은 맥스웰 방정식에서 도출된 전자기파가 전달되는 속도를 계산해보니, 당시 이미 알려져 있던 빛의 속도와 일치했다는 것이다. 그래서 맥스웰은 전자기파야말로 빛의 실체라고 추정했다.

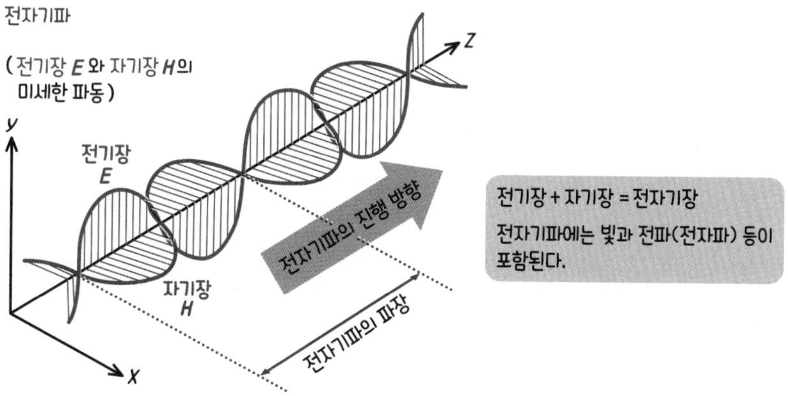

- 당시 빛은 진공의 우주 공간에서도 전파되는 파동의 일종이라는 것까지는 알려져 있었다. 그러나 파동은 반드시 매질이 필요하다고 믿었기 때문에, 어떻게 빛이 우주에서 전파될 수 있는가 하는 의문이 있었다.
- 그러나 S맥스웰 방정식에서 매질을 필요로 하지 않고 진공 속을 자기 자신의 힘만으로 나아가는 파동, 전자기파가 도출됨에 따라 모든 문제가 단번에 해결되었다.

5장

열역학·통계 역학

5-1

통계로 열의 운동을 이해해보자

열역학과 통계 역학

우리는 뜨거운 물이 닿으면 "앗! 뜨거워!"라고 말하거나, 상대방의 영혼 없는 대답에 "차가운 사람이네…"라고 말하곤 한다. 직접적으로나 간접적으로 모두 열과 관련된 표현이다. 그런데 과연 열이란 무엇일까? 열이 물체에서 발생하거나, 유입 또는 유출되는 흐름을 정량적으로 다루는 물리학의 한 분야가 열역학이다.

그리고 열역학을 미시적인 관점으로 파악하는 분야가 통계 역학이다.

열이란 무엇일까?

- 열이란 무엇일까? 알기 쉽게 우리 몸으로 바꾸어 생각해보자.

몸에서 외부로 나가는 열을 조절

추울 때는 옷을 껴입고 장갑이나 목도리를 착용해 몸 안에서 열이 달아나지 않도록 한다. 반대로 더울 때는 얇은 옷을 입어서 열이 몸 밖으로 나가게 한다.

외부로부터 몸에 열을 받아들인다.

목욕을 하거나 핫팩을 몸에 붙여서 몸 안으로 열이 흡수되게 한다. 반대로 더울 때는 차가운 것을 만지거나 붙여서 열을 몸 밖으로 내보낼 수 있다.

음식을 먹거나 운동을 해서 열을 낸다.

열역학

- 우리는 열을 발생시키는 방법이나 이동시키는 방법을 경험적으로 알고 있다.
- 열을 구체적으로 정의하고 열의 양이나 이동량을 측정하는 등 정량적으로 열을 다루는 물리학의 한 분야가 **열역학**이다. 라부아지에Lavoisier. A. L., 카르노(214페이지 참조)와 클라우지우스Clausius. R. J. E., 켈빈 경(188페이지 참조), 그리고 볼츠만(197페이지 참조) 등 많은 위대한 과학자들의 연구에 의해 열의 정체가 밝혀졌다. 열역학은 산업혁명과 함께 더욱 발전하여 19세기 후반에 어느 정도 학문적 완성을 이루었다고 볼 수 있다.

통계 역학

- 열은 물질 내부의 미세한 운동이나 진동으로 일어나는데, 19세기 후반까지도 열역학에서는 구체적인 메커니즘을 잘 이해하지 못하고 있었다.
- 이 문제를 입자의 미시적인 운동을 도입하여 풀어낸 것이 **통계 역학**이다.
- 고전적인 통계 역학에서는 맥스웰과 볼츠만에 의해 구축된 **맥스웰-볼**

열역학thermodynamics…열학이 아니라 열 '역'학이라고 하는 건, 단순히 열만이 아니라 열의 발생이나 이동 등 시간적인 변화(다이나믹스=역학)를 다루고 있음을 강조하는 것이다.
통계 역학statistical mechanics…물질은 방대한 수의 입자(원자나 분자)로 이루어져 있으므로, 이들 입자의 분포를 통계학이나 통계 분포에서 다룰 수 있다.

츠만 분포라는 이론으로 열운동을 하는 입자의 속도 분포를 나타낼 수 있었다. 이것을 고온에서 상대론적인 영역까지 확장한 것이 **상대론 맥스웰-볼츠만 분포**이다.

- 한편 양자론의 영역에서는 양성자나 전자와 같은 물질을 형성하는 소립자에 적용할 수 있는 **페르미-디랙 분포**나, 광자와 같은 에너지 입자에 적용할 수 있는 **보스-아인슈타인 분포**로 입자의 에너지 분포를 나타낼 수 있다.

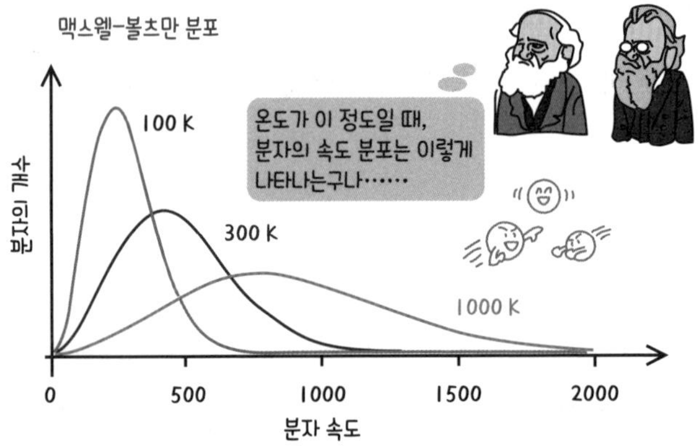

5-2

따뜻하게 데우는 3가지 방법

열전도, 열대류, 열복사

"이 도시락 따뜻하게 데워드릴까요?"라고 할 때, 도시락을 데울 수 있는 방법은 여러 가지가 있다. 편의점에서는 보통 전자레인지를 사용하지만 직화로 데울 수도(태우는 경우도 생기지만), 혹은 품에 안아서 사람의 온기로 따뜻하게(마음만은 감사합니다) 할 수도 있다. 한편 물리적으로 나눠보면 열을 가하는 방법에는 전도, 대류, 방사(복사)가 있다.

열전도, 열대류, 열복사

● 핫팩을 주머니에 넣고 몸을 따뜻하게 하거나, 차가운 얼음을 이마에 대고 몸을 식히는 것은 접촉을 통해 직접 열을 더하거나 빼는 방법인

> 열전도heat conduction … 전기 전도와 구별하기 위해 '열'을 앞에 붙이지만, 열을 다루는 맥락에서는 단순히 '전도'라고 해도 의미는 통한다.

데, 이것을 **열전도**라고 한다.

- 에어컨으로 방을 난방 또는 냉방하거나, 목욕할 때 뜨거운 물과 차가운 물이 섞여 온도가 조절되는 현상을 **열대류**라고 한다.
- 모닥불이나 난로에 손을 대고 몸을 녹이는 것은 열원에서 방사되는 전자기파(여기서는 주로 적외선)를 받는 것이다. 그 복사열을 흡수함으로써 열을 흡수하거나 방사하는 방법을 **열방사**(열복사)라고 한다.

열전도의 성질

- 앞에서 설명한 열전도에서는 열만 이동한다. 물질의 이동은 없다.

- 각각의 물질에 따라, 열이 전달되는 **열전도율**은 다르다.

열대류의 성질

- 열대류에서는 열을 가진 물질 자체가 이동한다.
- 열대류는 중력이 존재하기 때문에 일어나는 현상이다.
- 물과 같은 유체는 따뜻하면 밀도가 작아져서(가벼워져서) 상승하며, 차가

열대류 thermal convection ··· 수평 방향이면 이류 advection라고 부른다.

우면 밀도가 커져서(무거워져서) 하강한다. 이로 인해 열대류가 일어난다.

- 바람이나 해류, 지구의 지표를 움직이게 하는 맨틀의 대류도, 열대류에 의해 일어나는 현상이다.
- 열을 가진 물질이 수평 방향으로 이동하여 열을 운반하는 경우도 있는데, 이것을 이류라고 한다.

열복사의 성질

- 열복사에 의해 공간적으로 열원에서부터 멀리 떨어진 장소라도 따뜻해지거나 차가워진다.
- 열복사로 열을 전달하는 것은 전자기파(적외선 등)이며, 태양에서 오는 빛(태양 복사)도 열을 전달한다.
- 열복사는 빛을 내는 물체에서만 일어나는 것은 아니다. 예를 들어 대지나 대기는 적외선을 복사하므로, 태양 복사가 없는 밤에는 차가워진다(복사 냉각).

지구도 열대류하고 있다

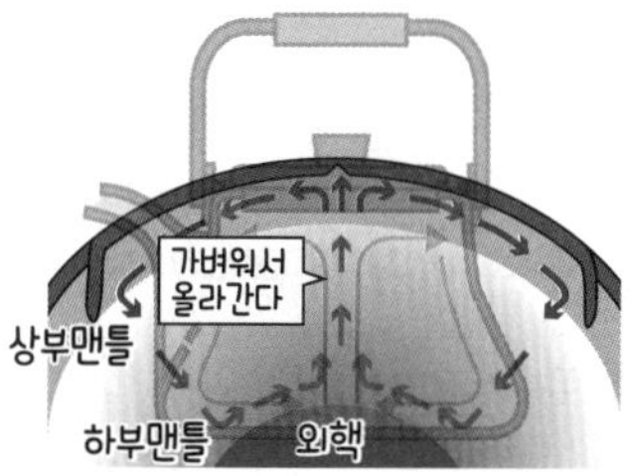

열복사는 열전도와는 다르다

열복사thermal radiation … 문맥에 따라서는 단순히 '복사'라고 해도 된다. 열 그 자체는 'heat' 인데, '열의 작용'이라는 의미로 'thermal'이 사용된다.

5-3

열은 '물질'인가? '에너지'인가?

열운동

열전도나 열복사의 구조를 통해 보면, '열의 실체는 물질 그 자체'가 아니라는 것을 알 수 있다. 하지만 열대류는 물질이 열을 운반하고 있는 것처럼 보인다. 도대체 열의 실체는 무엇일까?

열의 정체

- 열이란 도대체 무엇일까? 먼저 우리가 잘 아는 것부터 살펴보자. 물체가 가지고 있는 열의 양을 열량이라고 부르는데 이것은 측정할 수 있

열량quantity of heat ··· 열량 자체는 상대적인 양이므로 기준이 필요하다. 섭씨 영도(0°C)를 기준으로 하면 음(마이너스)의 열량도 존재한다.

다. 즉, 뜨거운 물체의 열량은 많고 차가운 물체의 열량은 적다고 측정할 수 있다.

- 이때 열량은 물질의 양(질량)에도 비례한다. 또, 식기 쉬운(비열이 작은) 물질과 잘 식지 않는(비열이 큰) 물질이 있듯이, 열량은 물질의 종류에도 관계가 있다.
- 즉, 온도 외에도 그 물질의 질량이나 종류를 알면, 어떤 물질이 가지고 있는 열량을 어느 정도 구할 수 있다. 또 전체 열량을 각 물질의 열량의 총합으로 구할 수도 있다.
- 이렇게 측정할 수 있는 '열'은 물질의 일종일까? 아니면 에너지의 일종일까?
- 현재까지, 열은 물질이 아니라 에너지 이동의 한 형태라고 정의되어 있다.

물질의 열운동

- 모든 물질은 많은 원자와 분자로 구성되어 있다(361페이지 참조). 하지만 이들 원자와 분자는 결코 같은 장소에 정지된 상태로 가만히 있는 것이 아니다.
- 고체나 액체 상태의 물질은, 대부분 여러 개의 원자와 분자가 적당한 간격으로 격자 모양을 이루며 결합되어 있지만 생각처럼 매우 강하게 결합된 것은 아니다. 원자, 분자 간의 결합은 스프링이나 고무줄로 연결된 것처럼 느슨하다고 볼 수 있다.
- 즉 원자나 분자 입자는 항상 흔들리고 있으며, 운동 에너지와 진동에

너지를 가지고 있다(열운동).

- 원자나 분자 입자의 미세한(마이크로) 운동에 의한 운동 에너지와 미세한 진동에 의한 진동 에너지, 입자들 사이의 위치 에너지 등을 통틀어, 일반적으로 **내부 에너지**라고 한다.
- **열에너지**는 내부 에너지 중 열운동에 의한 에너지이다. 따라서 열량은 역학적 에너지와 마찬가지로 줄(J) 단위로 표시할 수 있다.

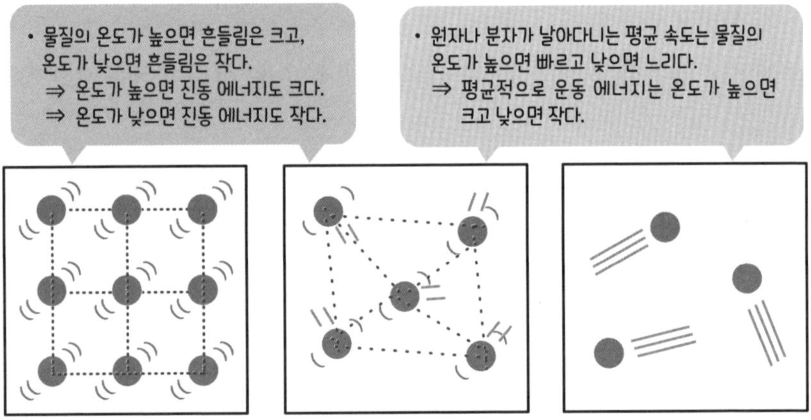

〔고체의 열운동〕 〔액체의 열운동〕 〔기체의 열운동〕

5-4

시간이 지나면 온도는 일정해진다

열역학 제0법칙

60°C의 물과 10°C의 물을 같은 양으로 섞으면 대략 35°C의 물이 된다는 것은 직접 해보지 않아도 알 수 있다. 그렇다면 혼합 직후의 온도는 몇 °C일까? '아직 다 섞이지 않아서 모른다'고 대답해야 할까? 열에 관한 기본 법칙 중 하나인 열역학 제0법칙(열평형)에 대해 알아보자.

열평형

- 욕조에 60°C의 물과 10°C의 물을 같은 양으로 넣었다고 하자. 넣자마자 욕조 안으로 들어간다면 당연히 뜨거울 것이다. 60°C의 물과 10°C의 물이 잘 섞이면 35°C의 물이 되지만, 어디까지나 전체적으로 충분히 섞인 후의 일이다. 부은 직후 욕조 안의 물은 아직 뜨거운 부분과 차가운 부분이 존재하고, 다이내믹하게 온도가 변하고 있을 것이다.
- 즉, 어느 부분에서는 60°C인 채로, 그 근처는 50°C 정도로, 또 다른 부

분은 30℃ 정도로, 온도에 큰 차이가 있을 것이다.

- 온도가 다른 물체(물질)들이 접촉한 뒤, 어느 정도의 시간이 흐르면서 전체적으로 온도가 같아져 온도를 확정할 수 있는 상태를 열평형 상태라고 한다.
- 바꿔 말하면, 온도가 다른 물체들이 접촉한 직후 열평형이 이루어지지 않은 상태에서는, 온도를 측정하는 것은 의미가 없을 수 있다.

열역학 제0법칙(열평형)

- 온도가 다른 두 물질이 접촉하면 고온의 물질에서 저온의 물질 쪽으로 열이 흐른다. 그리고 충분히 시간이 지나 두 물질의 온도가 같아지면 열의 이동은 멈춘다. 이 상태를 열평형이라 한다.
- 통계 역학에서 열평형이란, 입자의 에너지 분포가 어떤 지점에서나 동일하여 시간이 지나도 변하지 않는 상태(평형 상태)이다.
- 전체를 구성하는 각각의 물질이 열평형 상태가 되면, 전체적으로도 열평형이 된다. 이것을 열역학 제0법칙(열평형)이라고 한다.

열역학 제0법칙(열평형)

고립된 계의 각 부분이 열평형이라면 전체도 열평형으로, 모든 지점에서 온도가 일정하다.

열평형thermal equilibrium…온도가 같은 상태인 것. 열역학 평형thermodynamical equilibrium이라고도 한다.

• 여기서 '계'란 물리 현상을 고찰의 대상으로 삼고 있는 부분을 말하며, 고립된 계란 외부와 에너지도 물질도 주고받지 않는 계를 말한다.

섭씨온도

• 일상생활에서 사용하는 섭씨온도(단위: °C, 도)는 1기압일 때 물이 얼음이 되는 온도를 0°C, 물이 끓는 온도를 100°C로 하여, 그 사이를 100 등분하여 온도로 나타낸 것이다. 뜨거움과 차가움을 나타내는 공통 개념이다.

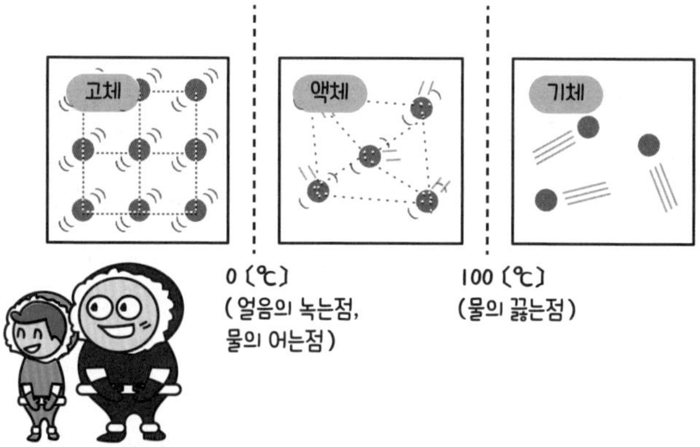

• 실제로는 항상 변화하고 있기 때문에 완전한 열평형 상태는 존재하지 않는다.
• 따라서 온도도 대체로 근사치로만 정해진다.

섭씨온도Celsius temperature ··· 스웨덴 천문학자 셀시우스Celsius, A.가 1742년에 고안한 것에 근거한다. 단위는 도(°C)이다. 위쪽의 °는 전하의 단위인 쿨롱(C)과 구별하기 위함이다.

5-5

열은 어떻게 측정하는가?

열량, 열용량, 비열

온도는 뜨거움이나 차가움을 나타내는 개념(물리량)으로 °C나 K 등의 단위를 사용하여 정량적으로 나타낼 수 있다. 하지만 온도가 열 자체의 양을 나타내는 것은 아니다. 열평형이나 온도와 관련하여 물질이 갖는 열 그 자체의 양을 나타내는 개념(물리량)인 열량, 열용량, 비열에 대해 알아보자.

열을 흡수하는 정도는 서로 다르다(사람으로 비유해보면)

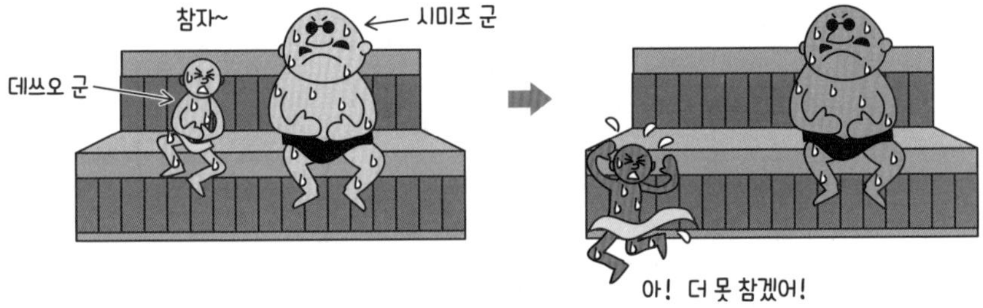

열량 • 열용량 • 비열의 관계

- 어떤 물체의 온도를 올리거나 내리려면 열을 가하거나(가열), 빼야(냉각) 한다.
- 이때 이동한 열의 양도 열량(179페이지 참조)으로 나타낼 수 있으며, 단위는 줄(J)이다.
- 여기서 물체나 물질에 따라, 각각 출입하는 열량을 알면 편리하다.
- 그러므로 물질마다 절대 온도(205페이지 참조) '1 K 당' 열량을 알면 편

리하다. 이것이 **열용량**이다. 즉, 열용량은 물질의 온도를 1 K만큼 올리는 데 필요한 열량을 나타낸다. 단위는 줄/켈빈(J/K)이다.

- 어떤 물체의 온도를 2 K 올릴 때 필요한 열량은 열용량에 2를 곱하면 구할 수 있다.
- 또한 물체의 질량을 1 kg당으로 고정하여 열용량을 나타낸 것이 **비열**이다. 즉, 비열은 1 kg 물체의 온도를 1 K만큼 올리는 열량을 나타낸다. 단위는 줄/(킬로그램·켈빈), J/(kg·K)이다.

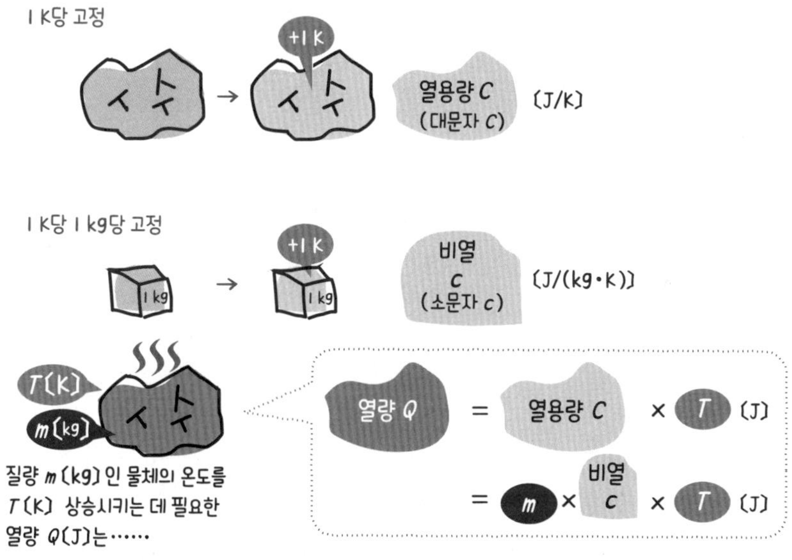

> 열용량heat capacity … 온도차 1℃당 열량. 물질의 종류, 양에 의존한다.
> 비열specificheat capacity … 물질의 종류만으로 결정되는 상수이다.

물은 천천히 뜨거워지고 천천히 식지만, 철은 빨리 뜨거워지고 빨리 식는다

- 여러 물질의 비열을 비교해보면, 물의 비열이 단연 크다는 것을 알 수 있다.
- 반면 금속의 비열은 일반적으로 작고, 철은 물의 $\frac{1}{10}$밖에 되지 않는다. 1 kg의 물을 1 K 올리는 열량으로, 1 kg의 철을 10 K나 올릴 수 있다.
- 다시 말해, 같은 질량에 같은 온도일 경우, 물이 철보다 10배나 많은 열을 축적할 수 있다.

여러 가지 비열

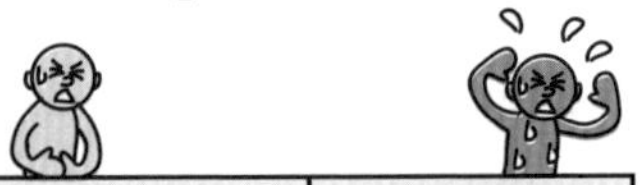

물질	비열용량(18℃) 〔J/(kg·K)〕
물	4200
에탄올	2400
벤젠	1700
수은	140
유리	800
납	130
백금	134
은	230
동	380
철	440
알루미늄	900

열량 보존의 법칙

- 온도는 더할 수 없지만, 열량은 더할 수 있다.
- 고온의 물체와 저온의 물체를 합치면, 열역학 제0법칙에 의해 충분한 시간이 지난 후 양쪽 온도가 동일한 열평형에 이른다.
- 이때, 고온의 물체에서 나온 열량과 저온의 물체에 들어간 열량은 같아진다(외부로 출입이 없을 때). 이것을 **열량 보존의 법칙**이라고 한다.
- 열량 보존의 법칙을 사용하면, 열평형이 되었을 때 온도를 구할 수 있다.

열량에서 온도를 구한다

열량에서 온도를 구하려면 열량의 이동을 생각하면 된다. 즉,

(고온의 물체가 잃은 열량) = (저온의 물체가 얻은 열량)

이다.

이 관계는 열량 보존의 법칙을 이용한 것이다.

구체적인 예시로 생각해보자.

질량 100 g, 온도 80℃의 구리(비열 380 J/(kg·K))를 질량 900 g, 10℃의 물(비열 4200 J/(kg·K))에 담가서 열평형이 되었을 때, 전체 온도가 T(℃)가 되었다고 하자.

이때 구리의 열용량은

$$380 \times 0.1 = 38 \text{ (J/K)}$$

이며, 물의 열용량은

$$4200 \times 0.9 = 3780 \text{ (J/K)}$$

이다. 따라서

고온의 물체(구리)가 잃은 열량 : $38 \times (80 - T)$ (J)

저온의 물체(물)가 얻은 열량 : $3780 \times (T - 10)$ (J)

이것이 같다고 하면

$$38 \times (80 - T) = 3780 \times (T - 10)$$

이 방정식을 풀면

$$38 \times (80 - T) = 3780 \times (T - 10)$$
$$3040 - 38T = 3780T - 37800$$
$$3818T = 40840$$
$$T \approx 10.7 \text{ (℃)}$$

라고 구할 수 있다.

HELLO I AM...

켈빈 경

Baron Kelvin, William Thomson
1824~1907

절대 온도의 단위가 된 과학자

물리학 공부를 하다보면 켈빈 경처럼 '경'이라는 경칭이 붙은 물리학자를 만날 수 있다. 이 켈빈 경의 본명은 윌리엄 톰슨이고 북아일랜드 벨파스트에서 태어나 어릴 때부터 신동이라 불렸다. 10세에 스코틀랜드에 있는 글래스고 대학에 입학하여 16세에 열역학에 관한 논문을 썼고, 17세에 명문 케임브리지 대학에 진학하였다. 그리고 1846년 22세에 글래스고 대학의 자연철학 교수가 되어 1899년까지 53년간 그 자리를 지켰다. 교수가 될 때는 같은 대학의 교수였던 아버지의 노력이 있었다고 하는데, 그 후의 활약을 보면 아버지의 기대에 충분히 부응했다고 말할 수 있을 것이다.

1867년에는 나이트Knight 작위를 수여받고, 그 칭호인 '서Sir'가 이름에 붙었다. 1892년에는 드디어 귀족의 반열에 올라 남작Baron이 되었으므로 켈빈 '경'Lord Kelvin으로 불리게 되었다. 켈빈 경의 이름에서 따온 켈빈이 현재는 절대 온도 단위(205페이지 참조)로 사용되고 있다. 참고로 켈빈이라는 이름의 유래는 글래스고를 흐르는 켈빈 강Kelvin river에서 따왔다고 한다.

절대 온도 제창(1848년), 줄톰슨 효과(1852년), 열역학 제2법칙(1851년), 열역학 제3법칙*(1852년) 등 켈빈 경의 업적은 다양하다. 열역학의 선구자가 (뒤에서 서술하게 될) 카르노라면, 열역학을 확립하고 체계화한 것은 켈빈 경이었다고 할 수 있다.

켈빈 경은 고전 물리학의 신봉자였지만, 1900년 영국 왕립연구소에서 유명한 강연을 하면서 고전 물리학의 두 가지 큰 과제를 논했다. 그 과제 중 하나인, 전자기파를 전달한다는 에테르의 존재와 지구 운동의 모순은 20세기에 이르러 상대성 이론에 의해 해결되었다. 또다른 과제였던 기체 분자의 운동에서 에너지가 공평하게 분배되지 않는 문제 역시 20세기에 와서 양자론에 의해 해결되었다.

* 단, 엔트로피 개념 자체는 1865년에 클라우지우스Clausius, R. J. E.가 도입했다.

5-6

에너지는 전체적으로 보존된다

열역학 제1법칙

에너지는 역학과 유체 역학에서도, 또 상대성 이론과 양자론에서도 항상 보존된다. 그리고 열역학에도 에너지 보존에 관한 법칙이 있다.

열역학 제1법칙(에너지 보존 법칙)

- 열에너지는 내부 에너지의 일부다(180페이지 참조).
- 어떤 물질에 외부에서 열에너지를 가하거나, 일(역학적 에너지)을 가했을 때, 그 에너지가 밖으로 빠져나가지 않는 이상적인 상황(고립계)에 놓이게 된다면, 그 에너지는 모든 물질의 내부 에너지를 증가시키는 데 사용된다.
- 이 내용은 내부 에너지의 가장 기본적인 성질을 나타내고 있기 때문

에, **열역학 제1법칙**이라고 불린다. 또 이것은 에너지는 형태가 바뀌어도 손실되거나 증가하지 않음을 나타내기 때문에, 열역학 제1법칙은 **내부 에너지에 대한 에너지 보존 법칙**이라고 볼 수 있다.

열역학 제1법칙(내부 에너지에 대한 에너지 보존 법칙)

외부로부터 고립된 계에 가한 열량과, 물체에 가한 일(역학적 에너지)의 합은 고립계의 내부 에너지의 증가와 같다.

$$\Delta U = Q + W$$

- Q의 예 : 가스를 태울 때의 열에너지, PC에 전류를 흘렸을 때 생기는 열에너지 등
- W의 예 : 기체가 팽창할 때 하는 일, 힘을 가할 때의 작용에서 발생하는 일, 중력장 안에서 낙하시켰을 때 얻을 수 있는 위치 에너지 등

- ΔU의 예 : 열에너지의 증가, 물질의 상태 변화(융해, 기화 등)에 따라 생기는 잠열, 분자 구조의 변화에 따라 생기는 결합 에너지, 분자가 원자로 부서질 때의 해리 에너지, 원자나 분자가 이온화할 때의 전리 에너지 등

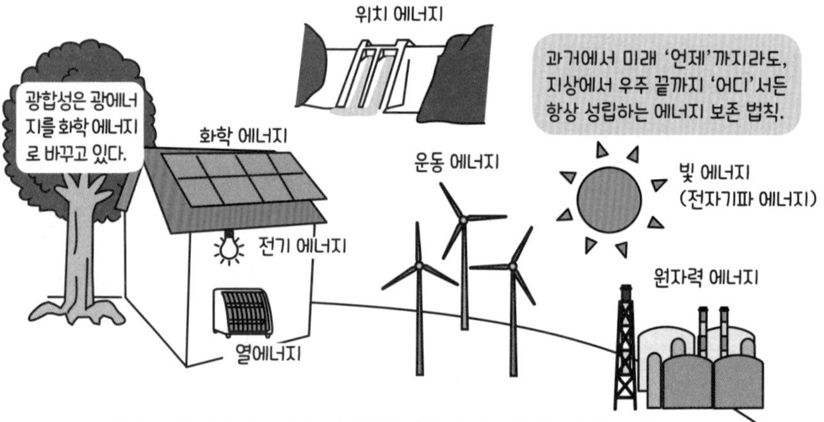

- 에너지는 형태가 바뀌는 경우는 있어도, 에너지의 합은 변하지 않는다.
- 에너지는 전체적으로 보존된다는 것이 자연계의 대원칙.

5-7

내부에 숨겨진 에너지

이상 기체의 상태 방정식

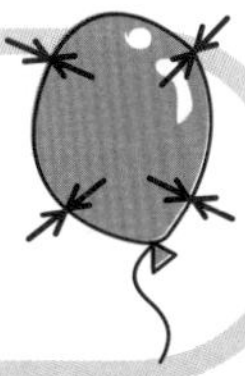

내부 에너지는 모습이나 모양이 보이지 않아 양을 파악하기 어렵다. 그러나 이상 기체라고 불리는 기체의 내부 에너지는 간단한 식으로 나타낼 수 있다.

이상 기체

- 실제로 존재하는 기체(실제 기체)에는 어떤 종류이든 그것을 구성하는 분자의 크기와 그들 사이에서 작용하는 힘(분자간력)이 존재한다.
- 편의상, 기체 분자의 크기나 분자간력을 무시할 수 있다고 하는 이상적인 기체가 이상 기체이다.

이상 기체의 상태 방정식

- 이상 기체에는 항상 보일-샤를의 법칙이 성립된다. 즉, 이상 기체에는 다음과 같은 관계가 성립되며 이것을 이상 기체의 상태 방정식이라고도 한다.

이상 기체ideal gas … 실제 분자의 크기나 분자간력을 고려한 상태 방정식에는 반데르발스의 상태 방정식 등이 있다. 단, 많은 실제 기체에서 고압이나 저온을 제외하면 이상 기체로 간주해도 문제없다.

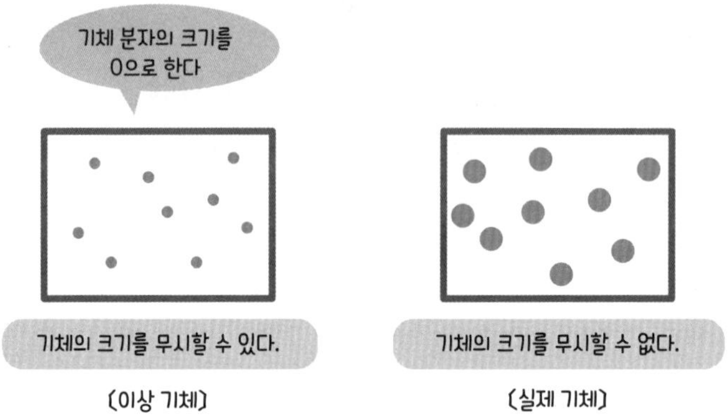

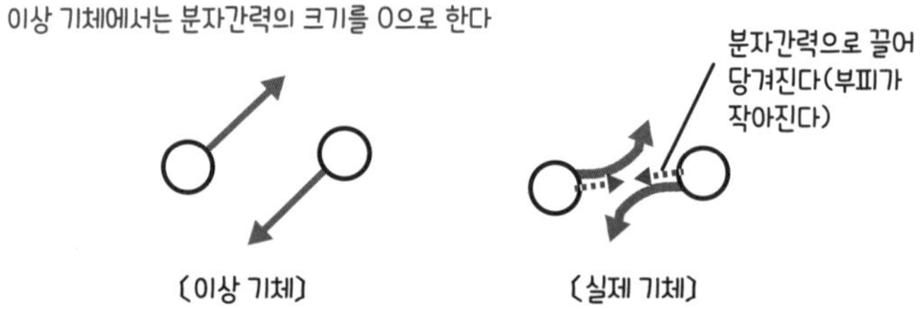

$$PV = RT$$

P: 압력 〔Pa〕
V: 부피 〔m^3〕
R: 기체상수 〔J/(mol·K)〕
T: 온도 〔K〕

- R은 기체상수이고, $R = 8.31$ J/(mol·K)이다.
- 이때 이상 기체의 내부 에너지 U도, 다음과 같이 온도에 비례한다(계수의 $\frac{3}{2}$은 기체의 종류에 따라 다소 달라질 수 있다).

$$U = \frac{3}{2}RT$$

- 즉, 분자간력을 0이라고 하면, 기체의 내부 에너지는 온도에 비례한다.

그리고 $PV = RT$이므로, 대체로 압력과 부피를 곱한 양에 비례한다.

보일-샤를의 법칙은 풍선의 원리로 생각하면 이해하기 쉽다

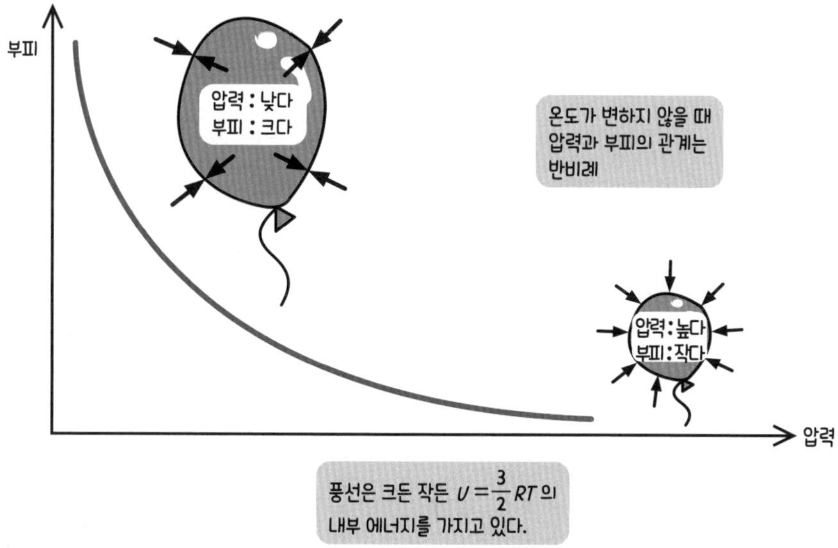

5-8

제멋대로 흐트러지는 방

열역학 제2법칙

읽던 책이나 스마트폰, 취미 도구 등을 방 여기저기에 쌓아두는 사람은 의외로 많을 것이다. 치워도 치워도 정리가 안 되는…… 성격 탓일 수도 있지만 어쩌면 그것은 물리 법칙 탓일지도 모르겠다.

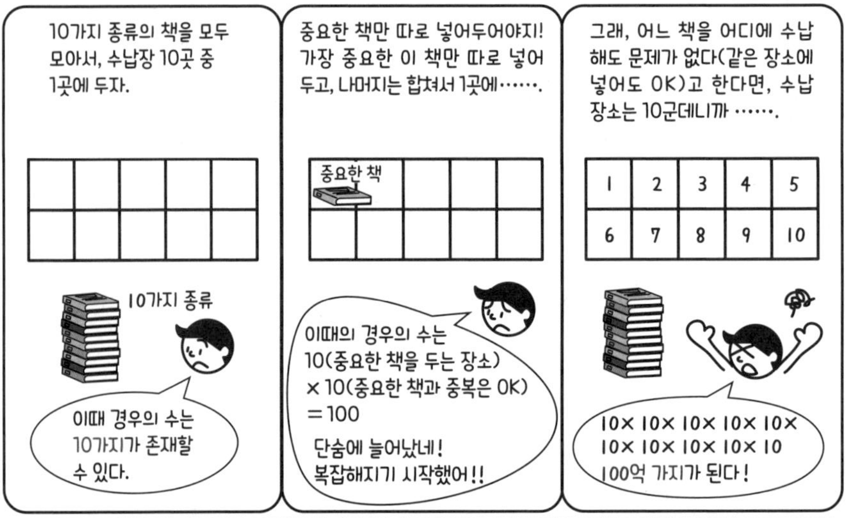

정돈된 상태라면 경우의 수가 적은데, 무질서한 상태에는 경우의 수가 엄청나게 많아지는구나…….

그렇다는 것은! 자연계에는 모든 것이 정돈된 상태(예를 들어, 위에서 본 10가지)보다, 여러 가지 가능성이 있는 상태(예를 들어, 위에서 본 100억 가지)가 훨씬 자주 발생하므로, '정리된 상태보다, 무질서한 상태일 때의 경우의 수가 훨씬 많다'는 것을 알 수 있다!!

열역학 제2법칙(엔트로피 증가의 법칙)

- 흐트러진 상태의 경우의 수 중 큰 수를 취한 것이, 무질서함의 지표로써 사용되고 이것을 엔트로피라고 정의한다.

$$S = k \ln W$$

S : 엔트로피 [J/K]
k : 볼츠만 상수 [J/K]
ln : 자연로그 [$= \log_e$]
W : 경우의 수

- 이처럼 엔트로피를 정의하면, 사물은 점점 흐트러진 상태가 되는 것, 즉, '엔트로피는 시간과 함께 증가한다'는 것을 식으로 나타낼 수 있다.
- 그런데 열에너지는 열운동에 의한 것이다. 열운동이 일어나는 방법에 따른 경우의 수는 흐트러진 상태의 경우의 수에 해당한다.
- 고온의 물체와 저온의 물체가 접촉했을 때, 열은 반드시 자연스럽게 고온의 물체에서 저온의 물체 쪽으로 흘러간다. 열에 대한 이러한 성질을 **열역학 제2법칙**(엔트로피 증가의 법칙)이라고 한다. 열운동 발생의 경우의 수는 시간과 함께 증가하거나 일정한 상태로 머무르게 된다.
- 뜨거운 물체에서 열운동이 일어나는 경우의 수와 차가운 물체에서 열운동이 일어나는 경우의 수를 더한 것(= 각각이 별개일 때의 경우의 수)보다, 둘의 온도가 같아졌을 때, 즉, 두 쪽 전체의 열운동에서의 경우의 수가 압도적으로 많아지게 된다.

엔트로피entropy…독일의 물리학자 클라우지우스Clausius, R. J. E.가 1865년에 도입하였다. 변환을 의미하는 그리스어 'trope'에서 유래했다.

● 따라서, 각각 온도가 다른 상태일 때보다, 온도가 같은 상태일 때 전체의 엔트로피는 증가하게 된다.

열역학 제2법칙(엔트로피 증가의 법칙)

> 고립계의 엔트로피는 시간과 함께 증가하거나 일정하게 유지된다.

HELLO I AM...

볼츠만

Ludwig Eduard Boltzmann

1844~1906

우주의 열죽음(heat death)를 걱정한 비관주의자

우주의 열죽음(엔트로피entropy가 최대가 된 열평형 상태)에 대해 언급한 볼츠만은 부유한 가정에서 태어난 우등생으로, 빈 대학 재학 중 기체 분자 운동론을 제창하였다. 1868년 24세에 그라츠 대학의 교수가 되어, 기체 분자의 운동 분포를 나타내는 맥스웰 분포를 발표했다. 그리고 1871년부터 1872년에 걸쳐 열역학에서 중요한 '에르고드 가설'과 'H 정리'를 제창하고, 1877년에는 드디어 엔트로피의 공식화에 성공했다. 그 후 1884년에는 복사에 관한 슈테판-볼츠만의 법칙을 도출하였다.

볼츠만은 '열은 고온부에서 저온부로 흐른다'(열역학 제2법칙), '충분히 시간이 지나면 두 쪽의 온도가 같아져 열평형을 이룬다'(열역학 제0법칙) 등, 열역학 법칙은 지극히 당연한 자연의 섭리와 같고 모든 자연 현상에도 성립하는 것처럼 보이므로 우주 전체에도 성립하는 것이 아닐까 하고 생각했다.

그렇다면 실제로 우주 전체에 열역학의 법칙을 적용해보자. 현재 우주에는 고온의 물체(별이나 별 사이의 전리 가스)와 저온의 물체(행성이나 별 사이의 저온 가스나 먼지) 등 다양한 온도를 가진 물체(천체)로 가득 차 있다. 열역학 제2법칙에 따른다면, 우주에서도 고온의 천체에서 저온의 천체로 열이 흐르고 있다고 생각할 수 있다. 열역학 제0법칙에 따르면 충분히 시간이 지나면 고온의 천체는 차가워지고 저온의 천체는 뜨거워지다가 언젠가는 모든 천체의 온도가 같아지는 열평형을 이루게 될 것이다.

물론 우주는 매우 광대하므로 여기서 '충분한 시간'이라고 하는 것은 터무니없을 만큼 긴 시간일지도 모르지만, 열역학의 법칙에 따르면, 반드시 모든 우주 전체의 온도가 같아져 우주 전체가 열평형 상태가 될 것이다. 하지만 현재 우주에 있는 다양한 존재들은 열평형 상태가 아니기 때문에, 별이나 생명체가 역동적인 변화를 통해 다양한 세계를 형성하고 있는 것이다. 우주 전체가 열평형이 된다면, 거기에는 더 이상 아무런 변화도 일어나지 않고, 무미건조하고 변화 없는 균질의 세계가 영원히 계속될 것이다. 볼츠만은 아득한 미래에 우주가 열평형에 도달하는 것을 우주의 '열죽음'이라고 정의하였다.

한편 볼츠만은 열의 본성이 기체 분자의 운동에 있음을 정확하게 추론하여, 이 기체 분자의 움직임을 기체 분자 운동론으로 정리해냈다. 그러나 당시는 아직 원자나 분자의 실체조차 확인되지 않았던 시대였기 때문에, 당연히 원자나 분자의 존재를 믿지 않는 사람도 많았다. 원자론자들, 에너지론자들과의 대립과 논쟁에 지치고, 우주의 열죽음을 두려워하던 그는 1900년경부터 노이로제 증상이 나타나 1906년 62세에 자살했다. 그가 20년 정도 더 살아서 우주가 팽창하고 있다는 사실을 알게 되었다면 편안하게 영면에 들 수 있었을지도 모른다.

볼츠만은 아득한 먼 우주의 미래를 걱정한 것이었겠지만 다행히 우주의 열죽음은 볼츠만의 기우였다. 즉, 우주는 고립된 계이므로 부피가 일정하면 확실히 어느 쪽으로든 우주 전체가 열평형이 되겠지만, 실제로 우주는 팽창하고 있다. 현재의 우주 모델에서는, 138억 년 전 우주는 매우 작고 고온·고밀도의 상태에서 팽창을 시작했고 관측 가능한 범위 안에서는 약 100억 광년까지 확대되어 더욱 팽창을 계속할 것이며, 이후로도 영원히 팽창해나갈 것으로 예상하고 있다.

이런 식으로 우주가 팽창하면 고온부에서 저온부로 열이 흐르는데, 우주가 팽창함에 따라 고온부와 저온부가 점점 멀어지기 때문에 영원히 열평형에 도달할 수 없다. 따라서 우주 전체가 열평형이 되는 일은 결코 없을 것이다. 또한, 팽창함에 따라 우주는 차가워지기 때문에 열사熱死보다는 오히려 냉사冷死할지도 모른다.

열을 역학적 에너지로 바꾼다

열기관과 카르노 사이클

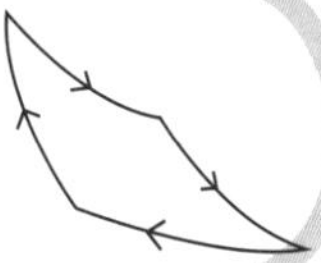

열역학의 법칙은 열기관(엔진)을 이해하는 중요한 기본 법칙이다. 이것을 응용하면 차가운 곳에서 따뜻한 곳으로 열을 이동시킬 수도 있다.

단열 변화·등온 변화·등압 변화·등적 변화

● 주변과 서로 열을 주고받지 않는 변화를 단열 변화라고 한다.

피스톤에 들어 있는 이상 기체를 생각해보자

피스톤 = 열기관을 구성하는 부품

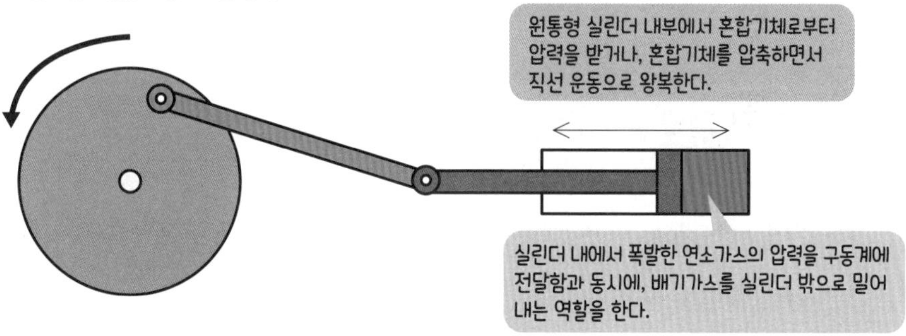

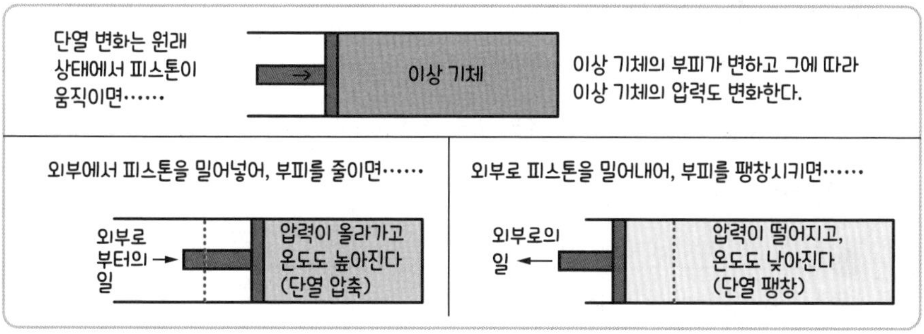

- 또한, 기체의 온도를 일정하게 유지하는 변화를 등온 변화라고 한다.
- 등온에서 압력이나 부피를 변화시키기 위해서는 주위와의 열교환이 필요하다.
- 등온 변화에서 압력은 단열 변화만큼 올라가지 않는다.
- 압력이 일정한 등압 변화나 부피가 일정한 등적 변화도 존재한다.

단열 변화 • 등온 변화 • 등압 변화

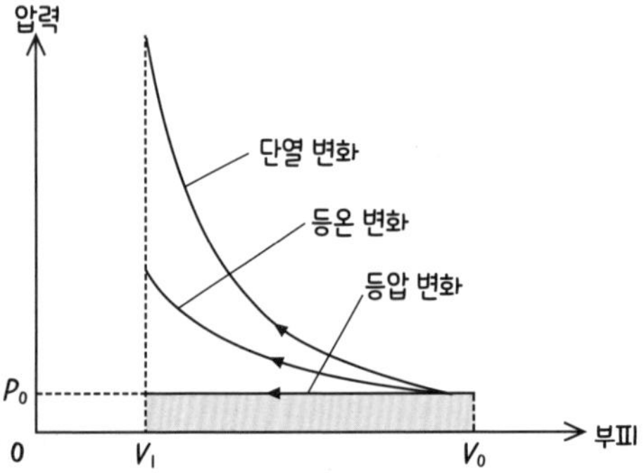

등적 변화 • 등온 변화 • 등압 변화

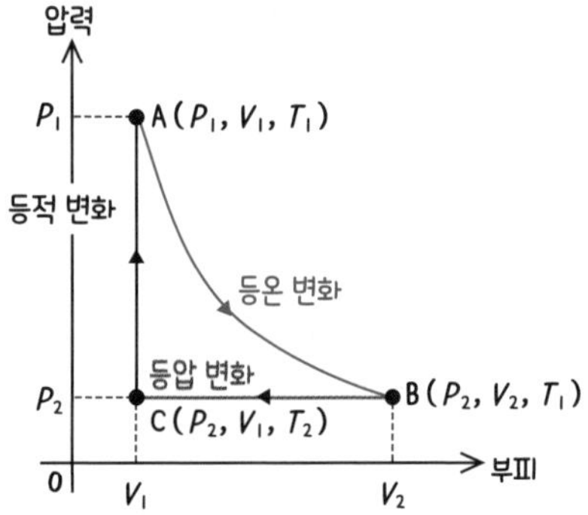

열기관과 카르노 사이클

- 단열 변화나 등온 변화 등을 잘 조합하여, 열(열에너지)을 일(역학적 에너지)로 바꾸는 구조가 열기관(엔진)이다.
- 열기관은 열역학 제2법칙에 따라 고열원에서 열을 받아 일을 한 후에, 저열원으로 열을 방출(방열)한다.
- 이때 방열하는 양을 최대한 작게 함으로써, 열기관의 성능(열효율)을 높일 수 있다.

열기관heat engine…열을 에너지원으로 하는 기관

- 열기관 중에서 가장 효율이 높은 **카르노 사이클**에 대해 알아보자.
- 카르노 사이클은 압력 P와 부피 V의 $P-V$ 그래프(왼쪽)에서

[등온 팽창] → [단열 팽창] → [등온 압축] → [단열 압축]

의 4단계를 반복하는 사이클이다.

① **등온 팽창 단계**: 고열원에서 열을 받아 등온 팽창한다.

② **단열 팽창 단계**: 기체가 단열 팽창하여 외부로 일을 한다(기체가 팽창하면 온도는 낮아진다).

③ **등온 압축 단계**: 저열원에서 열을 뿜으면서(열방출) 등온 압축한다.

④ **단열 압축 단계**: 기체가 단열 압축하여 온도가 상승하면서 원래 상태로 돌아간다.

카르노 사이클(열로부터 일을 만든다)

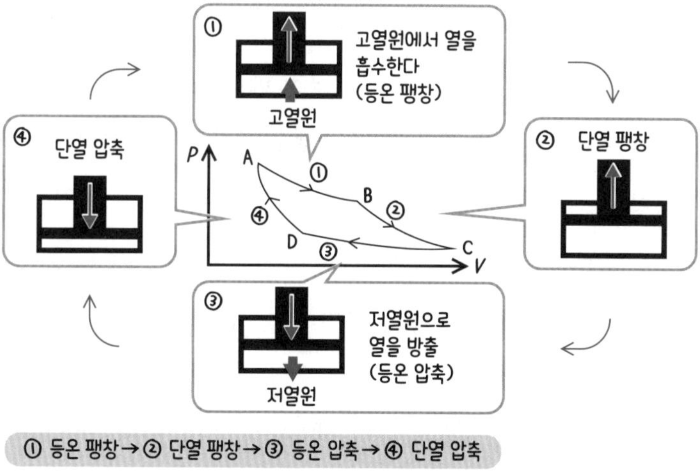

카르노 사이클Carnot cycle … 카르노(214페이지 참조)에 의해 고안되었다.

- 카르노 사이클에서는 등온 팽창의 공정에서 열을 얻어 일을 하고, 등온 압축 공정에서 열을 배출한다. 그 열량의 차이가 일(역학적 에너지)이 된다.
- 들어온 열량을 Q_{in}, 배출된 열량을 Q_{out}이라고 하면, 한 일은 아래의 식과 같다.

$$W = Q_{in} - Q_{out}$$

$$\eta = \frac{W}{Q_{in}} = \frac{(Q_{in} - Q_{out})}{Q_{in}} = 1 - \frac{Q_{out}}{Q_{in}} = 1 - \frac{T_2}{T_1}$$

η : 카르노 사이클의 열효율
Q_{in} : 들어온 열량
Q_{out} : 방출한 열량
W : 일
T_1 : 고열원 온도
T_2 : 저열원 온도

역 카르노 사이클

- 카르노 사이클은 열에너지에서 역학적 에너지로 변환하는 역방향으로도 성립할 수 있다. 이 경우를 **역 카르노 사이클**이라 한다.
- 역 카르노 사이클에서는 등온 팽창으로 외부에서 열을 얻고, 등온 압축으로 열을 배출한다.
- 외부에서 일(역학적 에너지)을 가함으로써, 열을 내부에 주입하는 방식이다.
- 역 카르노 사이클은 실용화되어 에어컨 난방이나 냉장고의 **히트 펌프** 등의 기능에 응용되고 있다.

히트 펌프heat pump…열매체나 반도체를 이용해 저온부에서 고온부로 열을 이동시키는 장치

역 카르노 사이클

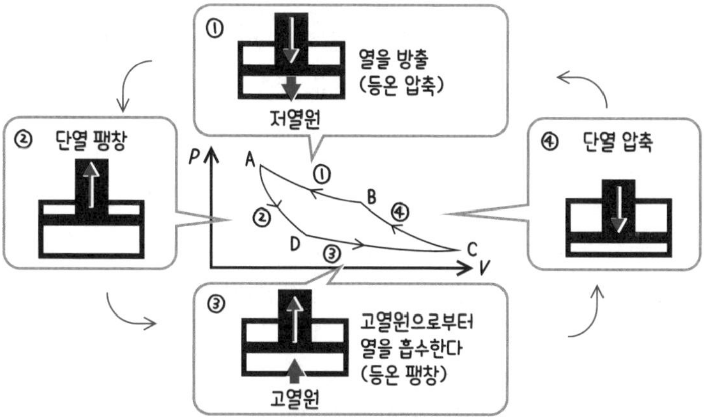

카르노 사이클은 역방향으로도(일로부터 열 발생) 진행할 수 있다.
① 등온 압축 → ② 단열 팽창 → ③ 등온 팽창 → ④ 단열 압축

5-10

온도에는 '절대'가 있다

열역학 제3법칙

온도에는 최저 온도라고 하는 절대 영도가 존재한다.
절대 영도를 원점으로 하는 온도가 절대 온도 'K'이다.

열역학 제3법칙(절대 영도)

- 섭씨 0도(0℃)는 1기압에서 얼음이 물이 되는 온도(녹는점)이고, 섭씨 100도(100℃)는 물이 끓기 시작하는 온도(끓는점)이다.
- 또 열운동에 의한 에너지가 열에너지인데, 온도가 높아질수록 열운동은 활발해지고, 열운동이 일어나는 경우의 수도 늘어나게 되므로 엔트로피도 증가하는 것이다.
- 이것을 반대로 뒤집으면 온도를 낮추면 원자나 분자의 열운동은 멈추게 되고, 열운동이 일어나는 경우의 수도 줄어들며, 따라서 엔트로피도 감소한다.
- 그리고 온도를 점점 낮추어 약 –273.15℃가 되었을 때, 열운동은 완전히 없어지고, 모든 원자와 분자는 움직이지 않게 된다고 예상할 수 있다.
- 이때, 열운동이 일어나는 경우의 수는 1이 되고, 엔트로피는 0이 된다.
- 이 극한의 온도가 절대 영(0)도이다. 열에 관한 이 성질을 열역학 제3법칙이라고 한다.

- 이 절대 영도를 0으로 한 온도가 **절대 온도**(단위: K, 켈빈)이다.
- 물리학이나 우주 물리학에서는 일반적으로 이 절대 온도를 사용한다.

273.15 + 섭씨온도〔℃〕 ≈절대 온도〔K〕

질소의 상태 변화

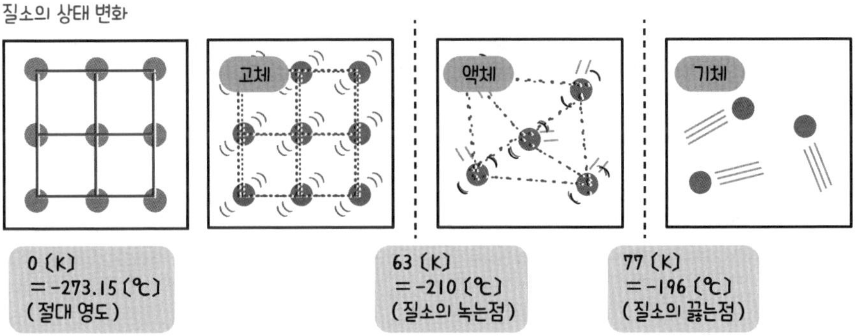

- 절대 영도의 극한에서는, 원자와 분자는 완전히 얼어붙은 상태로 더 아무리 차갑게 해도 변화하지 않기 때문에 절대 영도 이하의 온도를 생각하는 것은 의미가 없다.
- 즉, 절대 영도보다 낮은 온도는 존재하지 않는다.
- 단, 실제로는 절대 영도에 도달하기 전에 양자 역학적 성질이 나타나기 때문에, (양자 역학적 성질을 고려하지 않는) 고전적인 열역학에는 적용할 수 없게 된다.

절대 온도absolute temperature ··· 단위는 켈빈(K)이다. 켈빈 경의 이름에서 따왔다.

열역학 제3법칙

계의 온도가 절대 영도에 가까워지면 엔트로피도 0에 가까워진다.

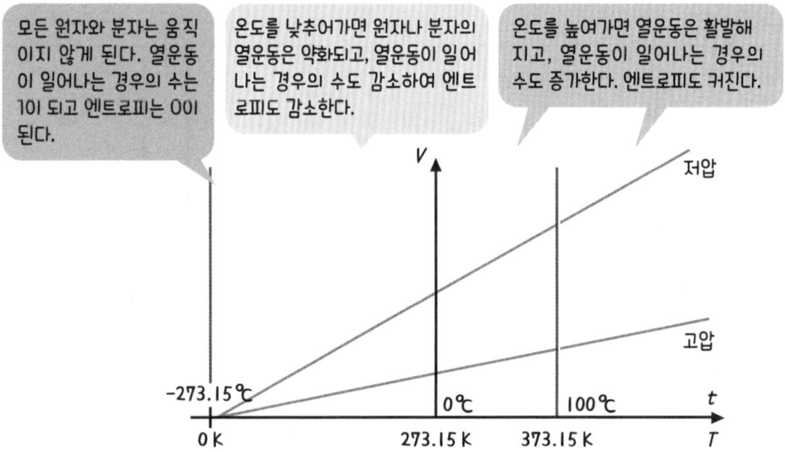

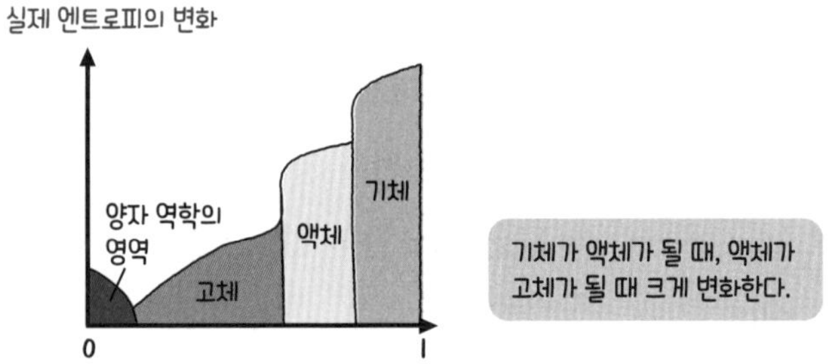

5-11

빠르든 느리든 통계 분포 안에 있다

맥스웰-볼츠만 분포

열운동에서 기체는 원자와 분자가 자유롭게 다양한 속도값을 가지고 날아다닌다. 그렇다면 고온의 기체와 저온의 기체는 무엇이 다를까? 기체를 구성하는 원자와 분자의 운동 속도 분포에 대해 생각해보자.

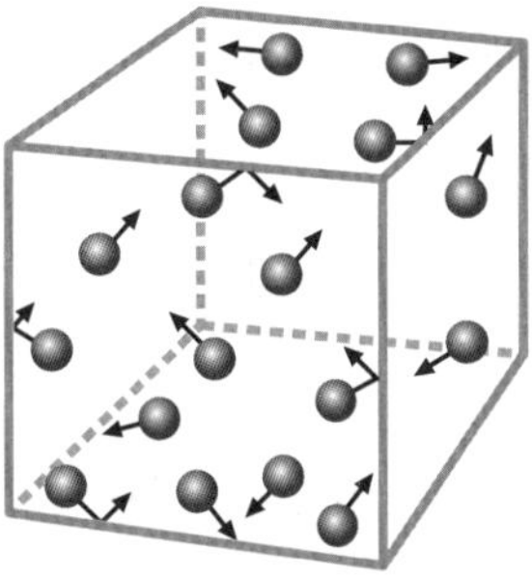

〔온도가 낮은 기체〕

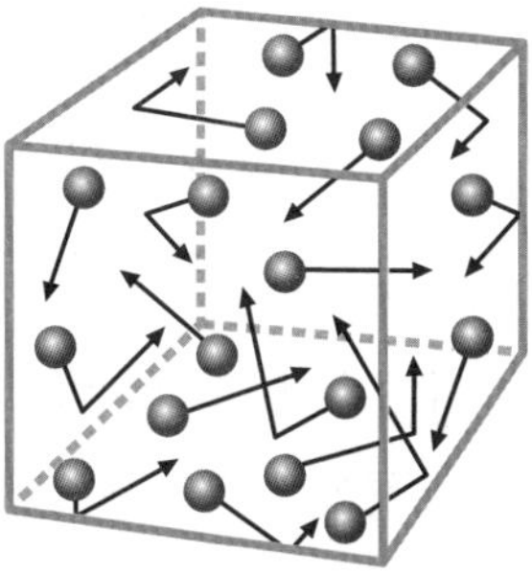

〔온도가 높은 기체〕

통계 분포를 사용하는 이유

- 기체를 구성하는 원자나 분자(이하 '기체 분자')는 빈번히 충돌하면서 다양한 속도로 날아다니고 있다. 기체 분자는 주변의 영향을 받지 않고

맥스웰-볼츠만 분포Maxwell-Boltzmann distribution…기체 분자 운동론을 발전시킨 맥스웰과 볼츠만의 이름에서 따왔다.

자유롭게 날아다니므로('다양한 속도로 등방적으로 움직이고 있다'고 한다), 충돌은 피할 수 없다.

- 잦은 충돌로 개별 기체 분자의 운동은 변화하지만, 전체적으로 보면 속도 등 그 분포는 변하지 않는다. 모든 기체 분자가 일정한 속도값을 가지고 운동하는 것은 아니며, 각각 속도에 편차가 있어도 전체적으로 보면 분포는 변하지 않는 것처럼 보인다.
- 고온의 기체는 전체적으로 열에너지가 높으므로, 기체 분자는 고속으로 열운동을 하고 있으며, 반대로 저온의 기체는 기체 분자가 저속으로 열운동을 하고 있다고 볼 수 있다.
- 단, 고온의 기체에도 저속의 기체 분자가 조금은 있고, 저온의 기체에도 고속의 기체 분자가 조금은 존재한다. 따라서 개개의 기체 분자의 속도가 아니라 모든 기체 분자의 속도 분포를 나타낼 필요가 있기에 통계학적 분포를 사용하여 나타내는 것이 중요하다.
- 실제로 통계 분포를 보면, 온도에 따라 어떤 속도(피크) 부근에는 그 속도의 기체 분자의 수가 많고, 그보다 느린 기체 분자나 빠른 기체 분자의 수는 상대적으로 적다.
- 그리고 이상 기체가 온도 T에서 열평형이 되어 있을 때, 기체 분자의 속도 분포는 온도 T에 의해서만 결정된다는 것이 **맥스웰-볼츠만 분포**이다.
- 여기서 기체 분자의 피크 속도는, 온도의 제곱근에 비례한다.
- 공기 분자의 피크 속도는, 기온 273 K에서 500 m/s 정도이다.

속도 v가 작은 기체 분자는 v^2에 비례하여 적어진다.

속도 v가 큰 기체 분자는 지수함수적으로 감소한다.

m : 기체 분자의 질량
v : 기체 분자의 속도
k : 볼츠만 상수
T : 기체 온도

$$f(v) = 4\pi v^2 \left(\frac{m}{2\pi kT} \right)^{\frac{3}{2}} \exp\left(- \frac{\frac{mv^2}{2}}{kT} \right)$$

기체 분자의 운동 에너지

기체의 열(내부) 에너지

속도 분포로 둘러싸인 부분의 면적(기체 분자 수)을 1로 규격화하기 위한 인자.

이 식에서 이런 분포의 형태가 생긴다.

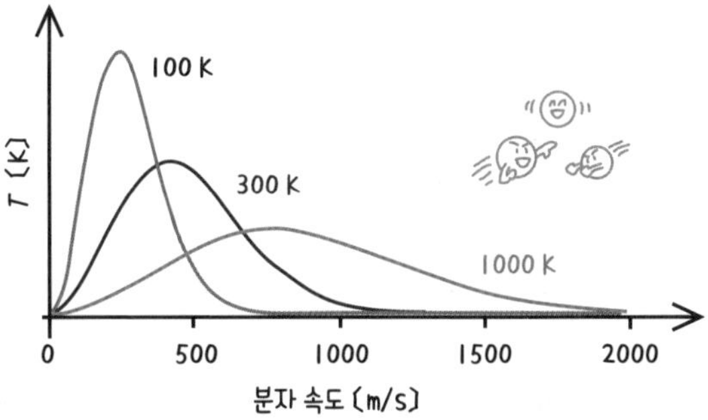

exp…지수함수 수식 중 e지수의 x제곱 부분이 긴 수식에서, x부분의 범위를 쉽게 표기하기 위하여 exp x를 이용한다.

5-12

열역학에서 블랙홀이 보인다

블랙홀의 열역학

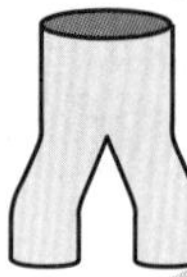

지금까지 언급했듯이 열역학의 역사는 오래되었고, 뉴턴 역학을 원자나 분자 등 입자의 미시적인 세계에 응용한 것이 기반이 되었다. 따라서 일반 상대성 이론에 근거하지 않으면 예측할 수 없는 블랙홀(338페이지 참조)과는 아무런 접점이 없어 보인다. 하지만 블랙홀의 물리량과 열역학 물리량 사이에는 일반적으로 대응 관계가 있다고 알려져 있다.

열역학 법칙의 정리

- 여기에서 잠시 열역학 법칙을 복습해보자.

열역학 제0법칙 : 고립계의 각 부분이 열평형이라면 전체도 열평형으로, 모든 장소에서 온도가 일정해진다(열평형).

열역학 제1법칙 : 외부로부터 고립된 계에 준 열량과 물체에 준 일(역학적 에너지)의 합은 고립계 내부 에너지 증가와 같다(내부 에너지에 관한 에너지 보존 법칙).

열역학 제2법칙 : 고립계의 엔트로피는 시간의 경과에 따라 증가하거나 일정한 값에 수렴한다(엔트로피 증가의 법칙).

영 블랙홀의 열역학 ⇒ black hole thermodynamics

열역학 제3법칙 : 계의 온도가 절대 영도에 가까워지면 엔트로피도 0에 가까워진다(절대 영도).

블랙홀의 열역학 법칙

- 질량이 집중되어 공간이 뒤틀리고, 빛조차 빠져나오지 못하게 되는 사건의 지평선으로 둘러싸인 천체가 블랙홀이다.
- 이 블랙홀의 표면(사건의 지평선)에도 열역학과 유사한 법칙이 성립한다. 이 법칙들을 블랙홀의 열역학이라고 한다.

블랙홀의 열역학

- 제0법칙 : 정상 상태에서는 블랙홀 표면의 중력이 일정해진다.
- 제1법칙 : 표면적의 증가와 자전의 증가, 그리고 전하의 증가 합은 블랙홀의 질량 증가와 같다.
- 제2법칙 : 블랙홀의 표면적은 시간의 경과에 따라 증가하거나 일정하게 머문다.
- 제3법칙 : 블랙홀의 표면 중력이 0에 가까워지면 표면적도 0에 가까워진다(벌거숭이 특이점).

- 그리고 이 법칙에 따르면, 블랙홀의 표면 중력은 블랙홀의 온도에 해당하며, 블랙홀의 표면적은 블랙홀의 엔트로피에 해당한다.
- 블랙홀의 표면적은 반드시 증가해야 하므로, 블랙홀은 합체는 가능하지만 결코 분열될 수 없다는 것을 알 수 있다.

블랙홀의 표면적은 증가하기만 한다

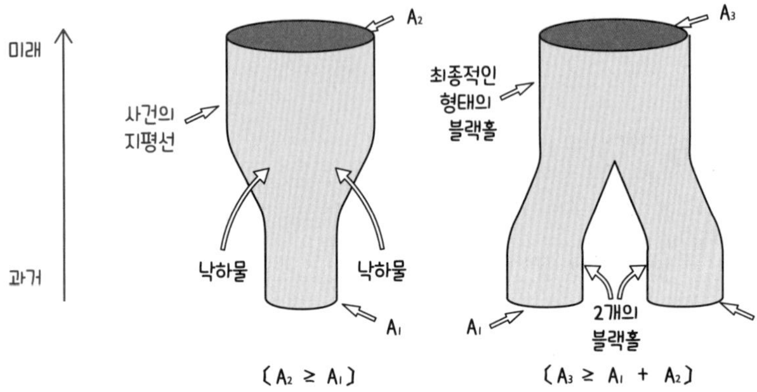

호킹 복사

- 만유인력의 법칙에 따라 일반적으로 천체의 중력은 질량에 비례하고 반지름의 제곱에 반비례하지만, 블랙홀에서 사건의 지평선의 반지름인 **슈바르츠실트의 반지름**은 질량에 비례하므로 블랙홀의 표면 중력은 질량에 반비례하게 된다. 즉 작은 블랙홀일수록 표면 중력이 크므로 대응하는 온도는 높아지게 된다.
- 온도가 있는 물체는 그 온도와 같은 열을 복사한다. 따라서 블랙홀도 그 온도에 상응하는 열을 복사하게 된다. 이 블랙홀의 열복사를 호킹 복사라고 한다.
- 또한 블랙홀이 호킹 복사를 하면, 에너지(= 질량)가 감소하게 된다(블랙

호킹 복사Hawking radiation…영국의 물리학자 호킹Hawking, S. W.의 이름에서 따왔다.

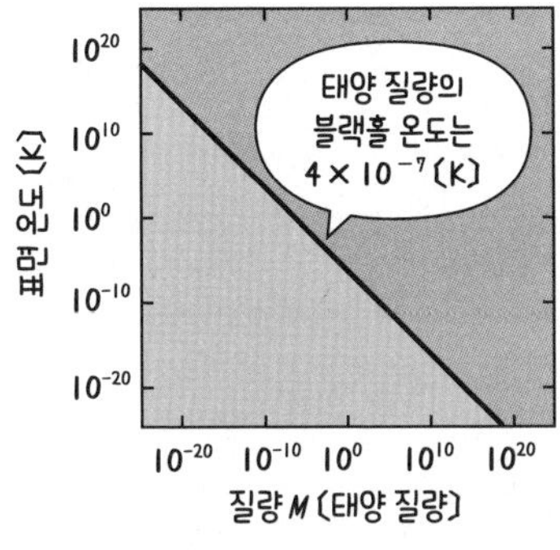

〔태양의 질량을 단위로 한 블랙홀의 질량과 블랙홀의 표면 온도〕

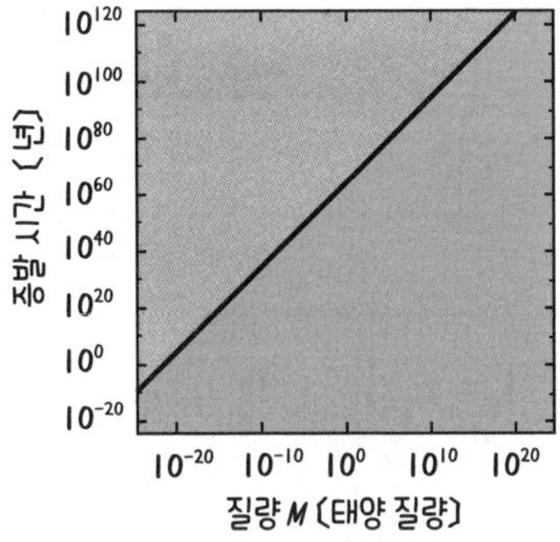

〔블랙홀의 질량과 증발 시간〕

홀 증발). 블랙홀의 질량이 작아지면 증발 과정은 심해지고 마지막에는 감마(γ)선을 복사하면서 매우 위험한 상태가 된다.

- 그러나 안심해도 되는 것은 호킹 복사에 의해 블랙홀이 완전히 증발하는 시간은 블랙홀 질량의 3제곱에 비례하므로, 예를 들어 10억 t(반지름 1 km인 소행성의 질량과 대략 동일) 정도의 블랙홀이라도 그 증발 시간은 우주 연령(우리 우주의 탄생부터 현재까지 시간) 정도로 매우 길다.
- 따라서 태양 질량 정도의 블랙홀이 되면, 증발 시간이 대단히 길기 때문에 무시해도 된다.

감마(γ)선 gamma rays…파장이 10^{-12} ~10^{-14} m인 전자기파. 여기 에너지 상태에 있는 원자핵이 보다 낮은 상태나 기저 상태로 옮겨갈 때, 또는 입자가 소멸할 때 방출되는 전자기파.

HELLO
I AM...

카르노
Nicolas Léonard Sadi Carnot
1796~1832

카르노 사이클의 고안자

키르노 시이클을 고안한 카르노는 프랑스의 과학자이다. 36세 때 콜레라에 걸려 젊은 나이에 병사했지만, 열역학의 창시자로 역사에 이름을 남기고 있다.

카르노는 대통령과 장군을 많이 배출한 프랑스의 이름 있는 가문 출생으로, 1812년 16세의 젊은 나이에 에콜 폴리테크니크 기술공과대학에 입학했다. 열역학의 제1법칙은 1840년대, 제2법칙은 1850년대에 밝혀졌는데, 열역학 법칙들이 알려지지 않았던 시대에 이상적인 열기관을 논한 선구자이자 천재였다. 1824년 18세 때 『불의 원동력과 그 힘을 발휘하는 데 적합한 기계에 대한 고찰Réflexions sur la puissance motrice du feu et sur les machines propres à développer cette puissance』이라는 책을 출판해 열기관의 사이클에 대해 논하였다.

카르노가 제창한 열기관은 오늘날 카르노 사이클이라고 불리며, 열역학에서 필수 항목으로 가르치고 있다. 그러나 카르노가 출판한 책은 그 당시 거의 읽히지 않았다고 한다. 시대를 너무 앞서 나갔던 것이다. 그후, 오랜 시간이 지난 뒤에 클라페이롱Clapeyron, B. P. E.과 켈빈 경 등에 의해 카르노의 업적이 재평가되었다.

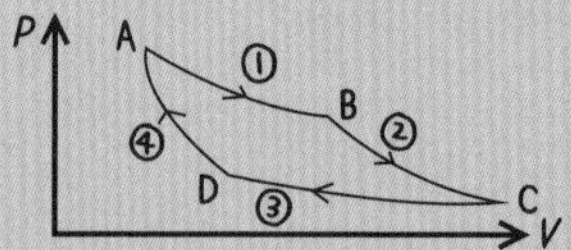

지식 맥스웰의 도깨비

사람은 음의 엔트로피를 먹고 산다

다수의 입자로 이루어진 계에서는 자연히 무질서한 상태가 증가하므로 계의 엔트로피도 증가한다. 게다가 엔트로피는 저절로 감소하지 않는다. 예를 들어 아무도 들어가지 않는 방 안에는 먼지가 계속 쌓여간다.

여기서 먼지가 쌓여가는 방에, 모르는 사이에 먼지를 한곳에 모아주는 멋진 요정이 나타난다면 어떨까? 만약 그 요정의 존재를 모르거나, 알 방법이 없다고 한다면? 방의 엔트로피는 저절로 감소했다고 할 수 있다.

상자 안에 공기를 가득 넣고, 그사이에 단단히 칸막이를 설치한다. 칸막이 양쪽 공기의 온도는 같고 공기 분자는 비슷한 속도로 날아다니고 있다. 그런데 이 칸막이에는 사실 눈에는 보이지 않는 작은 구멍이 뚫려 있고, 구멍 옆에는 눈에 보이지 않는 도깨비가 망을 보고 있다고 해보자.

이 도깨비는 오른쪽 상자에서 날아온 속도가 빠른 분자를 왼쪽 상자로 통과시키지만 속도가 느린 분자는 통과시키지 않는다. 반대로 왼쪽 상자에서 날아온 속도가 느린 분자는 오른쪽 상자로 통과시키지만 속도가 빠른 분자는 통과시키지 않는다. 그렇다면 왼쪽 상자 쪽은 공기 분자의 속도가 점점 빨라지고(온도가 높아지고), 오른쪽 상자 쪽은 점점 느려진다(온도가 낮아진다). 즉, 원칙대로라면 열평형이 되어야 하지만, 자연적으로 열이 흘러서 고온과 저온으로 나뉘게 된다.

이처럼 눈에 보이지 않는 일을 하는 요정이나 도깨비 같은 존재를 맥스웰의 도깨비라고 부른다. 만약 맥스웰의 도깨비가 있다면 고립계의 엔트로피를 낮출 수 있다.

그러나 만일 도깨비가 존재한다고 해도, 도깨비가 고립계의 엔트로피를 낮추는 작업을 하는 것 자체로 도깨비 자신의 엔트로피가 증가하기 때문에, 계와 도깨비를 합친 전체의 엔트로피는 증가하게 된다.

맥스웰의 도깨비는 얼핏 보면 아무 의미 없는 공상 같지만, 시사하는 바가 크다. 실제로 사람이나 생물, 혹은 별이나 행성처럼 복잡하게 구조화된 물체는 열역학 제2

법칙(엔트로피 증가의 법칙)에 정면으로 대립하는 존재이다. 우리 자신의 엔트로피가 증가해간다면 어떻게 될까? 신체 기능은 정지하게 되고, 생명을 유지하게 하는 다양한 활동들도 이루어지지 않게 될 것이다. 그렇게 되지 않도록 수분이나 기체를 내보내고 배설하며, 피부에서 열을 배출함으로써, 즉 항상 엔트로피를 버림으로써 우리는 계속 살아가고 있는 것이다. 마찬가지로 태양과 같은 별 역시, 표면에서 열복사를 하면서 차가워짐으로써 그 내부 구조를 유지하는 것이다.

사람이나 별과 같이, 외부로 엔트로피를 버리면서 열평형에서 벗어난 상태로 자기 자신의 구조를 다이내믹하게 유지하고 있는 계를 비평형 개방계라고 한다.

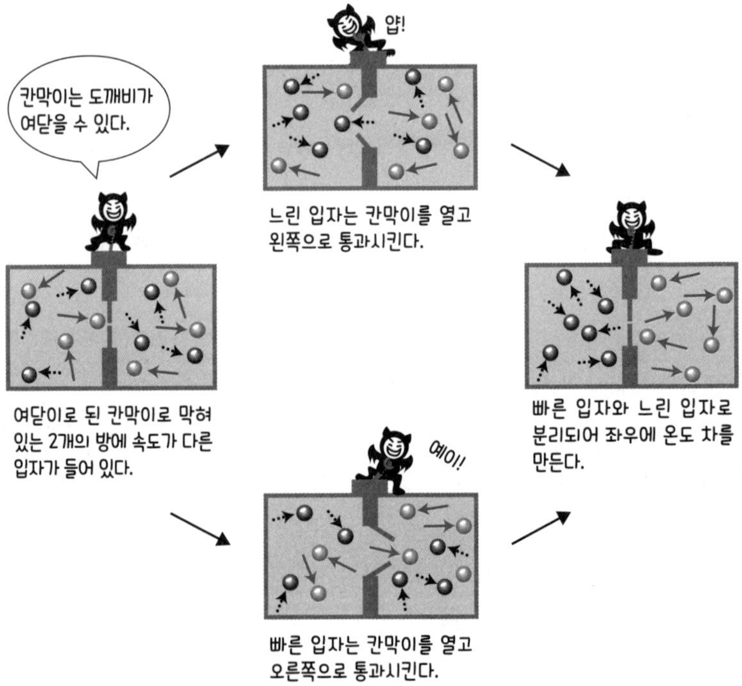

6장

유체 역학

6-1

자유자재로 모양을 바꾸는 물리학

유체 역학이란?

공기나 물은 물론 몸속에 흐르는 혈류까지, 우리는 모양을 바꾸면서 흐르고 있는 유체에 둘러싸여 살아가고 있다. 물리학 중에서 이러한 유체의 특징이나 성질, 그리고 움직임을 조사하여 법칙화한 것이 유체 역학이다.

유체

- 물과 같은 액체는 용기에 따라 자유자재로 모양을 바꾸거나 흐를 수

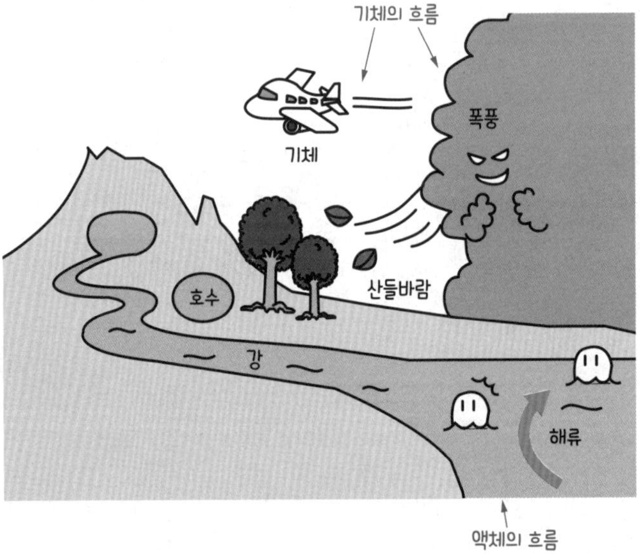

있다. 또한 눈에 보이지 않는 공기 같은 기체도 액체와 같은 성질을 가지고 있다.

- 한편 돌이나 땅과 같은 고체는, 모양이 정해진 물체로서 존재하고 있다.
- 그러므로 고체를 제외하고 흐른다는 공통적인 성질을 가진 액체와 기체를 합쳐 **유체**라고 총칭한다.

유체의 특징 1 : 연속체

- 액체나 기체를 유체로서 물리적으로 동일하게 취급할 수 있는 것은, 유체를 구성하고 있는 입자의 수가 매우 많아 연속하는 것이라고 볼 수 있기 때문이다. 그리고 유체 전체의 움직임을 나타내는 연속량을 식으로 나타낼 수도 있다. 이런 의미에서 유체는 **연속체**다.

유체의 특징 2 : 압력

- 유체는 '흐르는 물체流體'라고 쓰지만, 그렇다고 항상 흐르거나 움직이지는 않는다.
- 예를 들어, 흘러가는 물(유수)도 있지만 항상 정지한 상태로 움직이지 않는 물(정수)도 있다.

> 연속체continuum ··· 유체 이외에 고체의 일종인 탄성체도 포함한다.

• 대기 중에는 항상 기압이 존재하고, 수중에는 항상 수압이 존재하듯 정지한 상태여도 유체 내부에는 압력이라고 불리는 힘이 작용하고 있다. 압력 또한 유체의 특징 중 하나이다.

압력

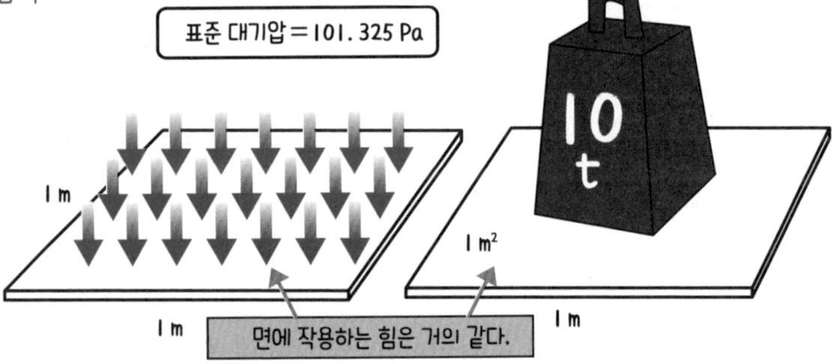

연속체를 판단하는 기준은 소요되는 시간

• 시간을 오래 두고 보면 고체도 연속체의 성질을 나타낸다. 예를 들어 스테인드글라스의 색유리도 언젠가는 중력에 의해 흘러내리게 된다. 또한 지구 내부의 맨틀도 고체이지만 오랜 시간에 걸쳐 대류를 일으키고 있다. 그 영향으로, 위에 떠 있는 지각 플레이트나 대륙이 아주 조금씩 이동하는 결과를 볼 수 있다.

• 반대로, 수영장에서 다이빙을 할 때 잘못하면 수영장의 수면에 몸이

압력pressure…물체의 어떤 면에 대하여 단위 면적당 수직으로 가해지는 힘. 덧붙여, 중력이나 전자기력이 물체의 부피나 질량에 비례하는 힘인 체적력인데 반해, 압력이나 장력은 접촉면의 면적에 비례하는 힘으로, 면적력이라고 한다.

부딪혀 매우 아플 때가 있듯이, 자유자재로 변화하는 유체인 물도 순간적으로는 딱딱한 고체처럼 느껴질 수 있다.

- 즉 연속체로 간주할 수 있을지 없을지는 현상이 일어나는 데 소요되는 시간과 관계가 있다.

유체 역학으로 알 수 있는 것과 아직 모르는 것

- 대상을 유체(연속체)로 간주함으로써 다양한 물리 현상을 유체 역학의 틀에서 설명할 수 있다. 예를 들어 글라스에 담긴 와인의 표면 형상이나 수소가스로 이루어진 거대 행성의 형상, 로켓 엔진 노즐에서 뿜어져 나오는 고속 가스부터 블랙홀 주위에 소용돌이치는 고온 플라스마 가스 원반의 흐름까지, 다양한 물리 현상이 유체 역학으로 밝혀지고 있다.
- 한편 수도꼭지에서 흘러나오는 물줄기의 모양이나 벚꽃 잎이 떨어지

는 것 등, 우리 주변에서 생기는 유체 현상조차 아직 충분히 밝혀지지 않았다.

- 이것은 유체가 끊임없이 흐르고 움직이는 존재이므로 모든 외적 요인에 영향을 많이 받기 때문이다. 그리고 그 계는 너무 복잡해서 우리는 부분과 전체의 관계조차 잘 이해하지 못한다. 항상 모양이 바뀌고 변화하는 대상을 연구하는 것은 상당히 어려운 일이다.

HELLO I AM...

아르키메데스

Archimedes

B.C 287? ~ B.C 212

내가 그린 원에 손대지 마라!

아르키메데스는 당대 제일의 과학자이자 수학자였다. 그는 문화의 중심지였던 이집트 알렉산드리아에서 공부한 뒤, 시칠리아섬의 시라크사로 귀향했다. 광학 렌즈를 이용한 광선 무기를 고안하여 기원전 215년에 시칠리아를 공격해온 로마군을 무찌르는 등 많은 일화를 남겼다. 기원전 212년 로마군은 마침내 시칠리아를 공략했는데, 아르키메데스의 재능이 아까워 생포하려 하였으나 생포해야 하는 노인이 아르키메데스라는 것을 몰랐던 로마 병사에 의해 살해되고 말았다.

아르키메데스는 과학과 수학 분야에서 큰 업적을 남겼고, 유체 역학에 관해서도 정수(정지해 있는 물)의 역학에 크게 기여했다. 유명한 **아르키메데스의 원리**는 유체 속에 가라앉은 물체는 물체가 밀어낸 유체의 무게와 같은 상향의 부력을 받는다는 것이다. 예를 들어, 1 L의 부피를 가진 3 kg의 물체를 물속에 가라앉히면, 물체의 부피와 같은 물의 무게에 해당하는 1 kg의 부력을 받아 물체의 무게는 2 kg이 된다.

이후 프랑스의 철학자, 수학자, 물리학자였던 파스칼(257페이지 참조)이 1653년에 '파스칼의 원리'를 발견했고, 스위스의 수학자이자 물리학자 베르누이Bernoulli, D.에 의해 유체 역학의 큰 발전이 이루어졌다. 베르누이는 베르누이의 정리 등으로 유체 역학을 크게 발전시켰다. 또한 베르누이의 친구였던 스위스의 수학자이자 천문학자 오일러Euler, L., 오일러의 제자였던 수학자이자 천문학자 라그랑주Lagrange. J-L.에 의해 점성이 없는 유체(완전 유체라고 부른다)의 역학이 체계적으로 연구되었다.

19세기에는 복잡하고 풀기 어려운 점성이 있는 유체(점성 유체) 연구가 프랑스의 물리학자이자 수학자인 나비에Navier, C. L. M. H., 아일랜드의 물리학자이자 수학자인 스토크스Stokes, G. G., 그리고 영국의 물리학자 레이놀즈Rynolds, O. 등에 의해 진행되어 현재의 유체 역학이 대부분 완성되었다. 그러나 그로부터 100년이 지난 지금도 난류와 카오스 등 아직 이론적으로 풀기 어려운 현상이 남아 있다.

6-2

균형 잡힌 둥근 모양으로

파스칼의 원리

풍선이나 거품은 팽창하거나 수축할 때, 모서리가 없는 둥근 모양을 유지하고 있다. 이것은 유체에 작용하는 압력의 성질을 잘 나타낸다.

파스칼의 원리

- 풍선이 부풀어 오르는 것은, 풍선 안으로 들어간 공기가 퍼지려고 하는 압력 때문이다.
- 이에 반발하는 힘(= 평형을 이루는 힘)으로서, 풍선의 고무 막이 수축하려는 힘(장력)이 작용하게 된다.
- 풍선 안에서 같은 크기로 균등하게 공기가 퍼지려는 압력과 (잘 만들어진 풍선이라면) 풍선의 표면에서 같은 크기로 균등하게 고무 막이 줄어

들려는 장력이 평형을 이루었을 때 풍선은 균형 잡힌 둥근 모양이 된다. 다시 말해, 풍선에 공기를 더 넣었을 때 전체가 균등하게 부풀어 오르는 것은, 풍선 내부의 모든 장소에서 같은 크기만큼 압력이 증가하기 때문이며 이 현상을 **파스칼의 원리**라고 한다.

- 이처럼 유체 내부에서 일어나는 압력은 모든 방향으로 균등하게 작용한다.
- 유압잭 내부의 유체의 압력(유압)도 모든 방향에 동일한 크기로 작용한다. 그리고 압력과 압력이 작용하는 면적을 곱한 값이 면 전체를 누르는 힘이 된다. 그러므로 그림과 같이 좁은 면을 살짝 누르는 힘만으로도, 넓은 면 위에 있는 무거운 물체를 들어 올리는 것이 가능해지는 것이다.

압력에 면적을 곱한 것이, 면 전체에 작용하는 힘이 된다.

파스칼의 원리Pascal's principle…(중력 등 다른 힘을 받지 않고) 정지해 있는 유체에는 모든 부분에 같은 크기의 압력이 작용하고 있다. 따라서 정지해 있는 유체의 한 점에서 압력이 증가하면, 모든 점에서 같은 크기만큼 압력이 증가한다.

압력의 차이가 바람을 일으킨다

- 그렇다면 압력이 어디서든 균등하지 않고, 장소에 따라 다르다면 어떻게 될까?
- 압력이 높은 부분과 낮은 부분이 있다면, 그 압력차를 줄이려고 압력이 높은 부분에서 낮은 부분으로 유체의 이동이 발생하게 된다.
- 따라서 고기압과 저기압이 있으면, 기압 차를 줄이려고 고기압이 있는 지역에서 저기압이 있는 지역으로 공기가 이동해 바람이 부는 것이다.
- 그러나 실제로는 지구의 자전의 영향도 있기 때문에 해석은 좀 더 복잡해진다.

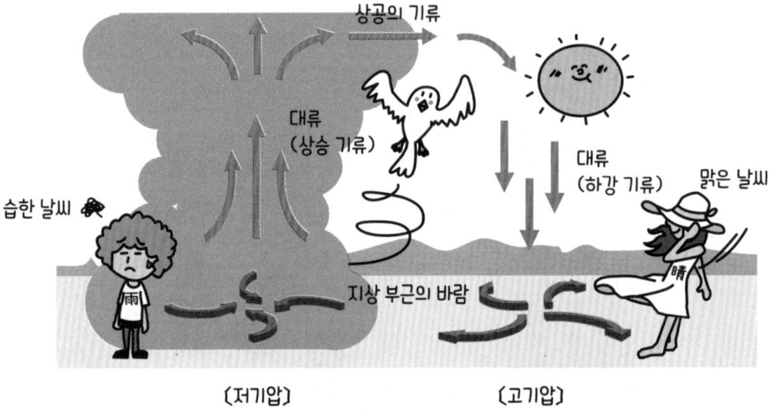

6-3

압력 차를 균등하게 하는

정수압 평형

유리잔이든 꽃병이든 물을 넣고 가만히 두면 물 표면이 평평해진다. 이렇게 표면이 평평하게 '수평'이 되는 성질도, 자유롭게 형태가 바뀌는 유체만이 가능하다.

평평하게 펴지는 수면

- 유체의 표면에 약간 부풀어 오른 부분이 있으면, 그 부분은 다른 부분에 비해 압력이 높아진다. 그러면 그 부분은 다시 파스칼의 원리에 따라 압력 차이를 줄이는 방향으로 힘이 작용하게 된다.

- 따라서 정지한 유체의 표면에 가해지는 압력은 전체적으로 같은 크기가 되고, 표면이 모서리나 뾰족한 부분이 없는 상태(물웅덩이나 유리잔에 든 음료라면 수면이 평평함)가 되는 것이다.
- 지구의 해수면 부근에서 대기의 압력이 1기압이면, 수면의 압력도 1기압이 된다.

알고 보면 수중에서도 평평하게 펴져 있다

- 파스칼의 원리에 따르면 수면이 평평해지는 현상은 물속에서도 동일하게 나타난다.
- 흐름이나 운동이 없는 조용한 상태의 유체는, 같은 압력의 면(등압면)이 항상 수평이 된다.
- 이 또한 수면의 경우와 마찬가지로, 중력이 아래로 작용하고 있다면 수중에서도 등압면이 수평이 되기 때문이다.

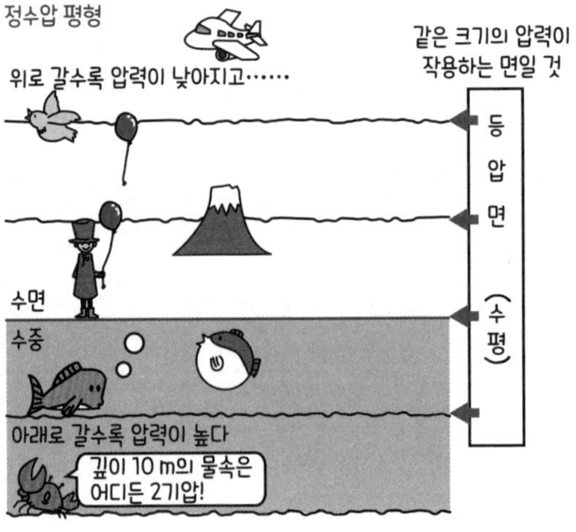

- 이 중력장 안에서 유체가 안정된 구조(성층 구조)가 되는 것을 **정수압 평형**이라고 한다.

수평면을 연장하면 구가 된다

- 웅덩이나 유리잔에 든 음료의 수면을 길게 연장해보면 어떻게 될까?
- 지구 크기 정도의 물이 들어 있는 용기라고 하면 바다가 될 텐데, 배를 타고 넓은 바다를 바라봤을 때 눈에 비치는 것은 완전히 평평한 수면이다. 하지만 멀리 눈을 돌리면 수평선은 가로로 일직선이 아니라 약간 둥근 것처럼 보인다.
- 즉, 중력은 지구의 중심으로 작용하기 때문에 수평면도 지구 크기에서는 구면이 된다.
- 태양과 같이 기체로 된 별이 구형을 유지할 수 있는 것도 같은 이유이

정수압 평형hydrostatic equilibrium … 물리 과정이 균형 잡힌 현상을 **평형 상태**라고 하며, 대상으로 하는 물리 과정에 따라 역학 평형, 압력 평형, 열평형, 화학 평형 등으로 나누어진다. 그중 특히 정수 중의 압력이 평형인 상태가 정수압 평형이다.

다. 중력으로 서로를 끌어당긴 기체는, 기체 내부의 중력장 안에서 정수압 평형(기체도 정수압이라고 한다)이 되어 자연스럽게 구의 형태가 된다.

- 이렇게 방 안에서 유리잔에 담긴 물 표면이 평평하게 된다는 사실을 통해, 우주에 존재하는 별의 구조와 이유까지 유추하고 도출할 수 있는 것이다.

6-4

유량은 위치나 장소에 관계없이 일정하다

연속 방정식

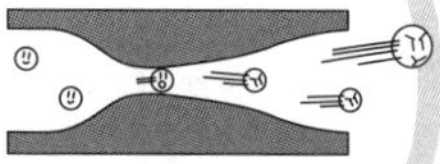

흐르는 강물의 양도, 혈관에 흐르는 혈액의 양도, 로켓 엔진에서 뿜어내는 배기가스의 양도, 중간에 유입되거나 유출되지 않는다면 유량은 위치나 장소에 상관없이 일정하다. 이 성질을 질량 보존식(연속식)으로 나타낼 수 있다.

좁으면 빠르게, 넓으면 느리게 흐른다

- 강물의 흐름은 지류로부터의 유출입이나 강수 또는 증발이 없다면, 강폭이 좁은 곳이나 얕은 곳에서는 빨라지고, 강폭이 넓은 곳이나 깊은 곳에서는 느려진다.
- 그 이유는 단위 시간당 흐르는 물의 양(유량)이 일정하기 때문이다.
- 이때 유체의 단면적을 A, 흐름의 속도를 v라고 하면 다음과 같이 나타낼 수 있다.

$$Av = (\text{일정})$$

A : 단면적 〔m^2〕
v : 유속 〔m/s〕

질량 보존식mass conservation formula···물질의 흐름이 있을 때, 물질의 유량이 변화하지 않는다는 의미에서 '질량 보존'이라는 이름을 붙였다. 화학 변화에서 사용하는 질량 보존의 법칙과는 의미가 조금 다르다.

즉 흐르는 속도, 유속은 단면적에 반비례한다.

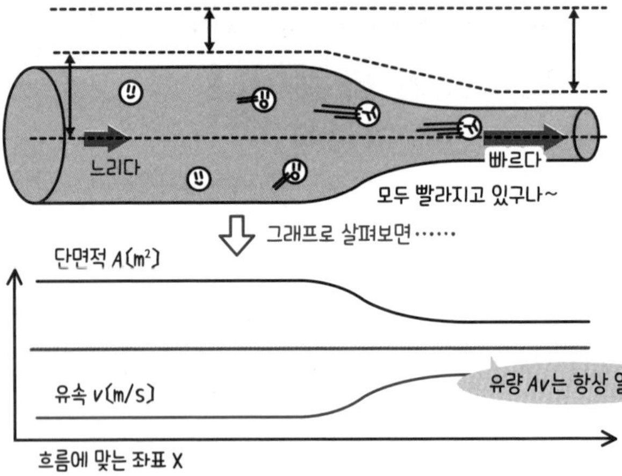

배기가스는 밀도도 변한다

- 한편, 흐르는 강물의 밀도는 거의 일정하지만, 공기의 흐름이나 로켓 엔진의 배기가스 등 기체의 경우는 밀도의 변화를 무시할 수 없다.
- 따라서 밀도를 ρ라고 두면, '유량이 일정하다'는 것은 일반적으로

$$A\rho v = (\text{일정})$$

A : 단면적 〔m²〕
ρ : 밀도 〔kg/m³〕
v : 유속 〔m/s〕

으로 나타낼 수 있다. 이것이 일반적인 **질량 보존식**(연속식)이다.

- 로켓 엔진의 노즐은, 단면적이 일단 좁아졌다가 출사구 쪽으로 다시 넓어지는 모양을 하고 있다(라발관이라고 한다). 이런 관에 밀도 변화가 큰 유체가 통과할 경우, 밀도와 유속의 곱이 단면적의 변화에 반비례

하므로, 밀도는 일단 증가하였다가 감소하게 된다.

- 이에 따라 출사구 쪽에서는 밀도가 계속 감소하는 한편 유속이 계속 증가하는, 강력한 추진력을 가진 흐름을 만들 수 있다.

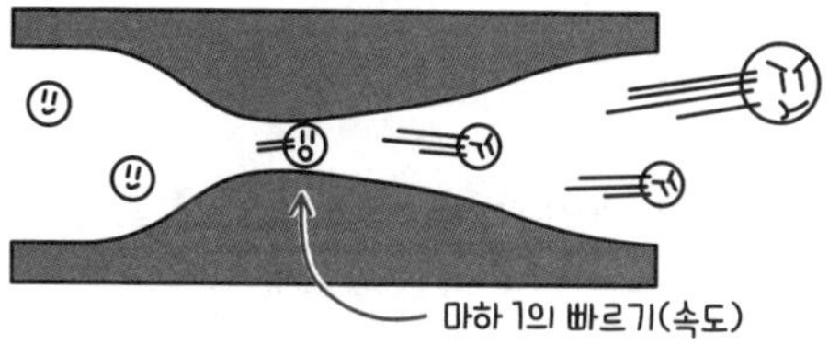

시간이 지남에 따라 변화하는 경우

- 밀도나 유속은 일정하다고 할 수 없는데, 이것이 시간에 따라 변하는 경우의 질량 보존식은 아래의 편미분 방정식으로 표현할 수 있다.

$$\frac{\partial \rho}{\partial t} + \mathrm{div}(\rho v) = 0$$

어떤 장소 또는 위치에서의 밀도 ρ의 시간적인 변화를 나타낸다.

그 장소 주위에서 출입하는 물질의 양. div는 발산이라고 불리는 공간에 관한 편미분.

그 장소에서 물질이 생기거나 사라지지 않는다는 의미.

연속 방정식continuity equation …도중에 유출입이 없으면, 물질의 흐름이 연속적으로 연결된다는 의미에서 '연속'이라는 이름을 붙였다.

6-5

유체 역학의 포인트는 압력의 기울기

유체의 운동 방정식

유체도 질량을 가지므로 중력장에서 무게가 있다. 따라서 중력을 거스르고 있는 유체의 일부가 그 자리에 머물기 위해서는 위로 향하는 힘이 필요하다.

즉, 중력장에서 유체는 아래쪽으로 갈수록 유체의 압력이 높아짐에 따라, 압력의 차이로 인한 상향의 힘인 압력 기울기력이 생기므로 전체적으로 정수압 평형이 이루어진다.

정수압 평형을 확장하면 유체의 운동량 보존 법칙을 나타내는 유체의 운동 방정식을 도출할 수 있다.

압력의 차이에 의해 발생하는 압력 기울기력

- 일반적으로 기체의 밀도는 일정하지 않지만, 밀도를 압력의 함수라고 가정하면 다음 페이지의 압력 기울기력의 식은 적분할 수 있고, 압력도 밀도도 높은 상공일수록 감소한다는 것을 알 수 있다.
- 이 사실을 통해서, 기체로 만들어진 별의 내부 압력도 계산할 수 있다.

운동량 보존 법칙momentum conservation law…질점의 경우와 마찬가지로 유체도 운동량 보존이나 각운동량 보존 법칙이 성립한다.

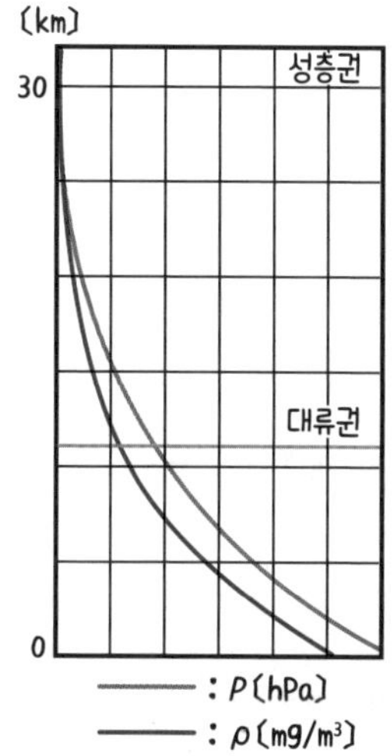

공기의 밀도를 ρ〔kg/m³〕라고 하면, 단위 부피(1 m³)에서 공기 덩어리의 무게는 1 × ρ[kg]. 따라서 지구 중력 가속도를 g라고 하면, 이 공기 덩어리에는 아래쪽으로 ρg의 중력이 작용한다.

여기서 연직 상방향(z방향)으로 압력 P가 감소하고 있다고 하면, 상향의 압력 기울기력은 $-\frac{dP}{dz}$에 해당하는 것이다(연직 방향 상향변위 z가 증가하면 그에 따라 압력이 감소한다는 의미).

이들이 균형 잡힌 상태가 정수압 평형이므로, 아래의 식(압력 기울기력의 식)이 성립한다.

$$\rho g = -\frac{dP}{dz}$$

$$0 = -g - \left(\frac{1}{\rho}\right)\frac{dP}{dz}$$

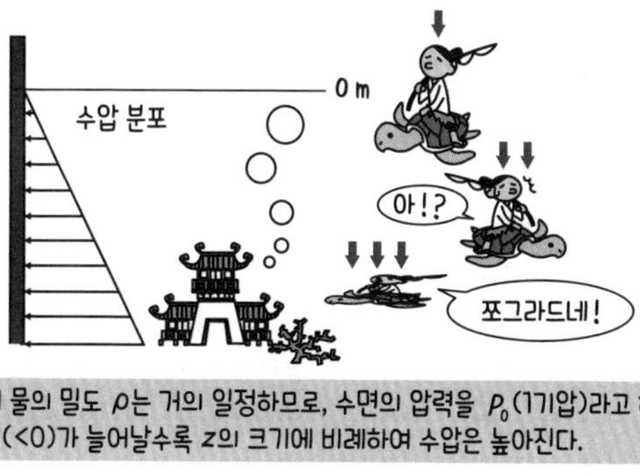

따라서 물의 밀도 ρ는 거의 일정하므로, 수면의 압력을 P_0(1기압)라고 하면 깊이 z(<0)가 늘어날수록 z의 크기에 비례하여 수압은 높아진다.

시간에 따라 변하는 경우

- 유체에 움직임이 있는 경우, 유체의 운동 방정식은 편미분 방정식이 된다.

$$\frac{\partial v}{\partial t}+(v\cdot\nabla)v=-\frac{1}{\rho}\nabla P+K$$

임의의 장소에서 유속 v의 시간적인 변화.

임의의 장소에서 속도 v의 공간적인 변화. $v\cdot\nabla=\nabla\cdot$ grad이며, grad는 기울기라고 불리는 공간에 관한 편미분.

그 장소의 물질에 가해지는 압력 기울기력.

압력 기울기력 이외의 힘, 예를 들면 중력.

- 정수압 평형은 위 운동 방정식에서 매우 특별한 경우에 해당된다. 즉 흐름이 없고(유속 $v=0$), 하향 중력만 작용하는 경우가 정수압 평형인 상황이 되는 것이다.

영 유체의 운동 방정식 ⇒ equation of motion

6-6

발열과 냉각은 균형을 이룬다

유체의 에너지 방정식

질량 보존 법칙이나 운동량 보존 법칙과 더불어 중요한 물리의 기본 법칙으로 에너지 보존 법칙이 있다. 유체에서도 에너지 보존 법칙은 성립한다. 예를 들어 태양 내부에서 핵융합에 의한 발열이 일어나면 그와 같은 양만큼 태양 표면에서 열의 방출이 일어난다. 그래서 태양은 전체적으로 발열과 냉각이 균형을 이루고 있는 안정적인 상태가 유지된다.

이러한 관계를 유체의 에너지 방정식이라고도 한다.

유체의 에너지 출입

- 물을 가열하면 물의 온도가 상승하고, 시간이 지나면 기화한다. 이 현상은 유체인 물의 내부 에너지가 증가하기 때문에 일어난다.
- 한편 지구는 항상 태양광을 받고 있는데, 기온이 계속 상승하는(바다가 마르는) 경우는 없다. 그 이유는 태양광에 의한 온도가 상승하는 양만큼, 적외선 복사에 의해 에너지를 방출하여 지구가 냉각되기 때문이다.

유체의 에너지 방정식energy equation … 열에너지 등 유체 중의 에너지 변화를 나타내는 방정식이다.

태양의 에너지 출입

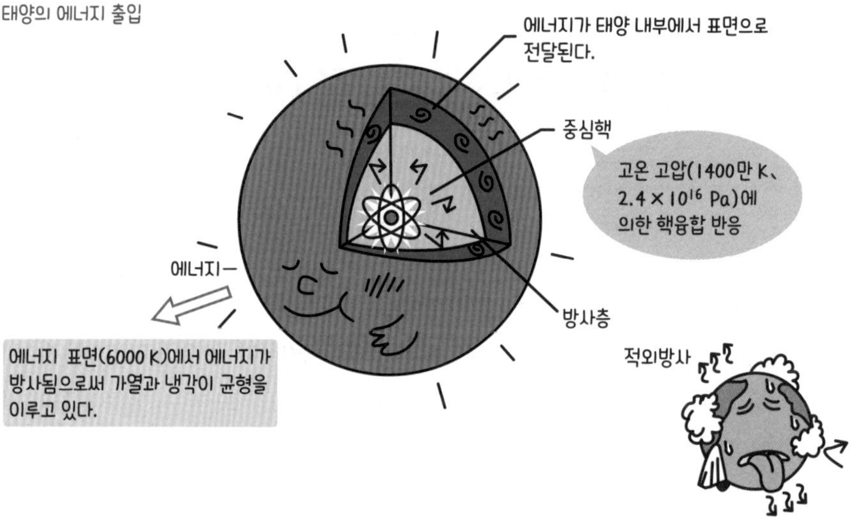

- 단위 부피당 가열량을 q^+, 방열량을 q^-로 두었을 때, 다음이 가열과 냉각이 평형을 이룬 상태(에너지 평형)를 나타내는 식이다.

$$q^+ = q^-$$
$$0 = q^+ - q^-$$

- 에너지 평형식에는 미분항이 존재하지 않기 때문에 별도의 식으로 나타낼 필요도 없겠지만, 다른 식과 조합할 때 이 식을 사용하면 편리하다.

에너지 평형energy equilibrium…평형 상태의 일종으로 열에너지를 포함한 에너지 전체의 균형 상태를 나타낸다.

지구 대기의 에너지 수지(출입)에 대해 생각해보자

지구 대기의 에너지 수지(출입)에 대해 생각해보자.

태양으로부터 공급되는 (주로) 가시광의 복사 에너지를 100이라고 하자. 그중 30 정도는 구름이나 지표에서 반사되고 20 정도는 대기에서 흡수되며 50 정도가 지표에서 흡수된다.

지표에서 흡수된 에너지의 대부분은 적외선으로 재방사된다. 적외선으로 재방사된 뒤 대부분은 일단 대기로 흡수되지만, 최종적으로는 우주 공간으로 방출된다.

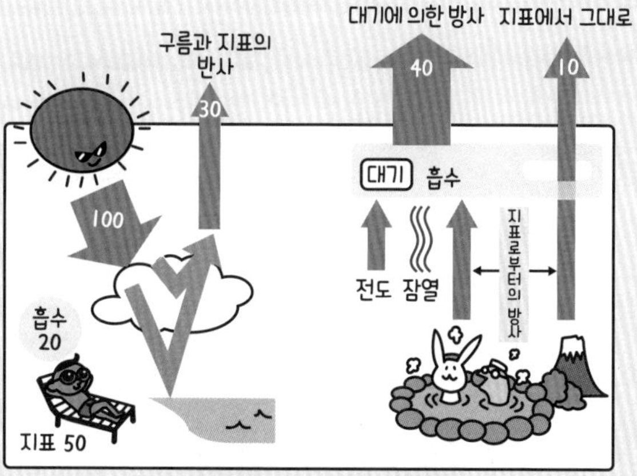

에너지 수지(출입)가 균형을 이루면
지구 환경은 안정적인 상태가 된다.

시간에 따라 변하는 경우

- 내부 에너지가 시간에 따라 변하는 경우, 유체의 에너지 방정식도 다음의 편미분 방정식이 된다.

$$\rho\frac{dU}{dt} + P \cdot \mathrm{div}\, v = \rho\varepsilon - \mathrm{div} F$$

임의의 장소에서 유체 내부 에너지의 시간적인 변화.

그 장소에 대하여 주위에서 (혹은 주위로) 압력이 하는 일.

그 장소에서 핵융합이나 마찰 등으로 발생한 에너지(에너지 평형의 가열량 q^+와 같다).

그 장소로부터 방사·열전도·대류 등에 의해 주위로 흩어지는 에너지(에너지 평형의 열량 q^-와 같다).

6-7

낙차와 흐름의 관계

베르누이의 정리

낙차에 의해 강물의 속도는 변한다. 산간 지역처럼 낙차가 큰 곳에서는 급류가 되고, 평야 지역처럼 낙차가 작은 곳에서는 완만하게 흐른다. 이는 유체에서의 역학적 에너지 보존 법칙에 따른 현상이다.

강폭이 같아도 산간 지역에서는 급류가 되고, 평야 지역에서는 완만한 흐름이 된다

- 유체에서도 운동 에너지와 위치 에너지의 합은 일정하게 유지된다.
- 강을 예로 들면, 강폭이 같아도 평야 지역에서는 높낮이 차가 작기 때문에 운동 에너지의 증가도 작아서 흐름은 완만하다. 반면 산간 지역은 높낮이 차가 크기 때문에 운동 에너지의 증가도 커서 급류가 된다.

베르누이의 정리

- 유체는 흐르는 길(유선)를 따라 운동 에너지와 위치 에너지, 그리고 내

베르누이의 정리Bernoulli's theorem…유체가 갖는 운동 에너지, 내부 에너지와 위치 에너지의 총합, 즉 전체 에너지는 흐르는 길(유선)에 대하여 일정한 값이 된다.

부 에너지(열에너지) 등 모든 에너지의 총합이 보존된다. 이것을 **베르누이의 정리**(식은 다음과 같다)라고 한다.

유속을 v라고 하고, 단위 질량당 운동 에너지는 $\frac{v^2}{2}$. 단위 질량당 내부 에너지를 U.
중력 가속도를 g, 고도를 h로 두면, 단위 질량당 위치 에너지는 gh.
이때

$$\frac{v^2}{2}+U+gh=(\text{일정})$$

위치 에너지를 운동 에너지 외의 다른 에너지로 바꾸다

- 교토 시내의 특징적인 풍경인, 단차가 있는 가모가와 강의 경치를 본 적이 있는가? 이 경우에도 베르누이의 정리는 성립되지만, 조금 복잡하게 해석할 수 있다.

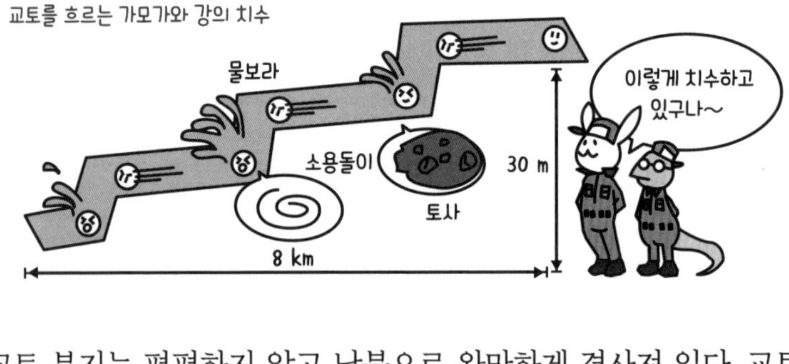

- 교토 분지는 평평하지 않고 남북으로 완만하게 경사져 있다. 교토 시내는 북쪽의 이치조 부근에서 남쪽의 쿠조 부근까지, 남북으로 약 8 km 거리이고, 남북의 높낮이 차는 약 30 m 정도 있다. 이 차는 약

10층짜리 아파트 높이에 해당한다.

- 그 때문에 교토시를 흐르는 가모가와 강은 지형적으로 급경사여서 옛날부터 많은 비가 내리면 항상 범람하였다.
- 중간중간에 단차를 설치하면, 물이 단차를 지나 낙하하며 그 부분에 소용돌이를 만들거나 토사를 일으키거나 물보라를 생성한다. 즉, 유속을 빠르게 하는 것 외에도 위치 에너지가 쓰이기 때문에 물의 운동 에너지가 약화되어 강의 범람을 막을 수 있다.

물이 든 큰 수조에 높이는 다르고, 크기는 같은 구멍을 3개 냈다고 하자.

베르누이의 정리는 각각의 물줄기에 성립하므로, 높은 위치에 있는 구멍 A는 위치 에너지가 작기 때문에 물줄기는 약하고, 낮은 위치에 있는 구멍 C는 위치 에너지가 크므로 물줄기는 세진다.

즉, 유체가 처음에 가지고 있던 위치 에너지(이때 운동 에너지는 0)가 마지막 운동 에너지(이때 위치 에너지는 0)와 같아진다.

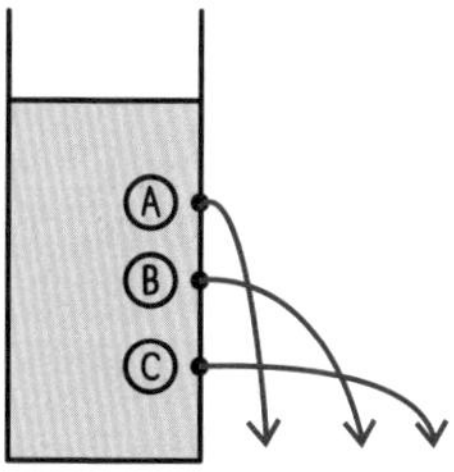

6-8

흐름은 왜 불규칙해지는가?

레이놀즈수

수도꼭지를 조금씩 돌리다보면 처음에는 가느다란 한 줄기의 조용한 흐름(층류)이었다가, 어느 순간 갑자기 거품이 나면서 불규칙한 흐름(난류)으로 변하게 된다. 층류는 베르누이의 정리 등 유체 역학의 기초 방정식으로 설명할 수 있지만, 난류는 아직 명확하게 해명되지 않는다.

속도가 느릴 때는 층류

- 유체는 유량이 적고, 폭이 좁고, 속도가 느릴 때는 한 줄기로 조용히 흐르는데, 이를 층류라고 한다.

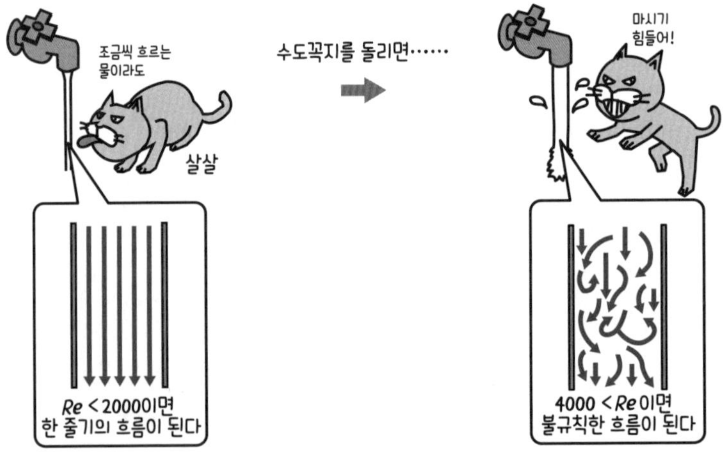

〔층류〕 〔난류〕

- 그러나 유량이 증가하여 흐름의 폭이 넓어지고 속도가 빨라지면 불규칙한 흐름이 되는데, 이러한 흐름을 난류라고 한다.

층류와 난류의 경계를 결정하는 레이놀즈수

- 흐름 자체의 힘(관성력)과 흐름에 작용하는 점성의 힘(점성력)의 비로 흐름을 결정하는 양이 정의되는데, 길이 등 단위가 붙어 있지 않은 무차원량의 수가 **레이놀즈수**이다.
- 레이놀즈수가 작을 때는 점성의 작용으로 층류가 되지만, 레이놀즈수가 약 2000에서 4000(유체의 종류에 따라 변화)을 넘으면, 유체 각 부분의 관성이 점성보다 세져서, 난류가 형성된다.

$$Re = \frac{\rho v l}{\mu} = \frac{v l}{\nu}$$

Re : 레이놀즈수
ρ : 유체의 밀도 〔kg/m^3〕
v : 대표 유속 〔m/s〕
l : 대표 길이 〔m〕
μ : 점성계수 〔$kg/(m \cdot s)$〕
ν : 동점성계수 〔m^2/s〕

레이놀즈수Reynolds number … 층류에서 난류로 바뀌는 기준이 되는, 관성력과 점성력의 비를 나타내는 무차원의 수.

물체와의 경계 부근의 흐름은 어떻게 되는가?

- 관의 내벽이나 날개 표면 등 물체에 접한 부분의 흐름을 **경계층**이라고 한다.
- 점성 때문에 물체 표면의 유속은 0이 되고, 표면으로부터 멀어질수록 유속은 커지게 된다.
- 따라서 레이놀즈수가 작은 층류 상태에서는, 유속 분포가 깔끔한 포물선 모양이 되며 이러한 흐름을 **푸아죄유 흐름**이라고 한다.
- 한편 레이놀즈수가 큰 난류는, 경계층에서도 유속은 거의 일정해진다.
- 이러한 레이놀즈수를 경계로 한 흐름의 변화 때문에, 기둥 모양의 물체 주위에서는 경계층이 박리되어, 흐름 방향에 대하여 평행한 면의 한쪽씩 교대로 소용돌이가 생기는데, 이것을 **카르만 소용돌이**라고 한다.

경계층boundary layer…경계층에서는 점성이 보다 중요한 작용을 한다.
푸아죄유 흐름Poiseuille flow…점성 경계층류의 몇 안 되는 완전해exact solution.
카르만 소용돌이Karan's vortex street…점성粘性 유체 속에 놓인 물체의 하류 쪽에 규칙적으로 발생하는 소용돌이 열渦列. 헝가리 물리학자 카르만von K rm n, T.의 이름에서 따왔다.

6-9

유체와 파도의 관계

성진학Asteroseismology과 산악파

전자기파 이외의 파동은 전달되려면 매질을 필요로 한다. 매질로서 유체가 파동에 중요한 역할을 하는 것이다.

물에 뜨는 공을 물속으로 밀어 넣으면 어떻게 되는가?

- 물에 뜨는 공이나 낚시 도구인 낚시찌는 그것에 작용하는 중력과 부력이 서로 평형을 이루기 때문에 수면에 떠 있는 것이다.
- 이것을 힘을 가해 물속으로 밀어 넣으면, 부력이 복원력으로 작용하여 스프링처럼 진동한다.
- 이러한 부력을 복원력으로 하는 파동을 중력파라고 한다. 유체의 표면이 튀어나왔거나 움푹 파였을 때, 원래대로 돌아가려는 중력파가 발생한다.

중력파

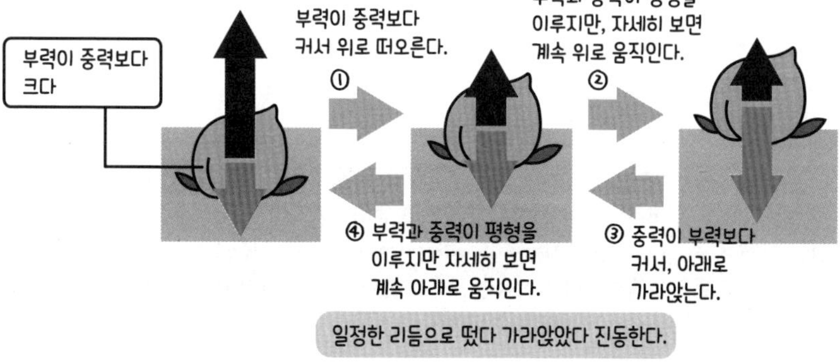

중력파와 성진학

- 유체의 표면뿐만 아니라 그 내부에서도 중력파는 발생할 수 있다.
- 또한, 기체로 된 태양 등의 항성에서도 중력파(나 음파)가 발생한다. 즉 항성이 가진 중력에 대하여, 항성의 기체가 부력에 의해 솟아오르려는 힘을 복원력으로 하여 중력파가 발생한다.
- 따라서 별의 표면에서 진동하는 모습을 관찰하면, 별의 내부 구조를 알 수 있다. 이러한 연구 방법을 **성진학**이라고 한다.

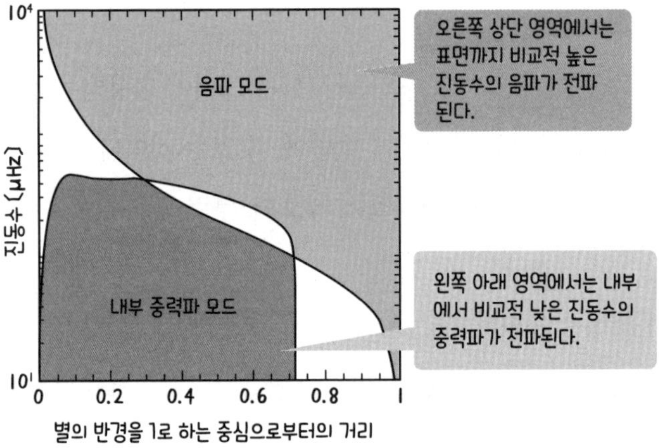

중력파gravity wave…부력을 복원력으로 하는 파동을 말한다. 일반 상대론적인 시공 변동도 중력파gravitational wave라고 부르지만 전혀 다른 것이고, 영어 철자도 다르다.
성진학astroseismology…지면의 진동을 조사하는 지진학seismology처럼, 별의 진동을 연구하는 학문. 지진학과 동일한 방법으로 직접적인 관측이 불가능한 별의 내부 구조를 탐사한다. 태양의 경우는 일진학helioseismology이라고도 한다.

산악파

- 대기의 흐름인 기류는 눈앞에 산이 있으면 그것을 넘기 위해 상승하고(상승 기류), 산을 넘으면 중력에 의해 하강한다(하강 기류). 이때 종종 중력파가 발생하며 이 파를 산악파라고 한다.
- 산악파와 함께 산의 바람 아래쪽에 주기적인 물결 모양의 구름 줄이 생기는 경우도 있다.

6-10

태양의 표면은 불안정

대류와 불안정성

지금까지 살펴본 것 외에도 유체에는 관심 있게 고찰할 만한 독특한 물리 현상이 많이 있다.

대류와 이류

- 굴뚝에서 나오는 연기가 바람이 없으면 위로 올라가는 것은 경험적으로 알고 있을 것이다. '데워진 기체는 차가운 기체보다 밀도가 낮기 때문에 상승한다'는 것은 물리적인 이론에 근거한 현상이다. 이렇게 유체의 하부가 데워지거나 혹은 상부가 차가워지거나 또는 기타 요인에 의해 유체를 이루는 요소(원자, 분자 등)가 상하로 운동하는 현상을 대류라고 한다.
- 뜨거운 국물이나 된장국을 그릇에 부으면 표면이 차가워져서 액체 부분이 몽글몽글 움직이는 것을 본 적이 있을 것이다. 이러한 현상도 대류의 일종이다.

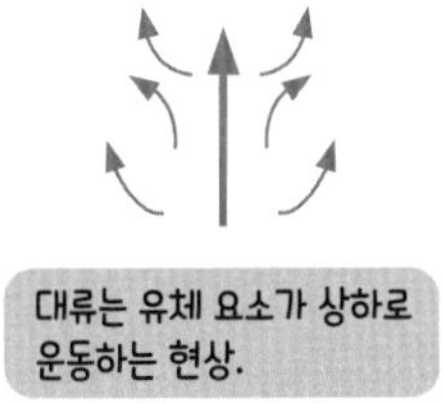

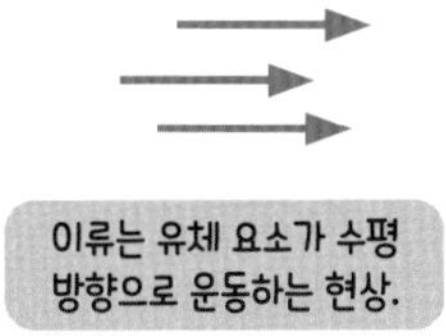

- 기체로 된 태양 표면에도, 내부와 표면 기체의 온도 차이로 열의 대류가 일어난다. 또한, 비늘구름이라고 불리는, 높은 하늘에 작은 구름 덩어리가 많이 모여 있는 기상 현상도 대류에 의한 것이다.
- 지구 대기의 대류권, 내부의 맨틀 대류, 또 태양 대기의 대류층 등 자연계에서 여러 가지 대류 현상을 목격할 수 있다.
- 대류가 상하 방향의 운동인 데 반하여 같은 구조로 수평 방향으로 운동하는 현상을 이류라고 한다.

기름 위에 물은 뜨지 않는다

- 물 위에 떠 있는 기름은 안정적이지만, 기름 위에 물을 올리려고 하면 물은 아래로 가라앉아 기름과 섞이게 된다.

레일리-테일러 불안정성(옆에서 본 그림)

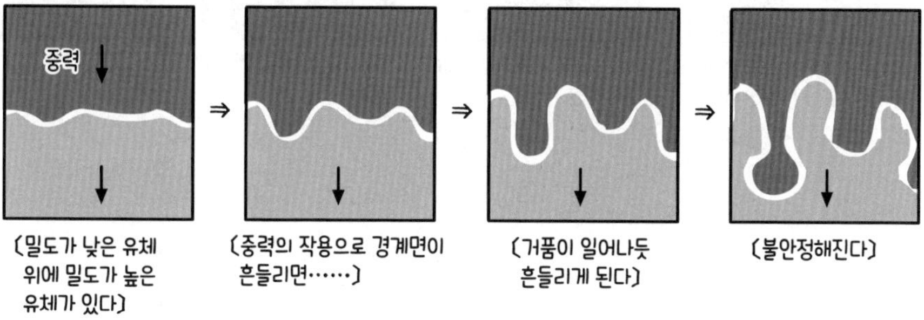

이류advection … 유체의 요소가 수평 방향으로 운동하는 현상. 지구 대기에서 종종 발생한다.
레일리-테일러 불안정성Rayleigh-Taylor instability … 일반적으로 밀도가 다른 유체를 겹쳤을 때, 중력 작용 때문에 생기는 불안정성.

- 이처럼 밀도가 낮은 유체 위에 밀도가 높은 유체를 올렸을 때 생기는, 중력의 작용에 의한 불안정성을 **레일리-테일러 불안정성**이라고 한다 (물의 밀도는 기름보다 높다).
- 밀도가 다른 유체가 옆으로 접해 있다면 중력의 영향을 받지 않으므로, '레일리-테일러 불안정성'은 일어나지 않는다.
- 그러나 밀도가 다른 유체의 경계면이 어떤 힘에 의해 움직이고 있다면, 그 경계면은 거품이 일어나듯 흔들리게 된다.
- 이 밀도가 다른 유체를 수평 방향으로 움직였을 때 경계면에 생기는 불안정성을 **켈빈-헬름홀츠 불안정성**이라고 한다.

켈빈-헬름홀츠 불안정성 (위에서 본 그림)

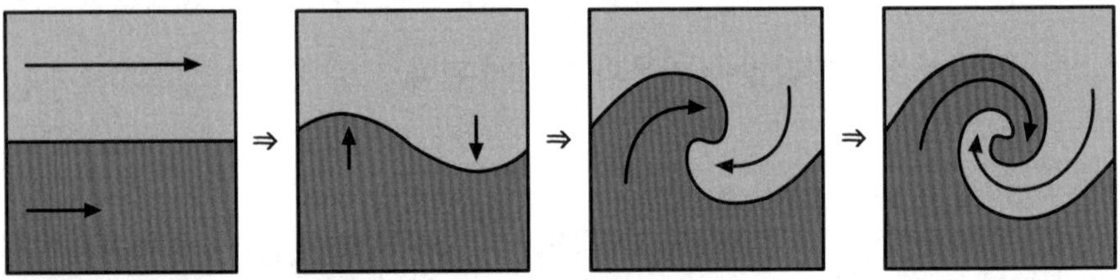

(두 층 사이에 수평 방향의 상대 운동이 있는 상태) ⇒ (어떤 힘에 의해 경계면이 흔들리면……) ⇒ (거품이 일어나듯 흔들리게 된다) ⇒ (불안정해진다)

켈빈-헬름홀츠 불안정성Kelvin-Helmholz instability…밀도가 다른 유체를 수평 방향으로 움직였을 때 경계면에 발생하는 불안정성.

6-11

일기 예보에 절대 나오지 않는 현상

복잡계와 카오스

왜 일기 예보는 종종 빗나가는 걸까? 가장 큰 이유는 난류처럼 유체 역학에서도 미해결로 남아 있는 복잡계와 카오스가 있기 때문이다.

복잡계

- 방대한 데이터를 고도의 해석 기술로 분석할 수 있는 현대에도, 일기 예보가 100% 맞는다고 믿는 사람은 없다. 실제로 태풍의 예상 진로와 실제 진로가 다른 것은 매년 일어나는 일인데 그 이유를 생각해보자.
- 각 부분의 요소가 방대하고, 각 부분의 상호 작용이나 움직임에 대한 예측이 곤란한 계를 **복잡계**라고 한다.

카오스

- 복잡계가 아니고 요소의 수가 적다고 해도, 미래를 정확하게 예측(계산)할 수 있다고는 말할 수 없다.

복잡계complex systems…복잡계의 예로서 지구 대기, 생물, 은하 등이 있다.
카오스chaos…단순계라도 비선형성이 있으면 결과(응답)가 단순하지 않아서 미래의 예측이 곤란한 것을 말한다.

서로 충돌하는 공 1000개가 있다고 하더라도, 컴퓨터를 사용하면 그 움직임은 계산할 수 있다. 각각의 공마다 초깃값을 설정한 후 시뮬레이션하면 된다. 요즘 컴퓨터라면 이 정도는 충분히 해낼 수 있다.

그런데 만약 공이 10^{20}개(= 1해 개) 있다고 한다면, 일본이 세계에 자랑하는 슈퍼컴퓨터 '도미다케'를 사용해도 계산이 쉽지 않을 것이다.

1 cm^3의 부피에 포함된 공기분자는 10^{20}개보다 조금 적은 정도이지만, 대기 전체를 생각해보면 대기에는 어마어마하게 방대한 요소가 존재한다는 것을 알 수 있다.

일기 예보의 대상인 대기에는 매우 방대한 요소가 있고, 또한 각 요소의 상호 작용을 생각하면 더욱 막대한 수가 된다. 이처럼 유체의 움직임을 해석하는 것은 매우 어려운 기술이다.

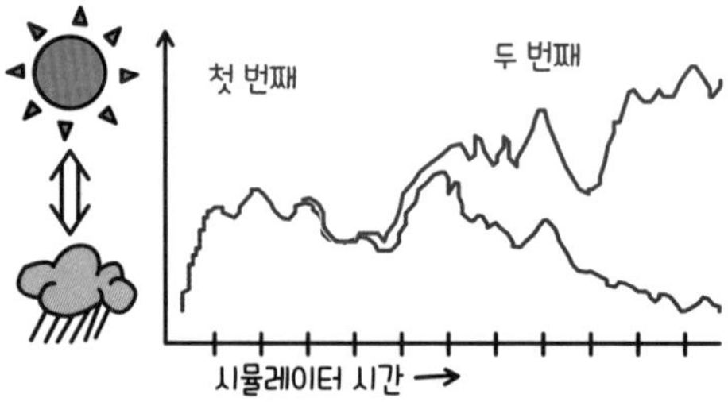

거의 같은 초기 조건에서 시뮬레이션해도 결과가 크게 달라지는 경우가 있다.

- 물체를 밀면 미는 만큼 움직인다는 이런 단순한 비례 관계가 성립하는 단순한 상호 작용이라면, 어느 정도 복잡해져도 예측에는 큰 문제가 없을 것이다. 그러나 요소 간의 상호 작용이 비선형일 경우, 원인에서 결과(응답)를 예상할 수 없게 된다. 특히 비선형적인 반응을 보이는 경우에는 초깃값이 조금만 달라져도 결과치가 크게 달라지는 경우가 발생할 수 있기 때문이다.
- 이러한 비선형 현상을 **카오스**라고 한다.
- 카오스는 양자론에서 다루는 불확실하고 확률적인 현상(391페이지 참조)과는 원리적으로 다르다. 대상으로 하는 물리 현상에 뉴턴 역학(고전 역학)을 적용할 때 일어나는 현상이다.

- 이때 대상으로 하는 물리 현상은, 처음의 상태(초깃값)가 정해지면, 그 후의 상태는 원리적으로 모두 결정(결정론적 법칙에 근거함)된다. 카오스도 엄밀하게 말하면 이 점은 같지만, 초깃값의 미세한 오차가 이후의 결과에 큰 영향을 미치는 현상들이 발생하게 된다.
- 지구의 대기는 복잡계이고, 동시에 카오스이므로, 날씨 예측은 어려운 것이다.
- 카오스는 원인과 결과의 관계(인과 관계)가 확정적이지 않으며, 그것을 단적으로 나타내는 것이 **나비 효과**라고 할 수 있다.
- 지구 반대편 브라질에서 나비가 날갯짓을 했다고 하자. 그 미세한 작용이 대기 중에서 비선형적으로 연쇄 증폭되어 영향을 확대해나가다

나비 효과

지구 반대편에서 나비 한 마리가 날갯짓을 한 영향으로 토네이도가 일어날 가능성도 있다.

나비 효과butterfly effect…미국의 기상학자 로렌츠Lorenz, E.N.의 강연 제목 〈브라질의 나비 날갯짓은 텍사스에서 토네이도를 일으킬 수 있을까?〉에서 유래한다

가, 결국에는 예상치 못한 큰 효과를 가져올지도 모른다. 이렇게 미세한 초기 조건의 차이가 큰 결과의 차이를 낳는 것을 가리켜 나비 효과라고 한다.

단기간에는 잘 맞는 일기 예보

- 최근의 일기 예보는 며칠 정도는 꽤 정확하게 예보할 수 있게 되었다. 1주일 정도의 범위에서도 어느 정도 예보가 가능하다. 그 이유는 슈퍼컴퓨터를 이용해 대규모 수치 시뮬레이션을 하고 있기 때문이다.
- 부분적인 움직임을 정밀하게 시뮬레이션함으로써 국소적이고 단시간의 일기 예보는 점점 정확해지고 있다.

현재의 일기 예보 계산 격자

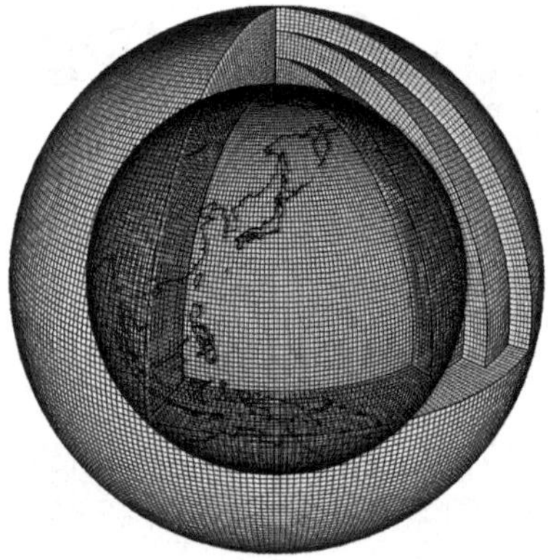

출처: 일본 기상청 홈페이지
(http://www.jma.go.jp/jma/kishou/know/whitep/1-3-1.html)

HELLO I AM...

파스칼

Blaise Pascal, 1623~1662

다방면에서 활약한, 생각하는 갈대

파스칼의 원리(224페이지 참조)가 나타내는 현상 자체는 아주 오랜 옛날부터 경험적으로 알려져 있었는데, 이것을 명문화한 것은 파스칼이다. 프랑스 중부 클레르몽에서 태어난 조숙한 천재 파스칼은, 불과 39년이라는 짧은 생애 동안 철학, 수학, 물리학, 기타 여러 분야에서 엄청난 업적을 남겼다.

물리학 분야에서는 '파스칼의 원리' 외에도 지구 대기의 압력(대기압)에 관한 연구 업적이 있다. 그는 1646년, 23세 때 이탈리아의 물리학자 토리첼리Torricelli, E.가 한 실험에 대해 듣고 '진공'에 흥미를 느꼈다. 10 m보다 깊은 우물에서 펌프로 물을 직접 퍼 올리지 못하는 이유를 설명하기 위해, 물보다 14배 밀도가 큰 수은을 사용해 실험을 진행했다. 한쪽이 막힌 길쭉한 유리관에 수은을 넣고 내부의 공기를 완전히 뺀 후 공기가 들어가지 않도록 세우자, 약 76 cm 정도 높이의 유리관 내에 진공 공간이 생겼는데('토리첼리의 진공'), 파스칼은 이것이 대기압에 의해 생기는 현상이라고 증명했다. 이 연구를 기념하기 위해, 압력의 단위로 파스칼(Pa)이 사용되고 있다.

이렇게 수학과 물리학 등 자연과학 분야에서 훌륭한 연구를 거듭한 파스칼은, 20대에 접어들자 신앙에 눈을 뜨게 되어 기독교와 철학에 관한 많은 글을 남겼다. 1670년 파스칼 사후 그의 유고를 모아 정리한 『팡세Pensées』가 출간되었는데 이 책은 후대의 사람들의 사상에 큰 영향을 미치고 있다.

이 『팡세』에 있는 유명한 구절이 바로 '인간은 생각하는 갈대'이다. 이는 '인간 개개인은 연약한 갈대에 불과하지만, 생각하는 존재이고 우주의 확장까지도 인식할 수 있다. 자연이나 우주는 강대하지만, 아무것도 모른다'라고 하는, 사고하는 존재는 강하고 훌륭하다는 것이다. 자연 속에서는 왜소하게 죽어갈 운명에 있는 인간의 유한성을 인정함과 동시에, 사색가로서의 인간 인식에는 무한한 가능성을 표명한 것이다.

현재 완벽한 데이터가 있다면 미래는 계산 가능할까?

자연계의 다양한 현상에서, 지구나 달과 같은 거대한 천체는 말할 것도 없고 구름이나 나무들, 심지어 한 송이의 눈송이조차도 많은 원자와 분자로 이루어져 있다. 따라서 그것들을 구성하는 모든 입자의 위치나 속도 같은 정보를 완전하게 알 수는 없을 것이다.

그러나 만약 우주 안의 모든 입자에 대해 어느 순간에서 위치와 속도를 완전히 파악하고 있고, 각각의 입자가 어떻게 움직이고, 어떻게 다른 입자와 상호 작용하는지를 모두 계산할 수 있는 능력을 가진 존재가 있다면 어떨까? 그 존재는 우주에서 일어난(앞으로 일어날) 모든 사건을 확정하고 예측할 수 있게 될 것이다. 이 신(혹은 악마)과 같은 능력을 가진 존재를 프랑스의 수학자이자 천문학자이자 물리학자였던 라플라스 Laplace, P-S.의 이름을 따서 **라플라스의 악마**라고 부른다.

상대성 이론이나 양자론을 배우고 나면 '그런 건 절대로 불가능하다'라고 단언하겠지만, 뉴턴 역학의 고전적인 자연관에서는 라플라스의 악마는 원리적으로는 존재 가능했다. 모든 현상은 완전히 확정적이고, 원리적으로 추적이 가능하다고 생각했기 때문이다. 하지만 20세기에 들어서면서 이런 모델 자체가 어려운 것임을 인식하게 되었다.

그 첫 번째 이유는 설령 각 부분의 움직임을 완전히 파악한다 하더라도, 부분을 더한 것이 전체가 되지 않기 때문이며, 아울러 부분과 동떨어진 전체에는 전체의 질서가 따로 있기 때문이다. 예를 들어 세포 하나하나의 움직임을 완벽하게 알 수 있다고 해도, 수십억 개의 세포를 모은 것만으로 사람을 만들 수는 없다. 이것은 **복잡계**의 일이기 때문이다.

두 번째 이유는 산들바람이든, 흐르는 강물이든, 자연은 많은 입자를 포함하고 있어서 매우 복잡하므로, 그 움직임을 완벽하게 예측하는 것은 불가능하기 때문이다.

각각의 입자 운동이나 각각의 상호 작용을 계산할 수는 있어도 여러 개의 입자에 대해 논하게 되면, 이들의 상호 작용이 급격히 증가하여 결과가 불확실해진다. 다시 말해 처음에 존재했던 아주 작은 차이가 결과에 큰 영향을 미치는 것이다. 기본적으로는 확정적(결정론적)인 계라도 원리적으로 결과를 예상할 수 없는 것이다. **카오스**이기 때문이다.

나아가 양자 역학의 출현으로 인해, 사물이 본질적으로 확정적(결정적)인 것이 아니라 확률적이라는 것을 새롭게 알게 되었다. 개별 입자의 위치와 속도라는 데이터를 완전히 얻는 것은 원리적으로 불가능한 일이며. 따라서 입자끼리의 상호 작용 결과를 완전히 계산하는 것도 원리적으로 불가능하다.

따라서 현상이나 사물에 대해 완벽하게 서술하는 것은 원리적으로 불가능하며, 근사치로밖에 설명할 수 없다. 20세기의 물리학은 라플라스의 악마의 숨통을 끊어버렸고, 물리학의 상식을 바꾸어버렸다.

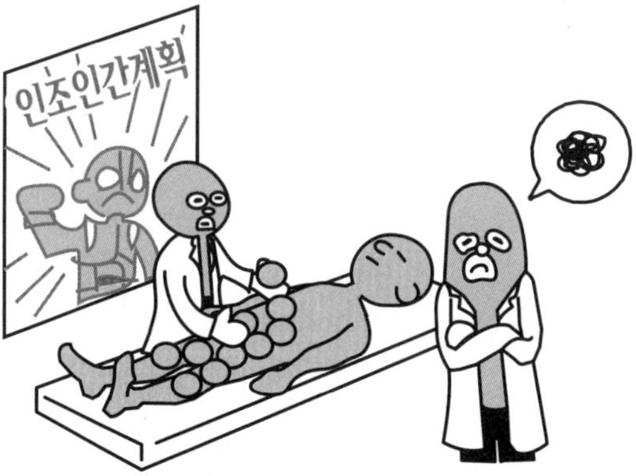

인간은 60조 개의 세포로 이루어져 있지만, 60조 개의 세포를 모아도 인간이 될 수는 없다.

7장

특수 상대성 이론

7-1

빛은 항상 마이 페이스

광속도 불변의 원리

뉴턴의 운동 법칙은 일반적으로 공간 내에서 일어나는 물체의 운동을 다루는데, 물체의 속도가 매우 빨라져 빛의 속도(광속도)에 가까워지면 우리에게 익숙한 시간과 공간은 어떤 것에도 흔들리지 않는 절대적인 것이 아니라, 뒤틀림이 생겨 관측하는 사람에 따라 다르게 인식되는 변화하는 물리량이 된다.

시간과 공간(시공)을 상대적인 4차원 시공으로 통일한 새로운 운동 이론이 바로 1905년에 아인슈타인(270페이지 참조)이 구축한 특수 상대성 이론(특수 상대론)이다.

특수 상대성 이론의 두 기둥

- 1905년 아인슈타인은 일정한 속도로 운동하고 있는 계에 성립하는 새로운 이론을 발표했다.
- 이것은 뉴턴의 운동 법칙을 확장한 것으로, 오늘날 **특수 상대성 이론**(특수 상대론)이라고 불리는 운동 이론의 탄생이었다.
- 특수 상대론의 2개의 기둥은 다음과 같다.

> ❶ 누가 봐도 광속도는 같다 (광속도 불변의 원리).

특수 상대성 이론/특수 상대론special relativistic theory/special relativity…의미는 같지만 전자가 약간 격식을 차린 명칭이다. 참고로 상대성 이론(독일어로 'Relativitatstheorie', 영어로 "theory of relativity")라는 명칭은 1908년에 플랑크가 붙였다.

❷ 정지해 있는 사람에게도, 움직이고 있는 사람에게도, 자연의 법칙은 똑같이 성립된다(특수 상대성 원리).

광속도는 특별한 속도

- 168페이지에서 설명한 것과 같이 빛은 전자기파라고 불리는 일종의 파동이다.
- 파의 속도는 일반적으로 매질에 따라 다르다.

(파의 속도)〔m/s〕=(파장)〔m〕×(진동수)〔1/s〕

- 진공 중에서 전파되는 전자기파는 매질을 필요로 하지 않는다. 그리고 눈에 보이는 빛(**가시광선**)도 전파도 X선도, 모든 전자기파는 진공 중에서 대략 30만 km/s(**광속도**)로 전달된다.
- 가시광선, 전파, X선의 차이는 파장의 길이에 따른 구분이다. 전자기파이므로 광속도는 모두 일정하기 때문에, 파장과 전자기파의 진동수 중 하나가 결정되면 다른 한쪽은 서로 반비례하므로 즉시 계산할 수 있다. 즉 전자기파의 파장을 ν, 진동수를 λ, 광속도를 c라고 두면

$$\lambda\nu=c$$

의 관계가 성립한다.

- 이처럼 (진공 중에서의) 광속도는 특별한 속도이다.

빛을 쫓아 함께 달린다

- 그럼 빛을 광속도로 쫓아가면 빛은 어떻게 보일까? 뉴턴 역학에서나 우리의 일상적인 감각에서 볼 때 뒤에서 쫓아가는 사람이 속도를 높일수록 앞서간 빛과의 차이는 줄어들고 마지막에는 따라잡을 수 있을 것이다. 그리고 빛과 같은 속도로 함께 달린다면 빛은 멈춘 것처럼 보이지 않을까?라고 생각할 수도 있다.
- 그러나 '빛은 누가 봐도 자신과의 속도 차이는 항상 광속도다'라는 것이 아인슈타인의 대답이다. 확실히 이런 전제가 없다면, 매질이 없는 진공 중에 전달되는 빛의 문제는 해결할 수 없다.
- 이처럼 임의의 속도로 움직이는 관측자가 측정하더라도, 빛의 속도는 항상 광속도가 된다는 생각이 **광속도 불변의 원리**이다.

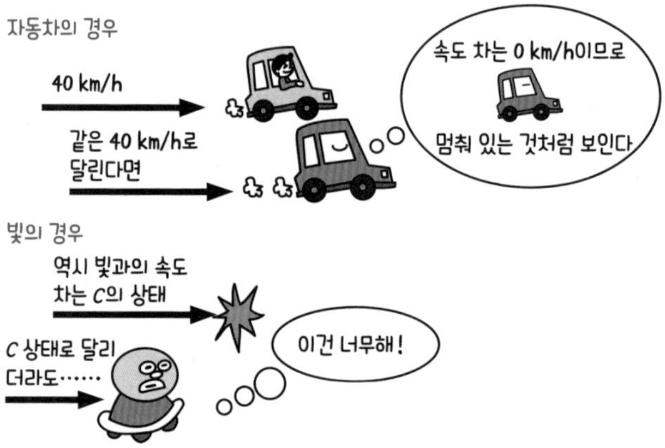

광속도light speed…정확하게 빛의 속도(광속도)는 c = 299,792,458(m/s)(약 초속 30만 km). 광속도를 c로 나타내는데, 이것은 속도를 의미하는 라틴어 celeritas의 앞글자를 딴 것이며, 소문자를 쓰는 것이 약속이다.

광속도는 불변량

- 빛의 파장은 관측자에 따라 변한다(131페이지 참조).
- 물건의 개수처럼 누가 세어도 변하지 않는 양을 불변량이라고 한다.
- 진공 중의 광속도도 불변량 중 하나이다.

7-2

누구나 자신의 공간과 시간을 살고 있다

관성계와 고유 시간

특수 상대성 이론에서는 관측자에 따라 시간이나 공간도 달라 보이게 된다. 즉, 당신의 시간과 나의 시간은 같다고 할 수 없다. 특수 상대성 이론에서는 각각의 관측자를 구별하고, 관측자 고유의 양을 각각 구별해야 한다.

절대 시공과 상대 시공

- 뉴턴 역학에서는 다양한 물체를 담는 '용기'로서 무한히 확대된 공간이 존재한다고 생각한다. 그 공간 안에서 물체는 운동이나 변화를 하지만 공간 자체는 전혀 변하지 않고 영구 불변하게 존재하고 있다. 이것을 **절대 공간**이라고 한다.
- 또 뉴턴 역학에서 시간은 과거로부터 미래로 한결같이 흐르는 한편, 우주 어디서나 똑같은 시간이 흐른다. 이것을 **절대 시간**이라고 한다.
- 한편 상대성 이론에서는 다음과 같이 설명한다. 이것을 **상대 시공**이라고 한다.

물리량physical quantity…물질계의 성질이나 상태를 나타내는 양으로, 길이, 무게, 점성, 질량, 온도, 용량 등으로 설명되는 물체의 특성.
불변량invariant…물건의 속도나 파의 파장 등 관측자에 의해 측정값이 바뀌는 양과는 달리, 누가 관측해도 바뀌지 않는 양.

물질이 존재하고 물체가 운동하면, '용기'로서의 공간이나 시간에도 의미가 생긴다.

따라서 물체의 질량이나 속도 등과 같이, 시간이나 공간도 측정할 수 있는 물리량의 일종이며, 또한 측정하는 사람(관측자)에 따라 값이 달라진다.

- 상대성 이론에 의해 시공의 개념은 극적으로 바뀌게 되었다. 시공이나 운동 또한 상대적인 것으로 파악함으로써 시공의 규칙은 이전보다 아름답고 단순해졌으며, 다른 한편으로 역동적인 세계관이 생겨났다(단, 맥스웰의 전자기학은 특수 상대성 이론에 의한 수정이 필요 없다).

관성계

- 만약 외부로부터 힘이 전혀 작용하지 않는다고 하면, 물체는 정지해 있거나, 혹은 속도가 일정한 채로 똑바로 운동하는 **등속 직선 운동**을 하게 된다.
- '외부로부터 힘이 전혀 작용하지 않는 등속 직선 운동의 상태'라고 일

등속 직선 운동uniform linear motion…14페이지 참조. 속도가 0인 등속 직선 운동은 정지 상태나 다름없으므로 (상대성 이론에서 대상으로 하는) 넓은 의미에서는 등속 직선 운동은 정지 상태를 포함한다.

일이 언급하는 것이 번거롭기 때문에, 보통은 간단하게 이것을 관성계라고 한다.

- 등속 직선 운동은 임의의 속도와 임의의 방향으로 가능하기 때문에, 지구상에 관성계는 무수히 존재한다. 또 외력이 작용하고 있지 않기 때문에 관성계에는 중력도 존재하지 않는다고 볼 수 있다.
- 그렇다면 무수히 존재하는 관성계 중에서, 우리가 잘 알고 있는 물리 법칙 중 어떤 것이 맞고 어떤 것이 틀린지 조사해볼 수 있을까? 적어도 주변에서 동일한 물리 법칙이 항상 성립된다는 것을 우리는 경험적으로 알고 있다.
- 특수 상대성 이론에서는 어떤 관성계에서도 동일한 물리 법칙이 성립한다고 주장한다. 즉 누구나 자신의 공간과 시간을 살아가지만, 그 안에서의 규칙은 모두 같다.

정지계, 운동계, 공동계

- 원래 운동이란 관측자가 속하는 관성계(항상 정지해 있기 때문에 정지계, 혹은 실험실계라고 한다) 이외에 다른 관측 대상(운동하고 있기 때문에 운동계, 혹은 입자계라고 한다)이 있어야 비로소 성립되는 개념이다. 즉, 자신 이외의 다른 사람의 존재가 없으면, 사물이 움직인다고 하는 운동이라고 하는 개념은 처음부터 존재하지 않을 것이다.

관성계inertial system…뉴턴의 '운동의 제1법칙(관성의 법칙)'에 있는 것처럼, 힘이 작용하지 않는 계를 의미한다.

- 다시 말하면, 아무것도 없는 공간에 자신이 홀로 존재하고 있는 경우에는, 비교 대상이 없기 때문에, 어느 방향으로, 어떤 속도로 움직이고 있는지 알 수 없다.
- 그뿐 아니라, 자신이 정지하고 있는지/운동하고 있는지조차 모를 것이다. 운동이라는 것은 어디까지나 '상대적'인 개념인 것이다.
- 또, 관측 대상인 운동계에 올라타고 물리적 현상을 관찰할 때는, 관측 대상과 함께 움직인다는 의미로 이것을 **공동계**라고 한다.

관성계의 고유시간

- 무수히 존재하는 관성계 하나하나가 각각 자신의 시간을 가지고 있기 때문에, 시간은 누구에게나 똑같고 공통된 것이 아니라 각각의 관성계에 속하는 고유한 물리량이다. 관성계가 다르면 시간의 차이도 다른 것이다.
- 각 관성계의 시간을, 각각의 계에서의 **고유 시간**이라고 한다. 이를 일상적인 시간 t와 구별하기 위하여 그리스어 τ(타우)를 사용하여 나타낸다. 예를 들어 정지계의 시간은 t, 공동계의 시간은 τ라고 한다.

HELLO I AM...

아인슈타인

Albert Einstein, 1879~1955

노벨상을 세 번 받아도 이상하지 않을 초능력 과학자

> 뉴턴이여, 용서해주오. 당신은 당신 시대에 최고의 사고력과 창의력을 지닌 인간으로서, 아주 작은 가능성에 불과했던 유일한 길을 발견했소. 당신이 창조한 개념은 여전히 우리들의 물리학적 사고를 지도해주고 있습니다. 비록 이제는 우리가, 사물의 관계를 좀 더 깊이 이해하려면 당신의 개념을 직접적인 경험의 영역에서 다른 개념으로 대체해야 함을 알게 되었다 해도 말입니다.

가네코 쓰토무 편역 『미지로의 여행길: 아인슈타인 신자전 노트』 소학관(1991)에서 인용

아인슈타인이 물리학에서 이룬 업적은 설명이 필요 없을지도 모르겠다. 특수 상대성 이론과 일반 상대성 이론의 구축은 물론 양자 역학과 통계 물리학 등 물리학의 다양한 분야에서 위대한 발자취를 남긴 20세기의 대천재이다. 아인슈타인이 1905년에 제출한, 시공의 개념을 크게 변혁한 특수 상대성 이론, 분자의 실재를 증명한 브라운 운동의 이론, 그리고 미시 세계의 불연속성을 지적한 광양자 가설은 모두 노벨상급의 연구였다. 그래서 뉴턴이 빛의 스펙트럼 분해, 만유인력, 미분 적분학 등을 제안한 1665년과 더불어 1905년도 물리학 역사상 **기적의 해**라고 불리고 있다.

아인슈타인은 1879년 3월 14일, 독일 남부의 울름Ulm이라는 지방 도시에서 태어났다. 전형적인 중류층 가정이었지만, 부모님이 장사에 실패한 적도 있고 고생도 했던 것 같다. 그 와중에도 아버지 헤르만은 온후한 성격으로 낙천가였고, 어머니 파울리네는 착하고 배려심이 깊었으며 아인슈타인이 태어나고 2년 후에는 여동생 마야도 태어나 따뜻한 가정이었던 것 같다. 천재 아인슈타인도 보통 사람의 아이였다. 1895년 16세에 스

광속도 불변의 원리principle of invariant light speed··· 증명하는 것은 불가능하지만, 누구나 옳다고 인정하는 명제를 원리라고 부른다. 그에 반해 증명 혹은 실증할 수 있는 명제는 일반적으로 정리나 법칙이라고 한다.

위스 취리히 공과대학에 응시하지만 암기과목 성적이 나빠 불합격하고, 아라우 주립고등학교에 편입하고 나서 1년 만에 다시 대학에 입학한다. 1900년에 대학을 졸업했지만, 대학에서 일자리를 얻지 못해 친구의 도움으로 당시 스위스 연방 특허국에 취직했다. 운명의 장난처럼, 이것이 후에 기적의 해로 이어진다.

아인슈타인은 오전에는 특허국 일을 능률적으로 처리하고, 오후에는 사색에 빠져 지냈다고 한다. 또 1903년에는 대학 시절 동료였던 4살 연상의 밀레바 마리치와 결혼하여 한동안 행복한 생활을 보냈다. 밀레바는 좋은 의논 상대로, 상대성 이론에는 밀레바의 기여도 적지 않았다고 한다.

시대, 장소, 환경, 그리고 사람, 이 모든 요소가 합쳐져서 1905년, 드디어 특수 상대성 이론이 탄생하게 되었다. 당시 아인슈타인은 겨우 26살이었다.

아인슈타인은 특수 상대성 이론과 기타 업적을 인정받아, 프라하 대학과 취리히 공대를 거쳐 1914년에 베를린 대학 교수가 되었다. 그동안 중력에 대한 연구도 진행하여, 1915년부터 1916년까지 일반 상대론을 완성했다. 연구자로서 그야말로 절정기였다. 또 1919년 영국 천문관측대가 개기일식을 관측하면서 일반 상대론을 확인한 이후에는, 세계적으로 엄청난 유명인이 되었다. 그 후에도 통일장의 이론에 몰두하고 보스 아인슈타인 통계를 주장하기도 하여 지속적으로 물리학의 근간을 이루는 이론에 영향을 주었다.

한편 당시 독일에서는 나치가 대두되면서, 유대인의 피를 이어받은 아인슈타인은 박해를 받게 된다. 1933년 미국으로 건너간 아인슈타인은 다시는 고국 땅을 밟지 못했다.

미국에 정착한 그는 새로 신설된 프린스턴 고등연구소에서 안정적으로 통일장 이론 연구와 철학적 사색을 하며 조용히 남은 반생을 보냈다. 그리고 1955년 평화에 관한 **러셀-아인슈타인 선언**에 서명한 지 일주일 뒤인 4월 18일, 76세의 나이로 영원히 잠들었다. 그의 생애는 정말로 파란만장했다고 해도 과언이 아닐 것이다.

공동계comoving system … 268페이지 참조. 생소한 단어지만 공존하는coexist, (생명의) 공진화coevolution, 협업collaborate, cooperation 등과 같은, '공(co-)'을 사용하고 있다.

7-3

광시계로 시간을 쪼개서

시간의 지연과 로렌츠 인자

광속도에 가까운 속도로 항행(아광속 운동)하는 우주선 내의 시간은, 지구의 시간에 비해 천천히 진행된다고 한다. 이것이 바로 아광속 운동에서의 시간 지연 현상이다. 광속도 불변의 원리를 인정하고, 시간에 대한 고정관념을 바꾼다면 자연스럽게 도출되는 결론이다.

빛의 왕복 운동으로 시간을 가늠하는 광시계

- 1년은 지구가 태양 주위를 한 바퀴 도는 데 걸리는 시간을 말하는데, 원래 **시간**을 측정하는 방법은 (규칙적으로 일어나는) 주기적인 현상의 횟수를 세는 것이다. 두 장의 거울을 마주 보게 배치하고, 빛을 진자로 하여 만든 시계가 광시계이다.
- 광시계에서는 발광부와 수광부를 포함하는 하나의 거울과 반대편에 또 하나의 거울을 서로 마주 보게 하고, 발광부 겸 수광부인 거울에서 반대편의 거울을 향해 레이저 광선을 발사해, 반사된 레이저 광선이 다시 발광부 겸 수광부인 거울까지 돌아오게 하여 빛을 검출한다.
- 여기서 길이가 15 cm인 광시계가 있다고 하면, 약 30만 km/s의 빛이 왕복 30 cm의 거리를 진행하는 데, 딱 1 ns(나노초) = 10억 분의 1 s(초)가 소요된다. 이러한 광시계를 여기에서는 이하 나노초 광시계라고 하자.

로렌츠 인자

- 지구 시간 t와 우주선 내에서의 시간 τ의 비율을 **로렌츠 인자**라고 한다. 로렌츠 인자는 그리스 문자인 γ(감마)로 표시한다.

$$t = \gamma\tau$$

t : 지구 시간
γ : 로렌츠 인자
τ : 우주선 내 시간

$$= \frac{1}{\sqrt{1 - \frac{v^2}{c^2}}}$$

v : 우주선의 속도
c : 광속도

선생님: "나노초 광시계를 광속도에 가까운 속도로 항해하는 우주선의 바깥과 안에 놓아보자. 우주선 밖(예를 들어 지구)에서 우주선 밖에 있는 나노초 광시계를 보고 있으면 빛의 신호가 한 번 왕복하는데 걸리는 시간은 얼마나 될까?"

학생: "나노초 광시계이니까, 1ns이지요. 당연한 거 아닌가요?"

선생님: "하하. 그렇게 대답을 서두르지 말렴. 그럼 비행 중인 우주선 안에서 우주선 안에 있는 나노초 광시계를 보면 어떨까?"

학생: "당연히 1 ns입니다."

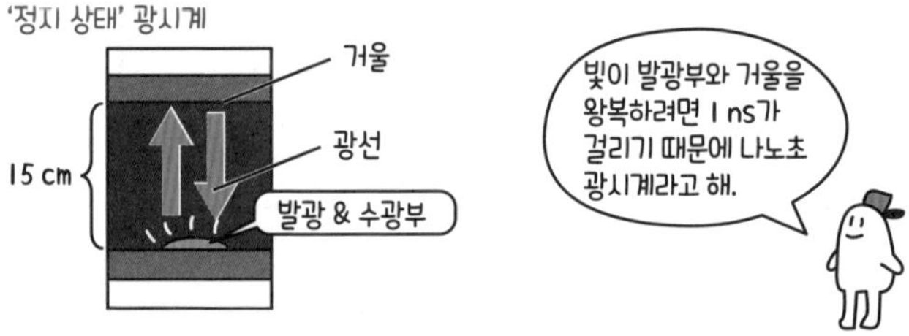

선생님: "그러면 우주선 밖에서, 비행 중인 우주선 안에 있는 나노초 광시계를 보면 어떻게 될까? 우주선 밖에서 안에 있는 나노초 광시계를 보는 동안에도, 우주선은 날고 있으니 나노초 광시계도 함께 옆으로 이동하고 있겠지. 그만큼 빛은 비스듬히 나아가게 될 거야."

학생: "음…. 그러니까 우주선 밖에서 비행 중인 우주선 안에 있는 나노초 광시계를 보면, 빛은 (단순히 왕복하는 것보다) 긴 거리를 가야 한다는 건가요?"

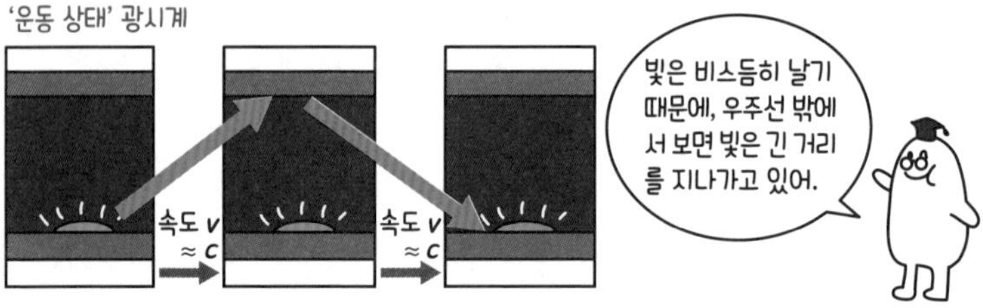

선생님: "그렇지. 하지만 광속도 불변의 원리에 따라, 아무것도 없는 우주 공간을 지나가는 빛의 속도를 변화시킬 수는 없어. 앞뒤를 맞추려면 긴 거리를 가는 만큼, 빛이 왕복하는 데 걸리는 시간을 길게 할 수밖에 없는 거지."

학생: "그렇다면 우주선 밖에서, 비행 중인 우주선 안에 있는 나노초 광시계를 보면, 우주선 안에 있는 나노초 광시계는 시간이 천천히 가는 것처럼 보이는 건가요?"

선생님: "그렇게 되겠네. 즉 정지해 있는 관측자에게는 운동하고 있는 물체의 시간은 천천히 가는 것처럼 보이게 되지."

7-4

공간도 변모한다

로렌츠 피츠제럴드 수축

7-3에서 정지계와 운동계에서는 시간의 길이가 서로 달라 보인다고 설명했다. 또한, 정지계와 운동계의 경우 공간에도 차이가 있음을 알 수 있다. 즉 물체의 운동 방향으로 공간이 줄어드는 것이다. 동시에 운동하는 공간 안에 놓인 물체도 줄어들게 된다. 즉, 아광속으로 비행하는 우주선의 길이는 진행 방향으로 줄어든다.

로렌츠 피츠제럴드 수축

- 아광속으로 비행하는 우주선이나 우주선 내 물체의 길이는, 정지계에

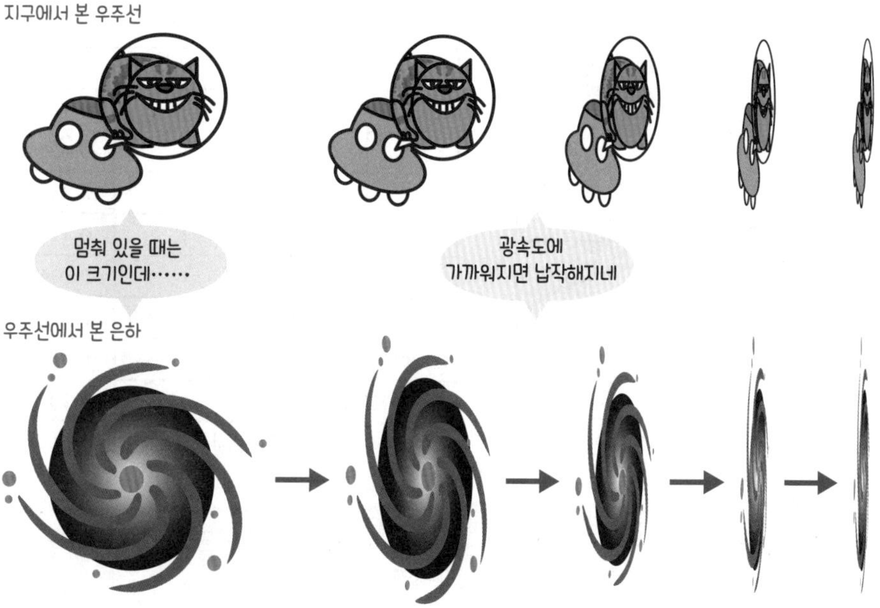

서 측정하면 $\frac{1}{\gamma}$의 비율만큼 줄어들어 보인다. γ는 항상 1보다 크기(γ는 지구 시간 t와 우주선 내 시간 τ의 비율) 때문에, $\frac{1}{\gamma}$은 항상 1보다 작다.

- 이 공간의 수축 현상을 **로렌츠 피츠제럴드 수축**이라고 한다.
- 반대로 지구에 있는 물체의 길이도, 우주선 내에서 측정하면 $\frac{1}{\gamma}$의 비율만큼 줄어들어 보인다.
- 단, 이 로렌츠 피츠제럴드 수축은 원리적으로 이렇게 된다는 말이고,

광속도로 운동하는 자를 정지계의 자로 쟀을 때의 길이

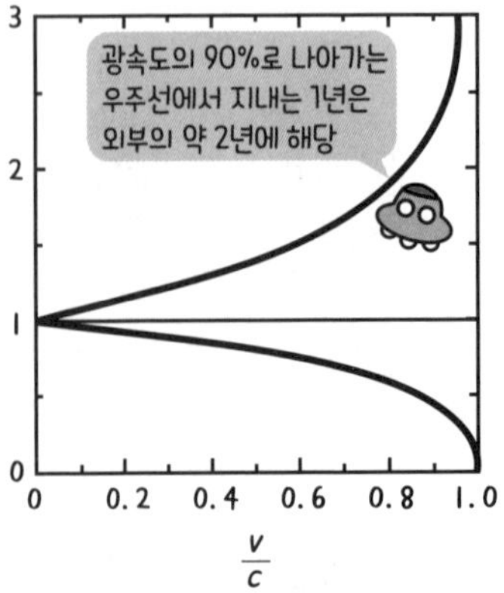

정지계의 속도 v (m/s)※	로렌츠 인자 γ	광속도로 운동하는 자의 실제 길이 (m)	측정했을 때의 길이 (m)
0	1	1	1
0.1	1.005	1	0.995
0.2	1.021	1	0.979
0.3	1.048	1	0.954
0.4	1.091	1	0.917
0.5	1.155	1	0.866
0.6	1.250	1	0.800
0.7	1.400	1	0.714
0.8	1.667	1	0.600
0.9	2.294	1	0.436
0.99	7.089	1	0.141
0.999	22.366	1	0.0447
0.9999	70.712	1	0.0141
0.99999	223.61	1	0.00447
0.999999	707.11	1	0.00141

※ 광속도 c에 아래의 각 수치를 곱한다.

로렌츠 피츠제럴드 수축Lorentz-Fitzgerald contraction … 로렌츠와 아일랜드 물리학자 피츠제럴드Fitz Gerald, G.F.가 각각 독립적으로 제창한 이론 물리의 현상.

정말 물체를 아광속으로 날려 보낸다고 해도, 단순히 찌그러져 보이는 것은 아니다.

- 만약 실제로 자를 대고 그 눈금을 읽으려고 해도, 빛이 서로 주고받는 신호이기 때문에, 물체가 어떻게 '보이는가'를 설명하기는 꽤 복잡한 일일 것이다.

7-5

뮤온이 보는 세계

상대성 이론의 모순이 없는 체계

특수 상대성 이론에 의해 예측되는 운동계에서의 시간 지연이나 공간의 수축은, 실제로 다양한 실험에서도 검증되고 있다.
여기서는 뮤온이라고 불리는 소립자를 예로 들어, 시간의 지연과 공간의 수축을 함께 설명하고자 한다.

소립자 '뮤온'

- 우주 공간에서 날아온 우주선이 지구 대기 중의 핵과 충돌했을 때, 뮤온(뮤입자)이라고 불리는 소립자가 생성된다.
- 뮤온은 전자와 마찬가지로, 렙톤(경입자)이라고 불리는 소립자 중 하나인데, 전자와 비교하면 약 200배의 질량을 가진다.
- 그러나 뮤온은 매우 불안정한 소립자로, 약한 상호 작용에 의해 전자(또는 양전자)와 뉴트리노 및 반뉴트리노로 나누어진다.
- 뮤온의 수명은 약 2.2 μs(마이크로초)밖에 되지 않는다.

렙톤/경입자 lepton…전자나 뉴트리노와 같이 핵력은 없지만, 전자기력과 약력(약한 상호 작용)을 가진 물질 입자의 총칭. 가볍다는 뜻의 그리스어 'leptos'에서 유래했다.

장수하는 뮤온

- 우주선과 원자핵 충돌로 인해 발생한 뮤온은 매우 높은 에너지를 가지고 있으며, 거의 빛의 속도에 가깝게 운동하고 있다.
- 만약 시간 지연 효과가 없다면, 뮤온의 평균 비행 거리는 다음과 같이 구할 수 있다.

(광속도) × (뮤온의 평균 수명) = 660 m

- 그런데 현실적으로는 높은 상공(대략 고도 20 km 정도)에서 발생한 뮤온이, 지구 대기의 수십 km를 달려 지상까지 도달하는 것이다.
- 즉, 고속으로 비행하는 뮤온의 수명은 아광속 운동에서 시간 지연의 영향으로 '연장되고 있는' 것이다.

어디에도 모순은 없다

- 정지된 지상에서 관측한 현상과, 날아가는 뮤온에서 관측한 현상은 크게 달라 보인다. 하지만 전체적으로는 서로 논리적으로 잘 맞는다.
- 이것이 상대성 이론 현상에서 재미있는 점이며, 또한 상대성 이론에 모순이 없음을 의미한다.

선생님: “상대성 이론에 따라, 뮤온의 입장이 되어보자.”

학생: “뮤온이 보기에, 자신의 수명은 어디까지나 2.2 μs이겠지요. 그러니까 뮤온이 보기에, 지구 상공 20 km에서 지상까지 도달하는 것은 무리일 거예요. 하지만 지상의 뮤온 계측 장치로 포착이 가능해요.”

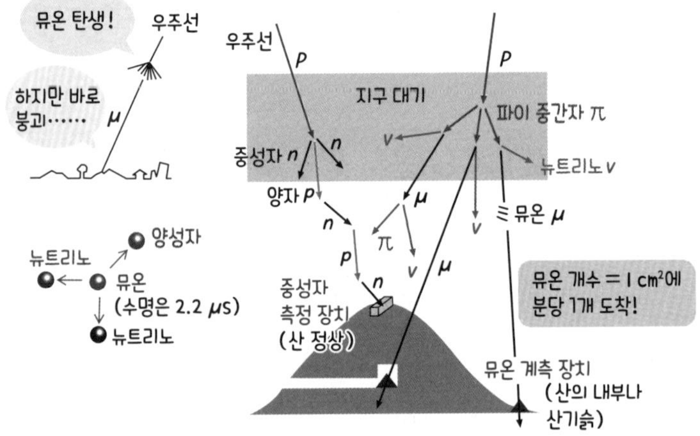

선생님: “이 패러독스를 푸는 열쇠가 로렌츠 피츠제럴드 수축이야. 즉 아광속으로 비상하는 뮤온에서 바라보면 진행 방향으로 공간이 줄어들기 때문에, 대기층의 두께도 짧아지는 셈이지.”

학생: “그렇군요! 그러니까 수명의 2.2 μs 동안 지상까지 도달할 수 있는 것이군요.”

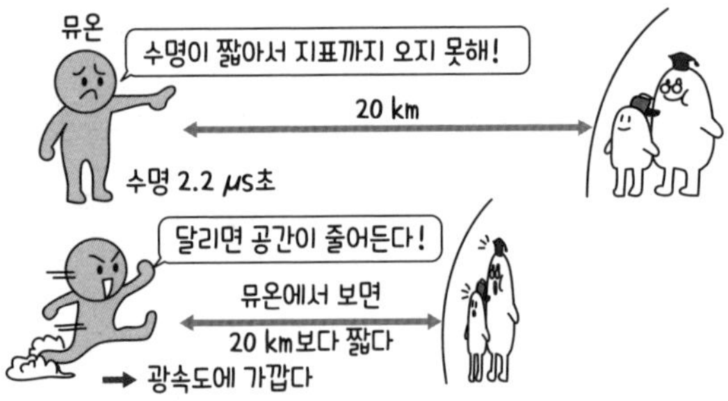

7-6

4차원 시공은 표현할 수 있어!

민코프스키 다이어그램

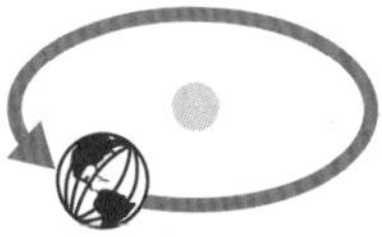

특수 상대성 이론에서는 언뜻 보기에 성질이 전혀 달라 보이는 1차원의 시간과 3차원의 공간을 하나의 정리된 4차원 시공으로 다루게 된다. 4차원 시공을 표현하는 시간 공간 그래프(시공도)가 광속도를 기준으로 한 민코프스키 다이어그램이다.

보통의 시공도

- 물체의 공간적인 운동을 나타내려면, 시간을 세로축으로 하고 공간을 가로축으로 하는 시공도가 도움을 준다.

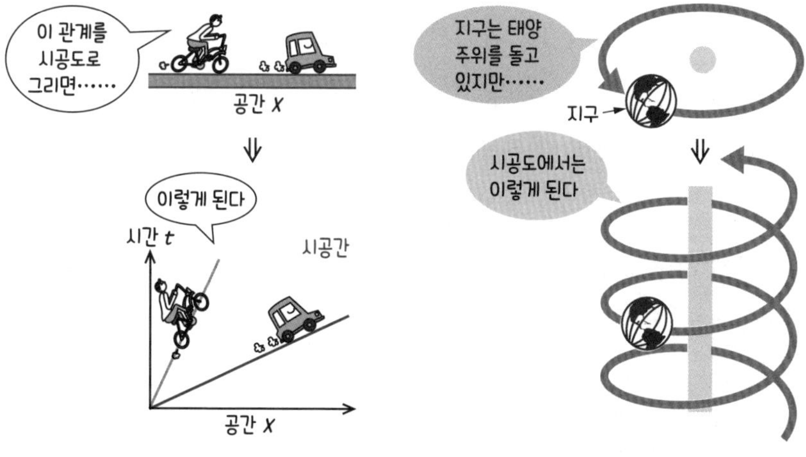

- 우리에게 익숙한 그래프는 시간은 가로축으로, 높이 등의 공간적인 변

화는 세로축으로 나타낸다. 그러나 시공도에서는 시간과 공간을 나타내는 축의 종횡을 반대로 배치하는 것에 주의해야 한다.

- 등속 직선 운동을 하는 물체는 시공도상에서 비스듬한 기울기를 갖는 직선이 된다.
- 태양 주위를 도는 지구의 운동은, 시공도 상에서 나선형으로 나타낼 수 있다. 시간이 세로 방향으로 같은 속도로 늘어나지만, 공간적인 위치는 1년마다 거의 같은 자리로 되돌아가기 때문이다.

상대성 이론의 민코프스키 다이어그램

- 광속도를 기준으로 세상의 모든 현상을 설명할 수 있는 특수 상대성 이론에는, **민코프스키 다이어그램**이라고 불리는 광속도를 기준으로 한 특별한 시공도를 사용한다.
- 민코프스키 다이어그램에서는, 시간축의 한 눈금의 간격을 1초 단위로 표시한다면 같은 길이를 가진 공간축의 한 눈금의 간격은 빛이 1초 동안 진행하는 거리(광초)이다. 그리고 시간축의 한 눈금의 간격을 1년씩으로 본다면 공간축의 한 눈금은 빛이 1년 동안 진행한 거리(광년)로 볼 수 있다.
- 이렇게 하면 민코프스키 다이어그램에서 빛의 궤적(빛이 지나간 자리)은

4차원 시공 four dimensional space-time…물체가 존재하거나 운동하는 '용기'인 **공간** space과 물체의 위치에서 시각을 나타내는 '방향'인 **시간** time을 하나의 계로 하여 표시한 것. 공간은 운동의 자유도에 따라 3가지 차원 dimension을 가지고 있으나, 시간은 1가지 차원밖에 없다.
민코프스키 다이어그램 Minkowski diagram…독일 수학자 민코프스키 Minkowski, H.가 고안한 다이어그램으로, 상대성 이론의 기하학적 이해에 매우 유용하다고 평가되고 있다.

45°의 기울기를 갖는 직선으로 표시된다. 가로와 세로가 같은 간격(속도)으로 원점에서 단순히 멀어져가기 때문이다.

- 바꾸어 말하면, 빛의 궤적의 기울기가 항상 45°의 직선이 되도록 눈금을 그은 시공도가 민코프스키 다이어그램이다.

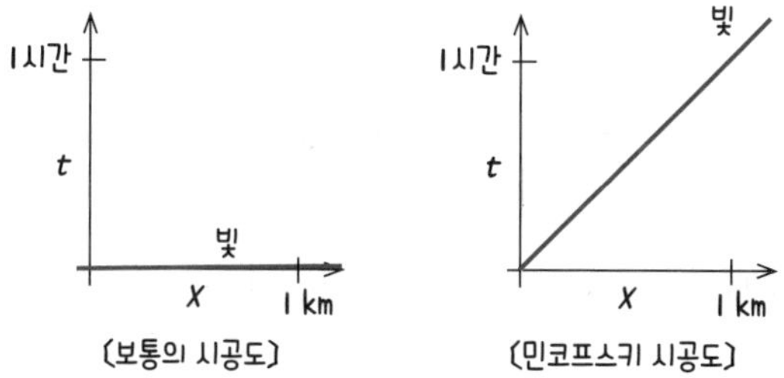

세계선과 광원뿔

- 민코프스키 다이어그램에서 물체의 궤적(물체가 지나간 자국)을 **세계선**이라고 한다. 모든 물체는 광속을 넘어 나아갈 수 없기 때문에, 세로의 변화보다 가로의 변화의 비율이 더 작아지고 세계선의 기울기는 반드시 45°보다 커진다.
- 45°로 기울어진 빛의 세계선을 **광원뿔**이라고 한다.

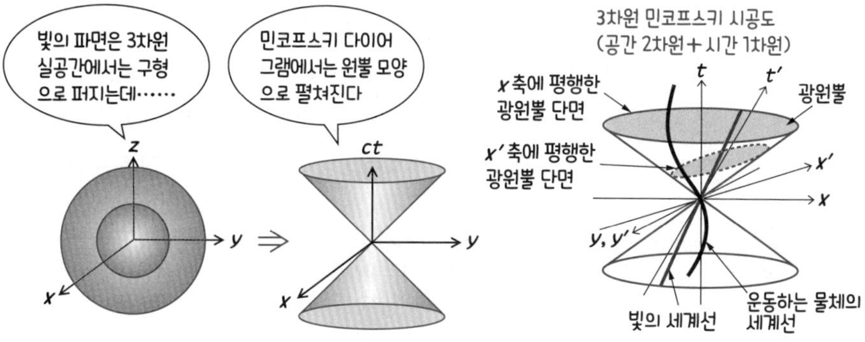

지식 운동하는 물체에 대한 신기한 인식 방법(테렐 회전)

본문 276쪽에서 운동하는 물체의 로렌츠 피츠제럴드 수축을 실제로 관측할 수 있는 가능성을 설명할 때 '복잡하다'고 생각했을 것이다. 실제로 어떻게 보이는지, 좀 더 자세히 알아보자.

사실 광속도로 운동하는 물체가 크기를 가지고 있다면, 마치 회전하고 있는 것처럼 보일 것이다. 이것은 광속도가 유한하기 때문에 생기는 현상으로, **테렐 회전**Terrell rotation 또는 **테렐 효과**라고 한다.

이 테렐 회전에 대해 설명해보겠다. 입방체가 아광속으로 운동하고 있고, 그 운동 방향에 수직 방향으로, 충분히 먼 곳에서 관측하고 있다고 해보자. 입방체는 위에서 바라보면 정사각형이 된다. 또, 한 변의 길이를 1 m라고 하자.

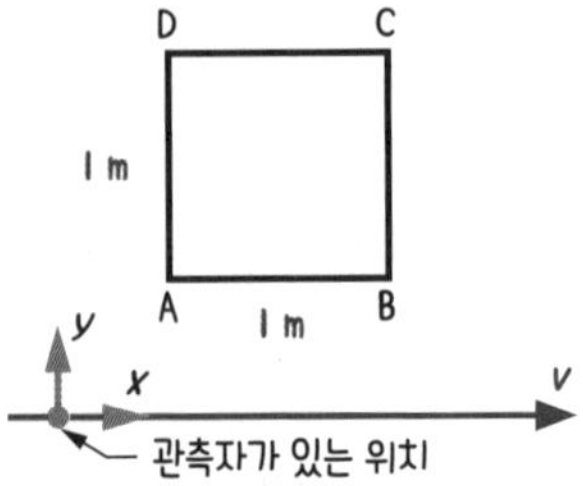

〔입방체는 위에서 바라본 그림〕

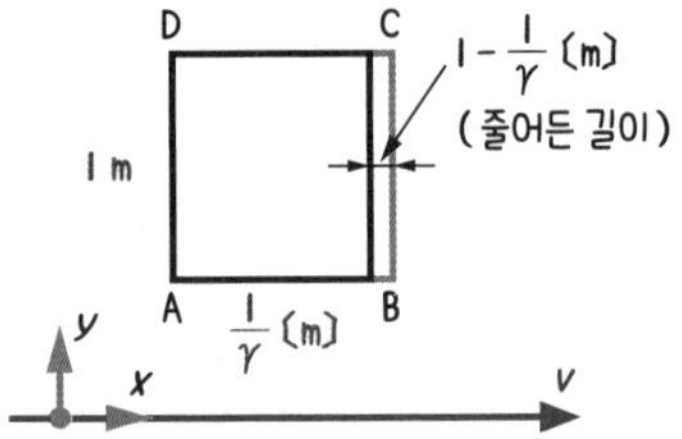

〔아광속으로 운동하고 있을 때〕

입방체의 운동 속도 v에 대응하는 로렌츠 인자를 γ라고 하면, 입방체는 운동 방향에 $\frac{1}{\gamma}$배 만큼 줄어들기 때문에, 운동 방향의 길이는 $1-\frac{1}{\gamma}$ m만큼 짧아지게 될 것이다. 다만, 이것이 관측되는지 어떤지는 또 다른 논의가 필요하다.

여기서 이 입방체 ABCD의 진행 방향의 후면에 해당하는 면 AD 부분을 생각해보겠다. 이 면 AD를 관측한다는 것은 바꾸어 말하면, 면 AD에서 내는 빛을 관측한다는 것이다. 그러나 관측자가 볼 때 점 D는 점 A보다 멀리 있기 때문에, 점 A와 점 D에서

광원뿔light cone…앞 페이지 참조. 민코프스키 다이어그램에서 빛이 시간축으로부터 기울기 45°의 원추 내부로부터 전달되는 것을 나타내는 용어.

빛이 동시에 나올 경우, 점 D로부터의 빛이 $\frac{1}{c}$초 정도 늦게 도착할 것이다.

반대로 말하면, 점 D와 점 A를 '동시'에 관측하는 경우, 점 D로부터 나오는 빛은 $\frac{1}{c}$초 만큼 점 A로부터 나오는 빛보다 과거에 출발한 빛이 되는 것이다. 그리고 그 시간 동안 입방체는 속도 v로 운동하고 있기 때문에 점 A는 $\frac{v}{c}$ m만큼 이동했을 것이다. 따라서, 매우 짧은 시간을 파악할 수 있는 카메라로 입방체의 스냅샷을 촬영했다고 하면, 면 AD는 비스듬히 기울어진 면으로 '보이게' 될 것이다. 반면 면 AB쪽은 로렌츠 피츠제럴드 수축에 의해 길이가 줄어든 것처럼 '보일 수 있다'.

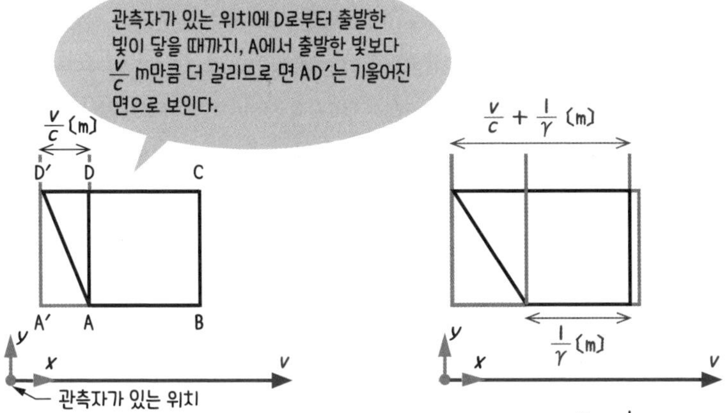

(AD로 보여야 하지만 AD'로 보인다)

(뒤쪽의 길이는 $\frac{v}{c} + \frac{1}{\gamma}$ m이고 앞쪽의 길이는 $\frac{1}{\gamma}$ m가 된다)

관측자가 있는 위치에 D로부터 출발한 빛이 닿을 때까지, A에서 출발한 빛보다 $\frac{v}{c}$ m 만큼 더 걸리므로 면 AD'는 기울어진 면으로 보인다.

그러면 처음에 가정했듯이 지금 관측자는 한 변의 길이가 1 m인 입방체(정사각형)가 운동하고 있다는 것을 '알고 있다'. 그러나 관측되는 것은 기울어져 보이는 면 AD와 길이가 줄어들어 보이는 면 AB이다.

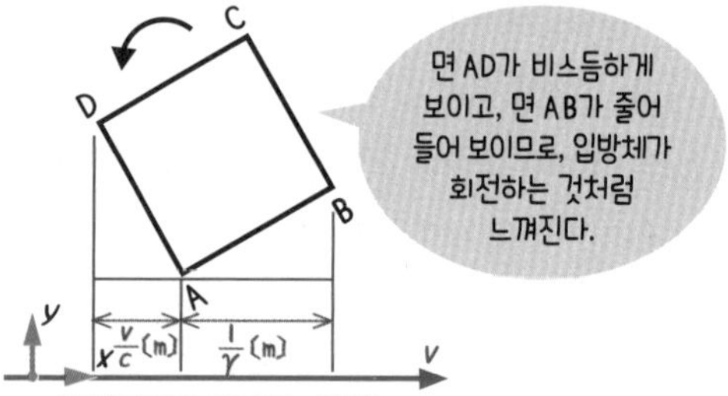

〔관측자에게 일어나는 착각〕

이 두 면이 보이기 때문에, 관측자의 머릿속에는 마치 입방체가 회전한 것처럼 이미지가 재구성될 것이다. 실제로 피타고라스의 정리로부터, 변 AD의 사영 길이와 변 AB의 사영 길이의 제곱의 합, 즉 사변의 길이는 확실히 1 m인 것을 알 수 있다.

같은 이유로 구체도 줄어들어 보인다기보다, 회전하고 있는 것처럼 보인다. 또 다른 여러 형태의 물체도, 단순히 쪼그라들어 보이는 것이 아니라, 원래의 크기와 모양에서 복잡하게 뒤틀려 관측되는 것이다.

7-7

우주 여행을 하면 젊음이 유지될까?

우라시마 효과

앞에서 설명한 바와 같이 지구에서 아광속 운동하는 우주선을 볼 경우 우주선의 시간이 느려지지만(274페이지 참조), 반대로 우주선에서 지구를 본다면 이번에는 지구 시간이 느려질 것이다.

그렇다면 아광속 우주 여행을 마치고 귀환한 사람과, 그동안 계속 지구에 있던 사람 중 어느 쪽의 시간이 더 늦게 흘렀을까? 누가 더 젊은 것일까?

우라시마 효과

- 쌍둥이 자매, 티와 타우가 있다고 하자. 티는 지구에 남았고 타우는 아광속의 우주선을 타고 우주 저편에 있는 미스터리한 행성까지 왕복 여행을 했다고 가정해보자.
- 이때 티가 봤을 때 타우는 운동을 하고 있었기 때문에, 즉 시간이 천천히 흘렀기 때문에 티와 타우가 다시 만났을 때는 운동하고 있던 타우가 젊은 상태 그대로일 것이라고 생각할 수 있을까?
- 그러나 운동은 상대적인 것이기 때문에, 우주선에서 보면 오히려 지구가 왕복 운동을 했다고도 볼 수 있을 것이다. 즉, 지구에 있던 티 쪽이

우라시마 효과 Urashima effect …상대성 이론에 의한 시간 지연이나 쌍둥이 역설 같은 현상

젊은 상태 그대로인 것이 아닐까? 대체 티와 타우 중 나이를 먹지 않는 것은 어느 쪽일까?

- 이것이 유명한 **쌍둥이 패러독스**(역설), 일명 **우라시마 효과**이다.

민코프스키 다이어그램에서의 쌍둥이의 동시선

- 민코프스키 다이어그램에서 쌍둥이 패러독스를 그림으로 나타내보자. 티는 공간적으로 거의 변화하지 않았기 때문에, 티의 동시각의 선은 항상 수평 방향이 된다.
- 반대로 타우의 동시각의 선은 지구에서 떠나갈 때 왼쪽 아래로 기울어진 직선이고, 지구로 돌아올 때는 오른쪽 아래로 기울어진 직선이 된다.
- 목적지에서 타우가 감속과 가속을 할 때, 그동안 타우의 시간은 거의 변하지 않지만(변하는 것은 우주선의 속도), 지구에서는 이때 시간이 빨리 진행된다.

쌍둥이 패러독스twin paradox/우라시마 효과Urashima effect…영미권에서는 쌍둥이 에피소드를 쌍둥이 패러독스라고 부른다. 일본에서 사용하는 '우라시마 효과'라는 말은 시바노 다쿠미가 명명했고, 이시하라 후지오의 소설에서 대중화되었다.

- 우주선의 가속(감속) 단계는, 우주선에 힘이 작용하므로 관성계가 아니다.
- 따라서 지구와 우주선은 동등한 관성계가 아니다.
- 그 결과, 우주선에 타고 있던 타우가 더 젊은 상태로 유지된다.

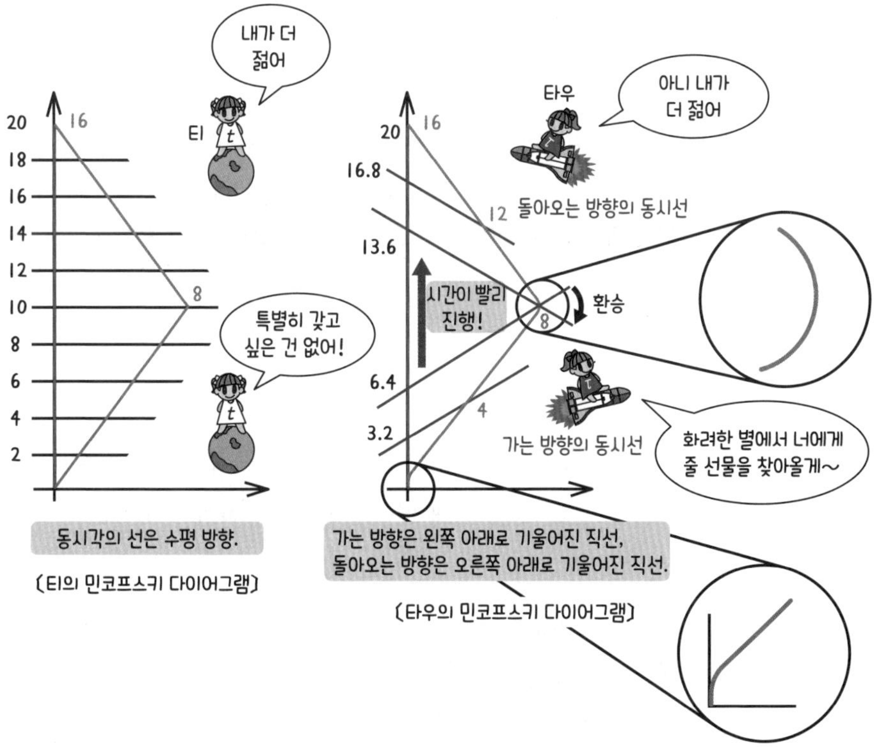

7-8
운동하는 광원에서 오는 빛은 파장이 변한다

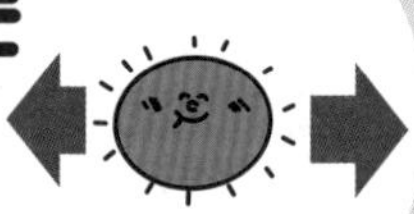

도플러 인자

상대성 이론에서 진공 중의 광속도는 불변량이지만, 빛의 파장(혹은 진동수)은 불변량이 아니다. 따라서 운동하는 광원에서 나오는 빛을 정지한 관측자가 측정하면, 파장이 늘어나거나 줄어들게 된다. 이것이 빛의 도플러 효과이다(131페이지 참조).

도플러 인자

- 빛을 내는 천체(별이나 가스)가, 거의 멈춰 있는 관측자(지구)로부터 멀어지는 운동을 하고 있을 때는 적색 편이(파장이 길어짐)가 일어난다.

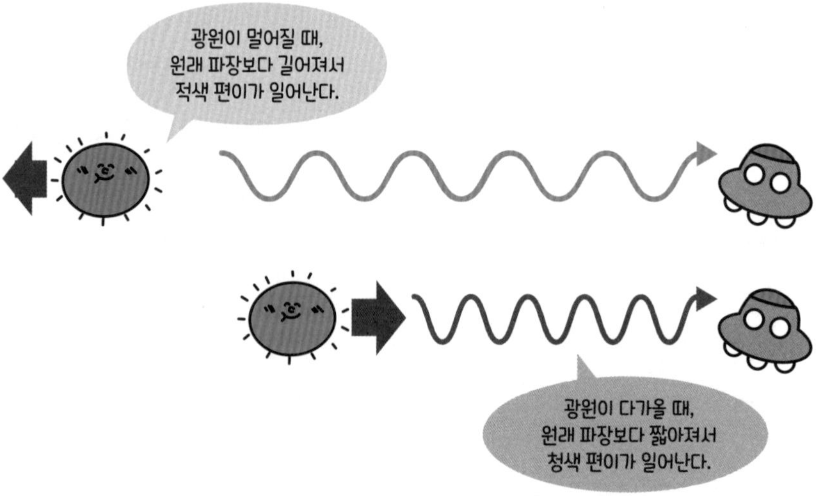

- 반대로 빛을 내는 천체가, 멈춰 있는 관측자(지구)에게 다가오는 운동을 하고 있을 때는, 청색 편이(파장이 짧아짐)가 일어난다.
- 이렇게 광원과 관측자 사이의 상대적인 운동에 의해 관측되는 빛의 파장(진동수)이, 실험실에서 측정되는 것과 달라지는 현상을 빛의 도플러 효과라고 한다.
- 일반적으로 도플러 효과의 정도는 파원(광원)과 관측자 사이의, 상대 속도의 크기와 방향에 의해 달라진다. 여기에서 아래의 도플러 인자 δ가 사용된다.

$$\delta = \frac{1}{\gamma(1-\beta\cos\theta)}$$

δ: 도플러 인자
γ: 로렌츠 인자
β: 속도 $\left(=\frac{v}{c}\right)$
θ: 광이 들어오는 각(도래각)

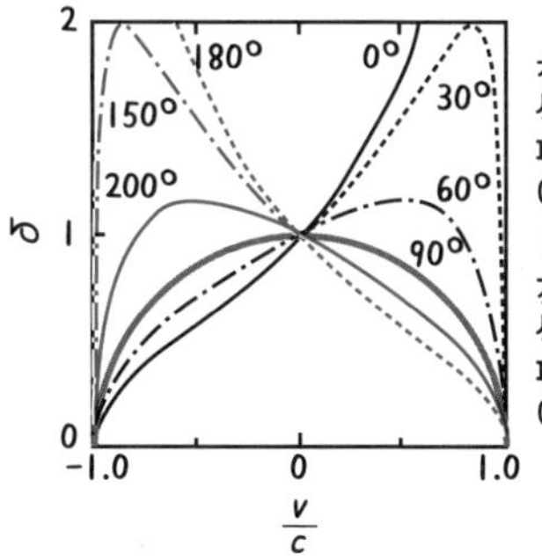

(여러 가지 도래각 θ에 대하여, 속도 v를 바꿨을 때의 도플러 인자)

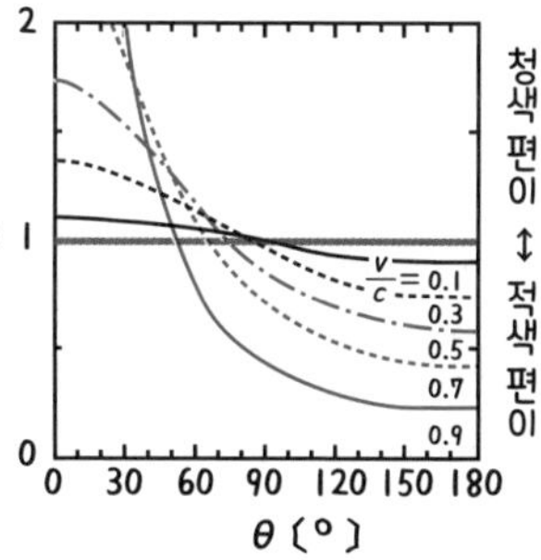

(여러 가지 속도 v에 대하여, 도래각 θ를 바꿨을 때의 도플러 인자)

횡 도플러 효과

- 천체의 속도가 작고, 또한 천체가 바로 옆 방향($\theta = 90°$)으로 보일 때는, 천체에 대한 상대 속도는 없으므로 (비상대론적인) 도플러 효과는 없다 (앞 페이지의 오른쪽 그림에서 $\frac{v}{c} = 0.1$일 때 $\theta = 90°$이고, $\delta = 1$).
- 그러나 천체의 속도가 크면, 관성계가 달라지게 되어 천체가 바로 옆 방향으로 보일 때도 δ은 1보다 작아지고, 진동수는 작아져 적색 편이가 일어난다($\frac{v}{c}$가 크면 $\theta = 90°$일 때도, δ가 1보다 작으며, 위 식에서 $\theta = 90°$일 때도 $\delta = \frac{1}{\gamma}$).
- 이것은 운동계에서의 시간의 팽창을 반영한 것(272페이지 참조)으로, 순수하게 특수 상대론적인 효과이며, 횡 도플러 효과라고 한다.

7-9

운동하는 광원에서 오는 빛은 보이는 방향까지도 바뀐다

광행차

빗속에서 우산을 쓰고 달릴 때 비스듬히 들어오는 빗방울 때문에 옷이 젖었던 경험이 있을 것이다. 광에서도 비슷한 현상이 일어나는데, 이것을 광행차 현상이라고 한다.

광행차

- 아광속(광속에 가까운 속도)으로 날아가는 우주선에서 하늘을 바라봤을 때, 광속도가 무한이라고 하면, 천체(별)가 보이는 위치는 정지해 있을 때와 같은 위치에 있다고 느낄 것이다.
- 그러나 광속도가 매우 빠르다고 하지만 실제로는 유한하기 때문에, 빛이 관측자를 향해 오는 방향과 크기(벡터)는 관측자가 진행하는 방향과 크기(운동 벡터)만큼 어긋나게 되어, 천체가 보이는 위치는 원래의 위치보다 우주선의 운동 방향 앞쪽으로 조금 이동한 것처럼 보이게 된다.

광행차aberration…지구는 태양 주위를 공전하고 있으며, 그 공전 속도는 30 km/s다. 광행차는 대략 30만 km/s인 광속도에 비하면 1만분의 1정도밖에 안 되지만, 그렇다고 무시할 만한 양도 아니다.

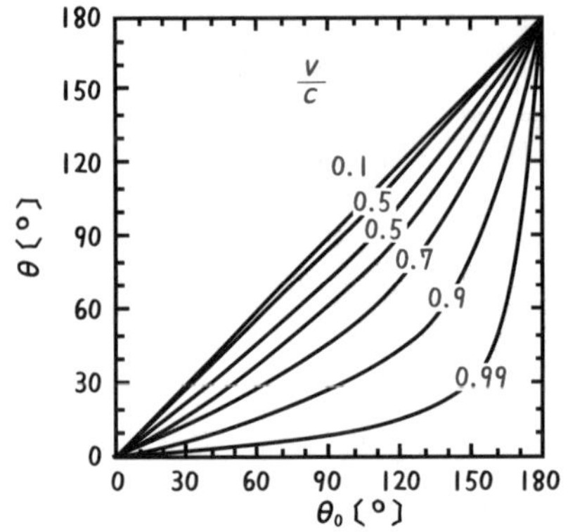

〔여러 가지 속도로 운동하는 관측자가 보는 천체의 처음 위치와 관측되는 위치의 관계〕

광행차가 발생하는 구조

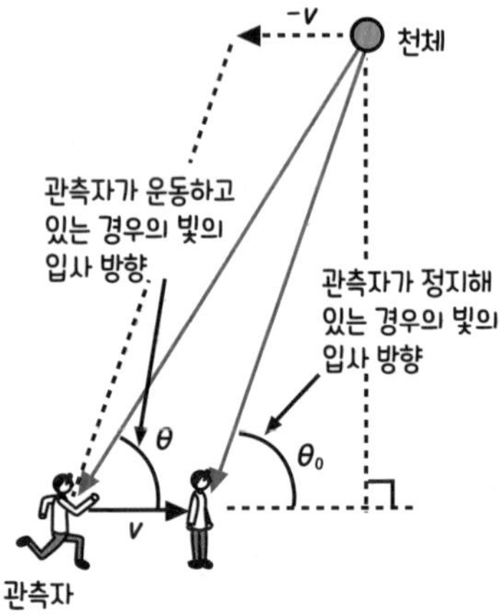

- 이처럼 운동하고 있는 우주선에서 본 천체의 시각적 위치가, 정지해 있을 때의 시각적 위치보다 우주선의 진행 방향 전방으로 이동한 것처럼 보이는 현상을 광행차라고 한다.
- 광행차의 정도는 운동 속도 v와 원래 빛의 입사각 θ에 의존한다.

$$\cos\theta = \frac{\cos\theta_0 + \beta}{1 + \beta\cos\theta}$$

θ : 빛이 관측되는 도래각
θ_0 : 빛의 원래 도래각
β : 속도 $\left(=\frac{v}{c}\right)$

광행차각aberration angle…광행차에 따라 실재 위치와 달라진 차이. 각도로 보면 수십 초 정도의 각이라 매우 작지만 측정은 가능하다.

아광속 우주선에서 본 밤하늘

● 광행차를 이용하면, 아광속 우주선에서 바라본 밤하늘도 그릴 수 있다.

아광속 우주선의 진행 방향 전반구와 후반구의 광행차

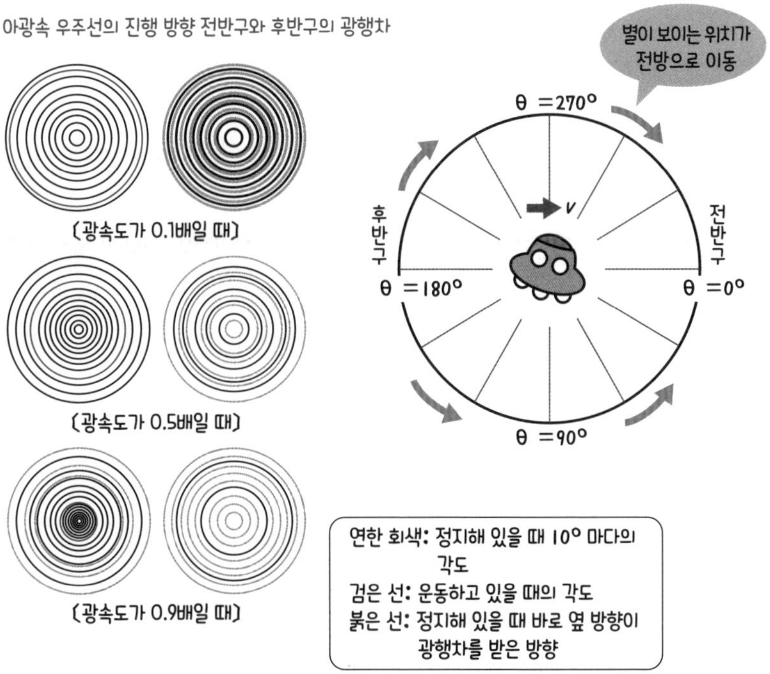

7-10

형태가 없는 에너지와 물질의 등가 교환 $E = mc^2$

아인슈타인의 식

특수 상대성 이론에 의해 시간과 공간은 시공으로 통일되었는데, 통일된 것은 시공만이 아니다. 에너지와 질량도 통합된 것이다. 그것을 표현하는 공식이 아인슈타인의 식이다. 예전에는 이질적인 것이라고 생각되었던, 형태가 없는 에너지와 형태가 있는 물질(질량)은, 다른 것이지만 광속도의 제곱'만큼' 단순하게 비례하는 물리량인 것이다.

이 발견은 지금까지 물리학의 상식을 뒤엎는 일대 혁명이었다. 아인슈타인의 식은 아마도 자연과학의 여러 기본 방정식 중에서 가장 유명할 것이다.

아인슈타인의 식

- 아인슈타인의 식은 질량 m에 광속도 c의 제곱을 곱한 만큼의 에너지 E와 같다는 의미이다.
- 반대로 에너지 E는, 그것을 광속도 c의 제곱으로 나눈 만큼의 질량 m과 같다는 의미이다.

$$E = mc^2$$

E : 에너지
m : 질량
c : 광속도

$$m = \frac{E}{c^2}$$

아인슈타인의 식Einstein's mass-energy formula…'Einstein's mass-energy formula'를 엄밀하게 번역하자면 아인슈타인의 질량 에너지 공식이다.

아인슈타인의 식에서 구체적인 수치로 간단한 계산을 해보자

국제단위계(SI 단위계)에서 시간은 초(s)이고, 길이는 미터(m)이며, 질량은 킬로그램(kg)이고, 에너지는 줄(J)로 측정한다.

광속도는 약 30만 km/s이므로, 아인슈타인의 식에서 1 kg의 질량은, 9경 J (9×10^{16} J)의 에너지와 같다고 계산된다. 이것은 어느 정도의 에너지일까?

몸무게가 60 kg인 사람이 지상 1 m의 높이에서 뛰어내렸을 때의 낙하 에너지는 600 J.

⬇

사람이 1초에 방사하는 (열) 에너지는 대략 100 J 정도

(즉 인간이 하루에 방사하는 에너지는 대략 900만 J 정도).

⬇

일반적인 천둥 번개의 에너지가 100억 J 정도.

⬇

히로시마형 원자폭탄(15킬로톤)의 에너지가 약 60조 J.

⬇

비키니형 수소폭탄(15메가톤)의 에너지가 약 6경 J.

질량 1 kg의 물질은 인류가 낳은 최대의 파괴적 에너지와 같은 크기를 갖고 있다는 것을 알 수 있다.

태양의 에너지원

- 태양은 대부분이 수소 가스(기체)로 만들어진 고온의 거대한 가스 구이다.

  태양의 반경: 약 70만 km

  태양의 질량: 약 2×10^{30} kg

  평균 밀도: 약 1.4 g/cm^3

  표면의 온도: 약 6000 K

  중심의 온도: 약 1400만 K

- 그러나 태양이 만드는 열과 빛을 생성하는 에너지원은 오랜 수수께끼로 여겨졌다. 만일 태양이 수소 연소 등의 화학 반응으로 불타고 있다면, 이론상 7000년 정도면 태양의 질량이 모두 타버리기 때문이다.
- 혹은 태양의 질량 자체에 의한 중력 에너지가 열과 빛의 원천이라고 해도, 3000만 년 정도밖에 유지할 수 없다.

태양의 구조

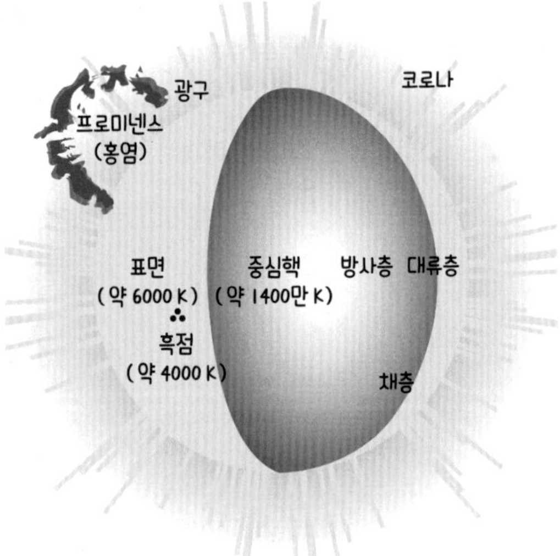

- 아인슈타인의 식에 의해 비로소, 핵융합 에너지가 태양 에너지의 원천이라는 것을 알게 되었다.
- 핵융합 (반응) 이란 양성자나 중성자로 구성된 원자핵들이 합쳐질 때, 큰 에너지를 만들어내는 반응을 말한다.
- 태양의 고온·고압 중심부에서는, 4개의 수소가 1개의 헬륨으로 융합하는 핵융합 반응이 일어나고 있으며, 그때 에너지로 변환되는 약 0.7%의 질량이 태양을 100억 년 정도나 계속 빛나게 할 수 있다.

+ 지식 초광속 입자 '타키온'

상대성 이론에서는 모든 사물의 운동 속도는 광속도를 넘지 않는다고 한다. 하지만 광속도는 어디까지나 약 30만 km/s라는 유한한 값이므로, 광속도를 넘는 입자(초광속 입자)가 존재한다고 해도 이상하지 않다.

사실 초광속 입자는 특수 상대성 이론의 수학적 틀 안에서는 인정될 수 있다. 하지만 만약 초광속 입자가 존재한다면 허수의 질량을 가져야 한다.

이러한 가상적인 초광속 입자에, 1967년 파인버그 Feinberg. G.가 **타키온**tachyon이라는 이름을 붙였다. 어원은 그리스어 '*ταχνσ*(= tachys, 빠르다)'에서 따왔으며, 입자를 나타내는 접미어 'on'을 붙였다.

그러나 초광속 입자가 존재한다면, 과거로 신호를 보내는 일이 가능해지기 때문에 원인과 결과의 관계, 이른바 **인과율**이 깨져버릴 수 있다. 따라서 초광속 입자는 존재하지 않을 것으로 추정된다.

타키온과 달리 결코 운동 속도가 광속도를 넘지 않는 질량을 가진 통상적인 소립자 전반을 **타디온**tardyon이라고 한다. 타디온은 영어의 'tardy(느리다)'와 같은 어원으로 라틴어의 'tardus(느림)'에서 기원했다. 타키온이 명명된 후에 러시아계 미국인 빌라니우크Bilaniuk, O.-M.P.와 인도계 미국인인 시다르샨Sudarshan, E.C.G.이 제안했다.

그리고 광자나 중력자와 같이 진공 속을 항상 광속도로 운동하는 입자 전반을 **룩시온**luxon이라고 한다. 룩시온은 밝기의 단위인 'lux(룩스)'와 어원이 같고 라틴어 'lux(빛)'에서 기원한다. 이 이름도 빌라니우크와 시다르샨이 제안했다.

타키온	$v > c$	타키온
룩시온	$v = c$	광자, 중력자
타지온	$v < c$	양자, 중성자, 전자, 그 외의 물질 입자

+ 지식 아광속 우주선에서 바라본 우주

영화나 게임에서는, 우주선의 속도가 빨라지고 광속도에 가까워지면 멈춰 있던 별들이 빛의 뒤쪽으로 흘러가 결국에는 빛 속으로 사라지는 연출이 자주 이뤄진다. 과연 물리적으로 맞는 걸까?

아니라는 게 결론이다. 우주선의 속도가 아광속이 되면 천구상의 별은 광행차 때문에 우주선 진행 방향으로 이동하고, 더욱이 도플러 편이 때문에 스펙트럼이 변하게 된다. 따라서 우주선에서 보이는 별들의 모습은 오히려 앞쪽으로 집중될 것이다.

다음 페이지 그림에 나타낸 밤하늘은 오리온자리를 중심으로 한 우주선의 전방 180° 시야이다. 좌측 위는 우주선이 정지해 있을 때로, 시야 중심에 오리온자리의 별 3개가 있고 그 주위에 밝은 별들이 흩어져 있다.

다른 그림은 우주선의 속도를 광속도의 50%, 90%, 99%로 차츰 높였을 때의 우주선 앞쪽의 방향을 나타낸 것이다. 큰 별을 기준으로 하여 각 별의 위치 변화를 살펴보자. 우주선의 속도가 커짐에 따라 광행차에 의해 별이 보이는 위치가 점점 그림의 중심으로 이동하는 것을 알 수 있다. 또 도플러 편이로 인해 별들의 색깔도 변하고 있다(이 책에서는 표현이 안 되지만). 별의 모습 전체로 보면, 속도가 클 경우에는 색의 링, 즉 **스타보우**starbow(별무지개)가 보인다.

맑고 어두운 밤에 육안(가시광선)으로 보는 하늘(우주)은 빛을 내는 별들로 가득 차 있지만, 실제로 우주에는 빛을 내는 별들 외에도 중성가스 구름, 전리수소 구름, 분자구름 등의 성간 구름, 초신성 잔해, 원시별, 펄서, 적외선원, X선별, 활동 은하, 배경복사 등 실로 다양한 천체가 있다. 도플러 편이에 의해 파장이 변하면서 전파나 X선만을 방출하기 때문에 육안으로는 볼 수 없던 천체까지 스타보우(별무지개)에 영향을 받게 된다.

그렇다면 아광속으로 항해하는 우주선의 앞쪽에서 보이는 밤하늘은 아마도 다양한 천체가 구성하는 형형색색의 패치워크를 배경으로 여러 가지 색으로 빛나는 보석, 즉 도플러 편이된 별들을 박아 넣은 만화경과 같은 환상적인 풍경이 되지 않을까?

실제 별의 데이터를 이용하여 만들어본 스타보우

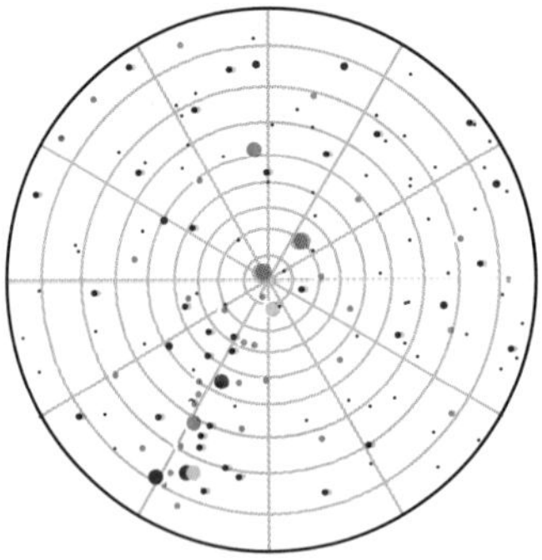

〔정지 상태〕

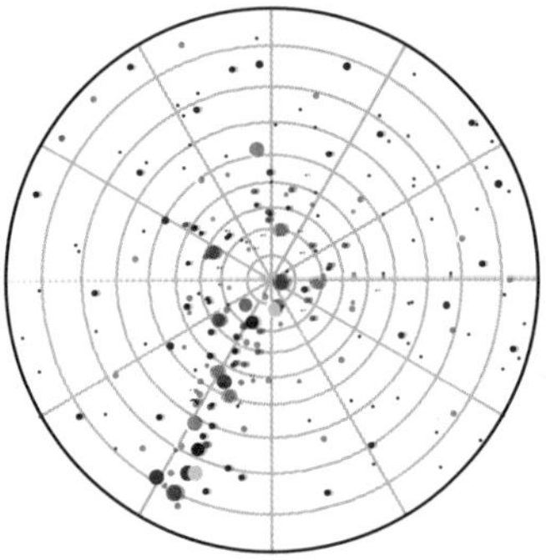

〔광속도의 50%일 때 풍경〕

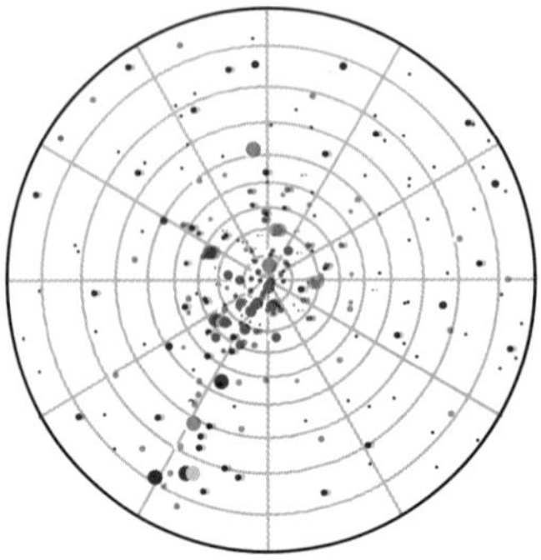

〔광속도의 90%일 때 풍경〕

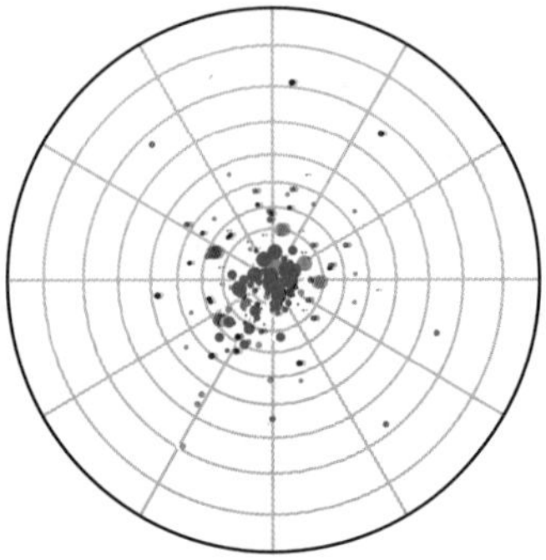

〔광속도의 99%일 때 풍경〕

8장

일반 상대성 이론

8-1

낙하 중에는 자신의 무게를 느끼지 못한다

등가 원리

뉴턴의 만유인력의 법칙에서는 공간 내 물체에 작용하는 중력에 대해 설명했다. 그러나 왜 중력이 작용하는지는 언급하지 않았다.
특수 상대성 이론에서 제안한 물질의 용기인 4차원 시공에, 중력의 원천인 물질을 첨가하여 시공의 기하학으로 다시 파악해 서술한 중력 이론이 아인슈타인이 1915년부터 1916년에 걸쳐 완성한 일반 상대성 이론(일반 상대론)이다.
이에 따르면 광속도에 접근하지 않아도 중력이 강해지면 시간과 공간은 견고하지도 절대적이지 않게 되고, 뒤틀림이 생겨 각각이 관측자에 따라 변화하는 물리량이 된다.

일반 상대성 이론의 두 기둥

시공의 기하학

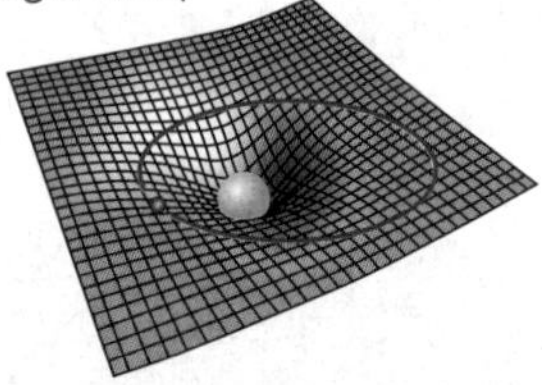

특수 상대성 이론에서 제안한 물질의 용기인 4차원 시공에, 중력의 원천인 물질을 추가한다.

- 1915년 아인슈타인은 시공의 기하학이라는 형태로 중력장에 대한 새로운 이론을 완성했다.
- 이것은 뉴턴의 만유인력의 법칙을 확장한 것으로, 오늘날 **일반 상대성 이론**(일반 상대론)이라고 불리는 중력 이론이다.
- 특수 상대성 이론에는 광속도는 일정하다는 광속도 불변의 원리와, 어느 관성계에서도 같은 물리 법칙에 따른다는 특수 상대성 원리라는 2

개의 기둥이 있다.

- 일반 상대성 이론에도 마찬가지로 2개의 원리가 있다.

> ❶ 중력과 가속력은 같은 것이다(등가 원리).
>
> ❷ 중력장 안에 있는 사람에게도, 가속 운동을 하고 있는 사람에게도, 자연 법칙은 똑같이 성립된다(일반 상대성 원리).

아인슈타인의 엘리베이터

- 그러면 **아인슈타인의 엘리베이터**라고 불리는 사고력 실험을 해보자.

나는 잡힌 몸이다. 벌써 복역한 지 20년. 여기에는 창문이 없으니 외부(바깥세상)에 대해서는 도무지 알 수가 없다. 내가 여기에 살고 있다는 것밖에 모른다.

어느 날, 동료 죄수로부터 '이 감옥은 지구에서 어느 별을 향해 움직이고 있다'는 아주 이상한 말을 듣게 되었다. 이미 지구를 떠나, 몇 년 후에 지구에서 멀리 떨어진 행성에 도착하여 거기서 우리는 죽을 때까지 시키는 일을 해야 하는 운명이라고…….

터무니없는 이야기다! 우주를 여행하고 있다면, 우리뿐 아니라 간수들까지도 가속했을 때의 반동으로 이 더러운 감옥 바닥에 내동댕이쳐져야 할 것 아닌가!

아! 잠깐만…… 우리는 확실히 바닥에 내동댕이, 라고 할까, 공간에 작용하는 보이지 않는 힘으로 바닥에 붙어 있다. 그러니까 아무리 점프를 해도 바닥으로 돌아오게 되는 것이다.

아니, 아니야. 정신 차려! 이건 중력이라는 거야. 감옥에 처박히기 전의 일은 많이 잊어버렸지만, 이 감옥에 들어오기 전부터 나는 땅에 붙어 있었을 테니까. 이건 중력이야. 앞으로 10년이면 복역이 끝나는데, 그때까지 정신을 차리지 않으면……

하지만 만일 간수들이 우리를 속이려고 중력과 똑같은 힘(1 G)으로 감옥을 가속해왔다면 어떨까? 역시 지금과 마찬가지로 진행 방향 뒤쪽에서 미는 무게(아래로 향하는 힘)를 느낄 텐데……

뭐지? 중력이 작용하고 있는 것인지, 감옥이 가속화하고 있는 것인지, 어느 쪽인지를 판단할 방법은 없는 건가…… 무게에 대한 감각만으로는 구별할 수가 없잖아!

- 엘리베이터를 실은 우주선이 우주 공간에서 정지하고 있어서, 무게를 느끼지 못하는 무중력 상태(자유 낙하 상태)가 되어 있을 때와, 지구상에서 엘리베이터를 매달고 있는 와이어가 끊어져 자유 낙하 상태가 되었을 때, 이 두 경우는 무게를 느끼지 못하는 자유 낙하의 감각만으로는 구별할 수 없다.
- 천체의 중력에 의해서 생기는 힘과 가속에 의해서 생기는 힘을 (감각적으로, 혹은 정확한 측정에 의해서) 구별할 수 없다면, 그것을 똑같은 것(등가)이라고 간주하는 것이 **등가 원리**이다.

정지 질량은 불변량

- 특수 상대성 이론과 같이 일반 상대성 이론에서도 광속도는 불변량이다.
- 게다가 일반 상대성 이론에서는 정지계에서 측정한 질량(**정지 질량**)도 불변량이다.

진짜 힘과 겉으로 보이는 힘

- 중력은 중력이 작용하는 공간 영역인 **중력장** 안에 존재하는, 모든 물체가 느끼는 힘으로 **진짜 힘**이다.
- 그에 비해 원심력은 회전 운동을 하는 물체, **가속력**은 가속하고 있는 물체만이 느끼는 힘으로 **겉으로 보이는 힘**(겉보기 힘)이다. 이 겉으로 보이는 힘을 **관성력**이라고도 한다.
- 등가 원리는 진짜 힘과 관성력을 등가로 간주하는 개념이기도 하다.

관성 질량과 중력 질량

- 질량이 m인 물체를 가속도 a로 움직이기 위한 힘(관성력)은, 뉴턴 운동의 제2법칙에 따라 ma이다.
- 한편 질량이 m인 물체가 중력 가속도 g을 받았을 때의 힘(중력)은 mg이다.
- 여기서 관성력 쪽의 질량은 **관성 질량**, 중력 쪽의 질량은 **중력 질량**이라고 구별한다.

- 그 이유는 관성 질량과 중력 질량이 같다는 보장이 없기 때문이다(아무도 보증할 수 없다). 정밀한 측정으로도 차이는 발견할 수 없다.
- 등가 원리에서는 관성 질량과 중력 질량을 완전히 같은 것으로 간주하고 있다.

등가 원리의 국소성

- 관성 질량과 중력 질량이 완전히 똑같다면 그 차이를 측정할 수 없겠지만, 사실 물체의 크기를 고려한다면 중력과 가속력에서 차이가 발생할 수 있다.
- 엘리베이터 안에 갇혀 있을 때, 엘리베이터가 우주 공간에서 정지하고 있는지, 아니면 지구의 중력에 의해 자유 낙하하고 있는지를 구별할 수 없다고 했다. 물론 자유 낙하하고 있는 엘리베이터 안에 있는 사람은 각각 자유 낙하하므로 등가 원리로 보면 우주에 있는지 자유 낙하하고 있는지 모를 것이다.
- 그러나 자유 낙하는 천체의 중심 방향을 향해 일어나기 때문에 엘리베이터 안에 두 사람이 있다고 하면, 처음에는 두 사람 사이에 아무 힘도 느끼지 못하는데 어느새 지구 중심으로 향하는 중력장의 영향으로 서로에게 아주 조금씩 다가가고 있다는 것을 알게 될 것이다. 반면 정말 중력장이 없는 우주 공간에서는 이런 일이 일어나지 않는다.
- 등가 원리가 성립되는 것은 어디까지나 질량이 물체의 무게중심이라는 한 점에만 있다고 가정하기 때문이다. 이것을 **등가 원리의 국소성**이라고 한다.

8-2

느끼지 못하는 계와 느끼는 계

비관성계와 고유 시간

'외부로부터 힘이 작용하지 않고 등속 직선 운동을 하는 상태'가 관성계이다. 반면 중력이나 로켓 분사의 반작용(가속력), 또는 회전에 따른 원심력 등 '외부로부터의 힘이 작용하고 있어서, 그 힘을 느끼고 있는 상태'가 비관성계이다. 관성계처럼 비관성계도 각각 고유 시간을 갖는다.

비관성계

- 관성계가 아닌 것은 모두 **비관성계**로 볼 수 있다.
- 예를 들어 가속을 시작한 전철, 올라가기 시작한 엘리베이터, 놀이동산의 회전목마 등은 모두 각각 비관성계이다. 지상에서 중력을 느끼는 사람도 모두 비관성 계열이다. 무수히 많은 관성계가 있지만 비관성계도 무수히 많다.
- 여기에서 주의할 것은, 중력장 안에서 '정지해 있는' 계는 힘을 느끼고 있으므로 비관성계이며, 자유 낙하하며 '운동을 하고 있는' 계는 힘을 느끼지 않기 때문에 관성계라는 것이다.
- 또한 가속하는 동안에는 비관성계이지만 일정한 속도가 되면 관성계가 되므로, 동일한 물체라도 관성계와 비관성계가 서로 바뀌는 경우도 있다.

- 중력을 다루는 **일반 상대성 이론**은, 다시 말해 관성계밖에 다루지 못했던 특수 상대성 이론을 비관성계까지 다룰 수 있도록 확장한 것이라고 할 수 있다. 이 일반 상대성 이론에서는 관성계뿐만 아니라, 어떠한 비관성계에서도 물리 법칙이 동일하게 성립한다는 결론을 포함한다.

비관성계의 고유 시간

- 관성계와 마찬가지로 어떤 비관성계에서도 물리 법칙이 동일하게 성립하기 때문에, 무수히 존재하는 비관성계는 각각의 시간을 가지고 있다.
- 즉, **시간**은 계(시스템)의 물리적 실재이며, 관측자 개개인의 속성인 것이다. 그리고 관측자의 운동 상태나 중력장의 세기 등에 따라 '변화하는' 물리량인 것이다.
- 비관성계에서 이 관측자 개개인의 시간을 **고유 시간**이라고 부른다. 고유 시간은 τ(타우)로 나타낸다.
- 중력장 안의 다양한 장소에서는 다양한 고유 시간이 존재하게 된다. 따라서 고유 시간끼리 비교하기가 어려울 경우 중력장에서 무한히 떨어져, 중력장의 영향이 전혀 없는 장소에 정지해 있는 관측자의 고유 시간을 기준으로 할 수 있다. 이런 시간을 무한원점의 **좌표 시간**(t로 나타낸다)이라고 부른다.

고유 시간
지구의 중력을
받고 있어.
나만의 시간이야.
지구상의 모든 것은 자신만의 시간 속에 있어.

중력장에서 무한히
떨어진 곳에 있어.
좌표 시간

비관성계의 예

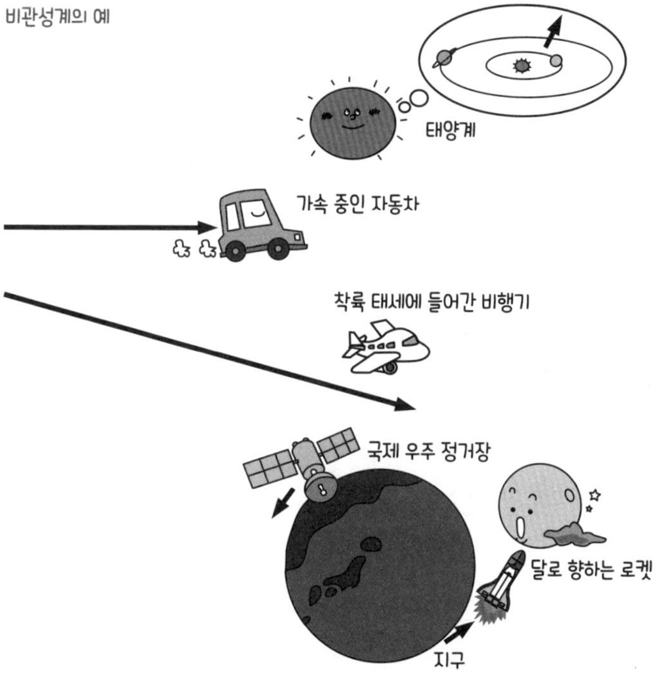
태양계
가속 중인 자동차
착륙 태세에 들어간 비행기
국제 우주 정거장
달로 향하는 로켓
지구

8-3

중력장에서도 시간이 지연된다

시간 지연과 지연 함수

"괜찮겠니? 여기서는 열심히 달려야 해, 같은 장소에 계속 머무르기 위해서는 말이야. 만약 다른 곳으로 가고 싶다면, 그 2배의 속도로 달려야 해."
(루이스 캐럴 작, 와키 아키코 역,『이상한 나라의 앨리스』, 이와나미 서점(2000)에서 인용)

『이상한 나라의 앨리스』에 등장하는 붉은 여왕Red Queen의 대사이다. 비관성계에서도 상대성 이론에 특징적인 '시간의 지연'이 발생한다. 게다가 중력이 작용하면 멈추어 있음에도 불구하고 시간의 지연이 발생한다.
움직이지 않고 중력장 안에 정지해 있을 뿐인데, 시간이 늦어지는 게 이상하다는 생각이 들지도 모른다. 하지만 등가 원리를 이해한다면, 이 또한 자연스럽게 나오는 결론이다.

붉은 여왕은 계속 달린다

- 우주 공간에서 가속하고 있는 로켓처럼 가속하는 계를 생각해보자.

체셔 고양이:

"가속하는 계(가속계)도, 일정한 속도가 아닐 뿐이지 같은 운동계야. 그러니까 역시 정지계에서 관측하면 시간이 늦어지는 것처럼 보이지. 차이는 시간이 지연되는 방식이 일정한 속도로 운동하는 계만큼 단순하지 않다는 것뿐이야."

붉은 여왕: 

"그렇군. 등가 원리에 따르면, 가속계에서 시간이 늦어지면, 중력장에서도 시간이 늦어진다(차이를 구별할 수 없다)는 것이네."

체셔 고양이: "물론 중력이 영향을 미치는 천체 주변에 한해 가속(힘)을 느끼지 못하는 관성계에서, 천체의 중심을 향해 자유 낙하하고 있는 계라는 것이 전제이지만."

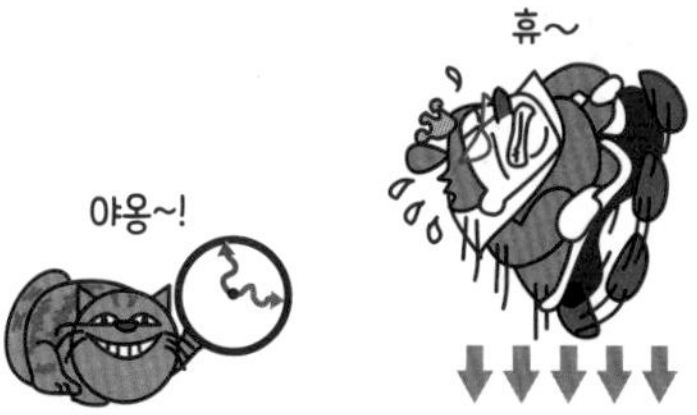

붉은 여왕: "그렇다는 건 천체 근처에서 계속 정지하고 중력을 느끼고 있는 계(또 다른 나)는 위쪽을 향해 열심히 가속하고 있는 상태와 등가라는 건가?"

(이렇게 붉은 여왕은 중력장 내에서 정지한 것처럼 보이는데도 불구하고, 그 장소의 시공 그 자체와 함께 계속 달리지 않으면 안 되는 것이다……)

체셔 고양이: "중력이 강해지면, 그만큼 계속 정지해 있기 위해 더 빨리 달려야 하지."

붉은 여왕: "그만큼 시간 지연의 비율이 커지게(더 빨리 달리지 않으면 안 되게) 되는 게 아닐까?"

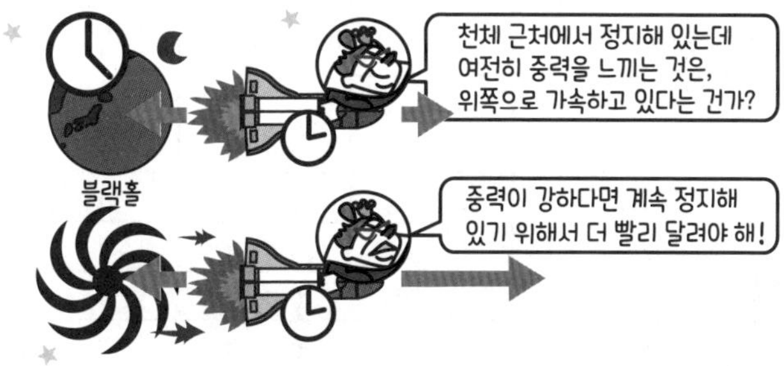

지연 함수

- 중력장 내에서는 무한원점의 좌표 시간 t와, 중력을 느끼는 비관성계 고유 시간 τ와의 비율의 역수를 지연 함수라고 부르고 L로 나타낸다.
- 중력의 중심에 가까워질수록 지연 함수는 작아진다.
- 블랙홀(338페이지 참조) 표면에서 지연 함수는 0이 되고, 시간은 동결된다(시간의 동결).

$$\tau = Lt$$

t: 좌표 시간
L: 지연 함수
τ: 고유 시간

$$L = \sqrt{1 - \frac{r_S}{r}}$$

r: 중심으로부터의 거리
r_S: 슈바르츠실트 반경

시간의 동결

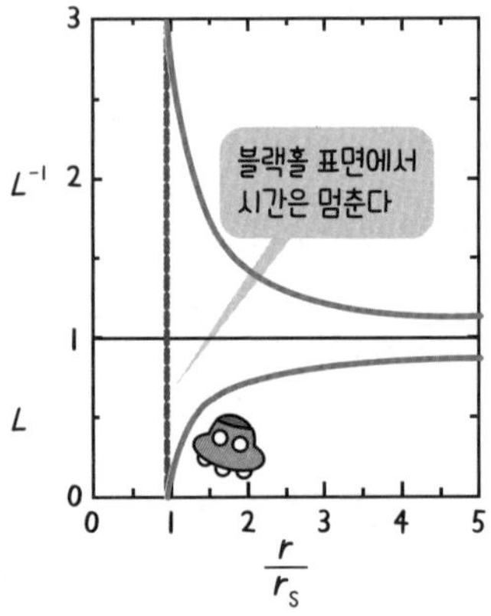

블랙홀로부터의 거리와 지연 함수

거리 r※	지연 함수 L	고유 시간 τ(s)	지구 시간 t(s)
∞	1.0000	1	1.000
100	0.9950	1	1.005
10	0.9487	1	1.054
5	0.8944	1	1.118
4	0.8660	1	1.155
3	0.8165	1	1.225
2	0.7071	1	1.414
1.5	0.5773	1	1.732
1.1	0.3015	1	3.317
1.01	0.0995	1	10.050
1.001	0.0316	1	31.640
1.0001	0.0100	1	100.010
1.00001	0.0032	1	316.230
1.000001	0.0010	1	1000.000

※ 거리는 슈바르츠실트 반경을 단위로 한 것

HELLO I AM...

맥스웰

James Clerk Maxwell, 1831~1879

두 얼굴을 가진 '빛'의 한쪽 얼굴을 간파한 남자

빛에는 파동과 입자라는 양면성이 존재한다. 맥스웰 방정식에서 알게 된 것은 빛은 파동으로서 전자기파라는 사실이었다. 맥스웰은 두 얼굴의 '야누스'가 아닌 두 얼굴의 '빛'의 한쪽 얼굴을 간파했다고 할 수 있겠다.

맥스웰은 자타공인 19세기의 가장 위대한 이론 물리학자이다. 맥스웰이 전자기학 연구를 시작한 것은 20대 중반인 1850년대부터인데, 일찍이 1861년경에 장의 개념을 이용한 이론 모델로 발전시켜, 마침내 1864년 맥스웰 방정식으로 전자기학을 통합, 확립했다. 또 같은 시기에 맥스웰은 기체 분자 운동론 연구도 하면서, 기체 분자 집합에 통계적인 기법을 적용하여 이른바 맥스웰-볼츠만 분포라고 불리는 식을 도출하였다. 이는 통계 물리학에서 매우 중요한 기본 방정식이다. 이처럼 맥스웰은 특히 전자기학과 기체 분자 운동론에서 큰 업적을 이루었지만, 그 외에도 다양한 업적을 남겼다. 예를 들어, 1861년에는 빛의 3원색으로 모든 빛의 색이 표현되는 구조를 설명해 보였다.

맥스웰은 영국 스코틀랜드에서 태어나 16세에 에든버러 대학교에 입학했고, 1850년에는 케임브리지 대학교에 진학했다. 그러나 좋아하고 따르던 아버지가 돌아가시자 스코틀랜드의 본가로 돌아가 시골에서 생활하며 연구를 계속했다. 그러다 주위의 설득으로 1871년 케임브리지 대학교로 다시 돌아와, 새롭게 설립된 케번디시 연구소의 초대 소장으로 취임하게 되었다. 케번디시 연구소는 톰슨, 러더포드, 클릭, 왓슨 등 다양한 분야에서 위대한 업적을 이룬 연구자들을 많이 배출한 곳으로 유명하다. 케번디시 연구소를 특색 있는 연구소로 만든 맥스웰은 암 투병을 하다가 48세의 젊은 나이로 사망하였다.

8-4

내비게이션은 일반 상대성 이론적?

시간 지연의 실증

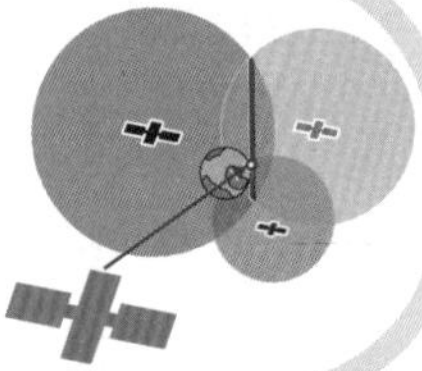

블랙홀에 비하면 지구 중력장은 매우 약한 것이지만, 지구 중력장에서도 시간 지연은 존재한다. 지구 근처에서도 매우 높은 정밀도(약 0.02%)로 일반 상대론적인 시간의 지연이 존재함을 검증할 수 있다. 따라서 내비게이션(내비게이션 시스템)은 중력장 내 시간 지연 효과를 고려하지 않으면 제대로 작동하지 않을 수도 있을 것이다.

자동차 내비게이션은 어떻게 위치를 알 수 있을까?

● 자동차 내비게이션은, 지구 궤도를 돌고 있는 GNSS 위성이라고 불리

도쿄 부근에서 관측한 일본의 GNSS 위성 '미치비키'의 움직임

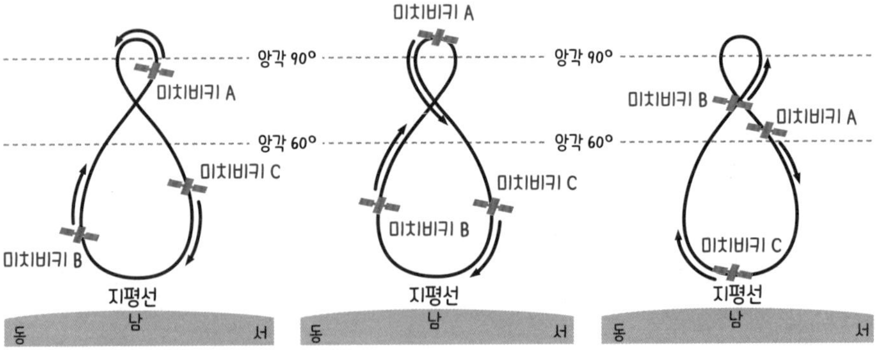

앙각elevation angle…수평면에서 위에 있는 사물을 보는 시선과 수평면이 이루는 각.

는 여러 개의 인공위성으로 구성된 시스템에서, 전파 신호를 받아 위치를 파악한다.

- 각 GNSS 위성에서는 위성 궤도 정보와 탑재된 원자시계의 시각 데이터를 포함한 신호가 발신된다. 따라서 전파의 발신 시각과 수신 시각의 차이에 광속도를 곱하면, GNSS 수신기에서 GNSS 위성까지의 거리를 산출할 수 있는 것이다.

위치 결정의 구조

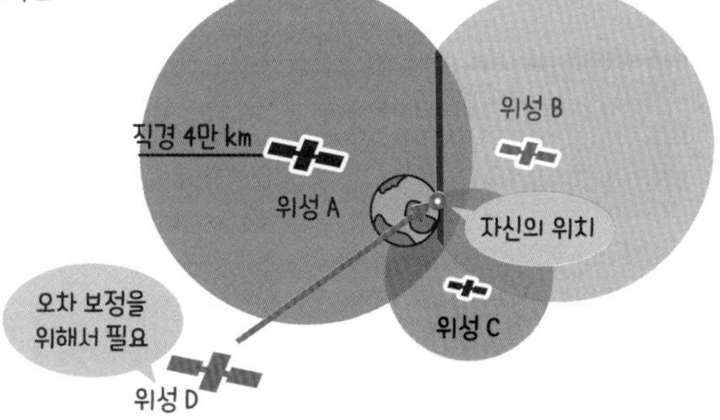

위치 결정에는 시계(시간)의 차이도 미지수로서, 합계 4개의 GNSS 위성이 필요.

- 미지수가 3개(위도, 경도, 높이)이기 때문에, 이론상으로는 3기 이상의 GNSS 위성으로부터 신호를 수신한다면 GNSS 수신기가 있는 위치를 추정(측위 계산)할 수 있을 것이다.
- 이론상으로는 이것으로 충분하지만, 분명히 오차가 발생할 수 있다. 그 이유 때문에 **상대론적 보정**이 필요하다.

GNSSGlobal Navigation Satellite System(전지구 측위 위성 시스템)…잘 알려진 미국의 GPSGlobal Positioning System(전지구 측위 시스템) 외에, EU의 Galileo, 일본의 미치비키Quasi-Zenith Satelite System(QZSS, 준천정 위성 시스템) 등의 위성 측위 시스템의 총칭.

자동차 내비게이션에는 상대론적 보정이 필요

- GNSS 위성은 지구 상공 2만 km 이상의 고도에서 고속으로 운동하고 있으므로, 그 시계는 특수 상대성 이론적인 효과에 의해, 지상에 있는 GNSS 수신기의 시계보다 느리게(시간 지연) 간다.
- 동시에 지상보다 중력장이 약하기 때문에, 일반 상대성 이론적인 효과로 인해 지상에 있는 GNSS 수신기 시계보다 빠르게 간다. 이러한 두 효과가 상쇄된 결과, GNSS 위성의 시계는 지상에 있는 GNSS 수신기의 시계보다 약간 빠르게 간다.
- 이 상대론적 효과에 따른 오차를 보정(상대론적 보정)하기 위하여 GNSS 위성의 시계는 1초당 0.445 ns(나노초)만큼, 즉 하루에 38 μs(마이크로초)만큼 느리게 가도록 조정되어 있다. 또 전파(신호)가 대기(특히 전리층, 대류권의 대기)를 통과할 때 발생하는 오차의 영향도 있을 수 있다.
- 따라서 내비게이션에는 GNSS 수신기-GNSS 위성 간 시간의 오차가 있다. 시간의 오차도 미지수이므로 총 4기 이상의 GNSS 위성으로부터의 신호를 수신함으로써, GNSS 수신기(자신의 위치)의 위치와 함께 시간의 오차도 고려하여 추정하고 있다.

8-5

반드시 직선이어야 하나요?

비유클리드 공간

만유인력의 법칙에서 중력은, 두 질점 간의 먼 거리에 작용하는 힘(원격력)이라고 표현한다. 반면 일반 상대성 이론에서 중력의 작용은 공간의 기하학으로 대체하여 생각할 수 있다. 즉 질량이 존재하면 주변의 시공이 뒤틀리고, 그 뒤틀림이 광속도로 먼 곳까지 전달되면서 멀리 떨어진 곳에 있는 다른 질량이 영향을 받는다고 생각하는 것이다. 다시 말해 일반 상대성 이론에서 중력은, 광속도로 전달되는 가까운 거리에서 작용하는 힘(근접력)이라고 볼 수 있다.

그럼 구부러진 공간이라는 것은 대체 무엇일까?

유클리드 공간

- 기원전 고대 그리스의 수학자 유클리드Euclid가 『원론』이라는 책에 정리한 내용을 바탕으로 한, 기하학에 기초한 공간(유클리드 공간)에서는, 평면에 대하여 다음과 같이 정의하고 있다.
  - 직선(선분)이란 공간 내의 2개의 점을 연결한 것으로, 직선이라는 말 그대로 곧은 선이다.
  - 삼각형은 3개의 다른 점을 직선으로 연결한 도형으로, 평면 내의 삼각형에서는 내각의 합은 180°이다.

대원great circle … 구의 중심을 지나는 평면과 구면의 교선.

· 원은 어떤 점으로부터 동일한 거리에 있는 점을 연결하여 생기는 도형이며, 평면 내의 원에서 원주 길이는 반지름의 2배(직경)에 원주율을 곱한 것이 된다.

리만 공간과 로바쳅스키 공간

- 유클리드 공간이 아닌 것을 **비유클리드 공간**이라고 한다. 비유클리드 공간에는 **리만 공간**과 **로바쳅스키 공간**이 있다.
- 비유클리드 공간의 대표적인 것은 구면이며 구면과 같이 구부러진 공간에서는 원래 평면상의 직선과 같은 곧은 선은 그릴 수 없다. 그래서 2개의 점을 연결하는 최단 거리의 길을 직선으로 다시 정의하게 되었다. 그러면 구면상에서의 직선은 대원great circle이 된다.
- 여기서 삼각형 정의의 앞부분은 바꿀 필요가 없다. 최단 거리의 길을 직선으로 정의한다면, 휘어진 공간의 삼각형도 다른 세 점을 '직선'으로 연결한 것은 도형으로 정의할 수 있다. 그러나 구면상의 삼각형의 경우, 내각의 합은 180°보다 커지게 된다.
- 마찬가지로 구면상의 원은, 어떤 점을 중심으로 그 점에서 같은 거리에 있는 점을 연결한 도형이라고 정의할 수 있다. 이때 원의 반지름은 중심에서 원주까지의 대원의 길이로 한다. 그리고 구면상의 원에서는, 원주 길이는 반지름의 2배에 원주율을 곱한 것보다 작아진다.

리만 공간 Riemannian space … 영국 수학자 리만 Riemann, G. F. B.이 연구하였다. 리만은 상대성 이론을 비롯한 이론 물리학에서 중요한 미분 기하학의 발전에 큰 업적을 세웠다.

소년들이 그저 쉬지 않고 철로를 따라 걷기로 했다. 당신도 여기에 참여했다고 가정해보자.

지금 발밑에 있는 2개의 레일은, 사람이 그 사이를 걸을 수 있을 정도로 충분한 간격으로 떨어져 있다. 하지만 무더운 여름 아지랑이가 피어나는 날, 끝없이 쭉 뻗는 레일을 바라보면 이 레일은 점점 가까워지고 있는 것처럼 보일 것이며 결국은 아득히 저 먼 곳에서 서로 만나는 것처럼 보일 것이다.

〔지상에서 본 선로〕

그러나 만약 선로의 두 레일이 평행하지 않다면, 그 위를 달리는 열차는 탈선해버릴 것이다. 또, 학교에서 평행한 두 직선은 만날 수 없다고 배웠을 것이다. 이것은 유클리드의 『원론』의 정의에 근거하고 있다.

물론 헬리콥터를 타고 상공에서 선로를 내려다볼 수 있다면, 2개의 레일이 서로 평행하게 이어져 있는 것을 눈으로 확인할 수 있다.

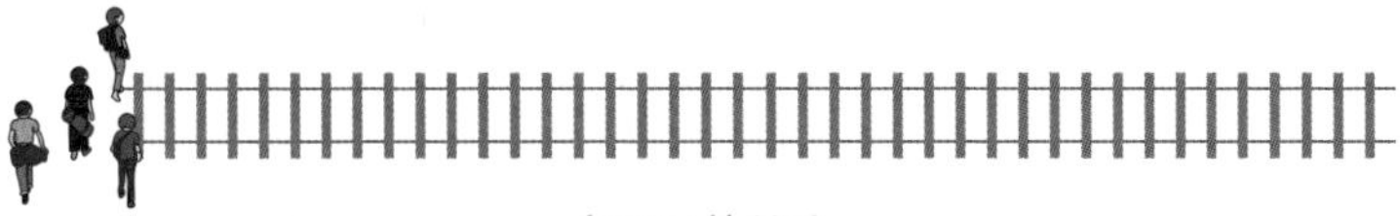

〔위에서 본 선로〕

즉, 평행이라는 개념은 무엇을, 어디서, 어떻게 보느냐에 따라 달라진다는 것을 알 수 있지만, 반드시 유클리드 『원론』의 정의만이 평행에 대한 개념의 전부는 아니다.

수학이 급속하게 발전한 19세기 이후, 유클리드의 『원론』에 얽매이지 않는 수학 이론이 많이 생겨나게 되었다.

- 구면과 같은 성질을 가진 구부러진 공간을 **리만 공간**이라고 한다.
- 그리고 위와 같은 구면의 예시에서 삼각형의 내각의 합은 180°보다 커지지만, 곡면의 굴곡 모양에 따라서 내각의 합이 180°보다 작아지는 곡면도 존재한다. 이러한 비유클리드 공간을 **로바첸스키 공간**이라고 한다.

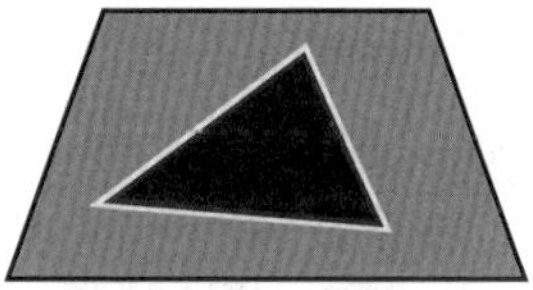

(내각의 합) = 180°

〔유클리드 공간〕

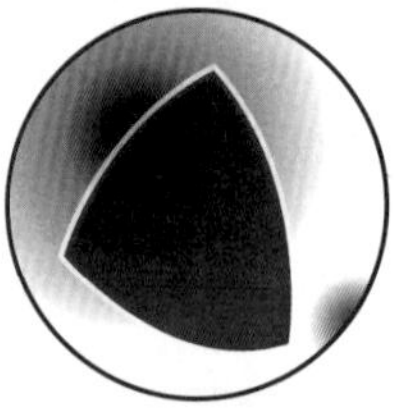

(내각의 합) > 180°

〔리만 공간〕

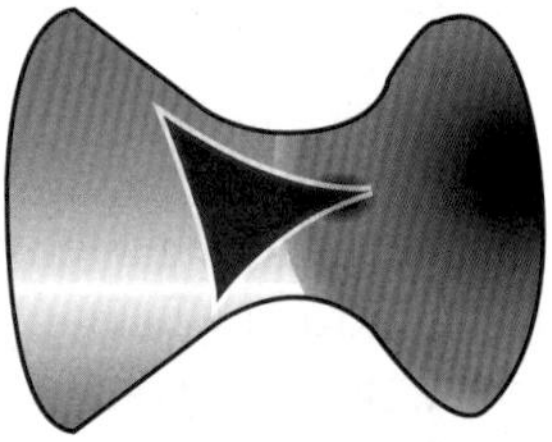

(내각의 합) < 180°

〔로바첸스키 공간〕

> 로바첸스키 공간 Lobachevskian space … 러시아 수학자 로바첸스키Lobachevsky, N.I.가 연구하였으며, 헝가리의 수학자 야노쉬János, B.도 독립적으로 연구하였기 때문에, 가끔 **보여이-로바첸스키 공간** Bolyai-Lobachevskian space이라고도 불린다.

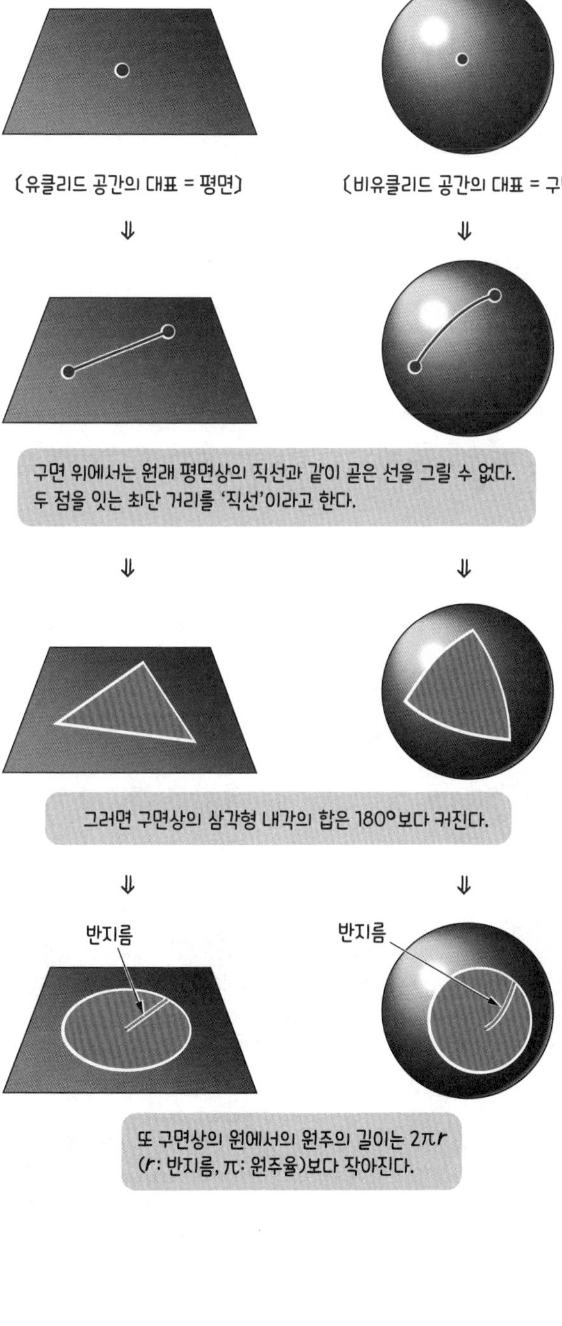
〔유클리드 공간의 대표 = 평면〕
〔비유클리드 공간의 대표 = 구면〕
⇓
⇓
구면 위에서는 원래 평면상의 직선과 같이 곧은 선을 그릴 수 없다.
두 점을 잇는 최단 거리를 '직선'이라고 한다.
⇓
⇓
그러면 구면상의 삼각형 내각의 합은 180°보다 커진다.
⇓
⇓
반지름
반지름
또 구면상의 원에서의 원주의 길이는 2πr
(r: 반지름, π: 원주율)보다 작아진다.

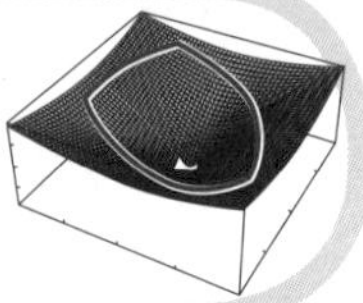

8-6

광선이 휘어지는 불가사의
임베디드Embedded 다이어그램

일반 상대성 이론에 따르면, 중력장이 있으면 공간은 휘어진다. 그러나 대상으로 하는 공간이 구부러진 공간인지, 아니면 구부러지지 않은 공간인지를 어떻게 판단하면 좋을까?

구부러져 있는가? 구부러지지 않았는가?

- 질량 주위에서 공간이 구부러져 있는지를 알아보기 위해서는, 물질(질량) 주위에 다른 3개의 점을 잡아서 그 '최단 거리의 길', 즉 '직선'으로 연결해 삼각형을 만들어보면 알 수 있다.
- 공간이 평평하다면, 삼각형의 내각의 합은 항상 180°가 될 것이고, 공간이 구부러져 있으면, 삼각형의 내각의 합은 180°가 되지 않는다.

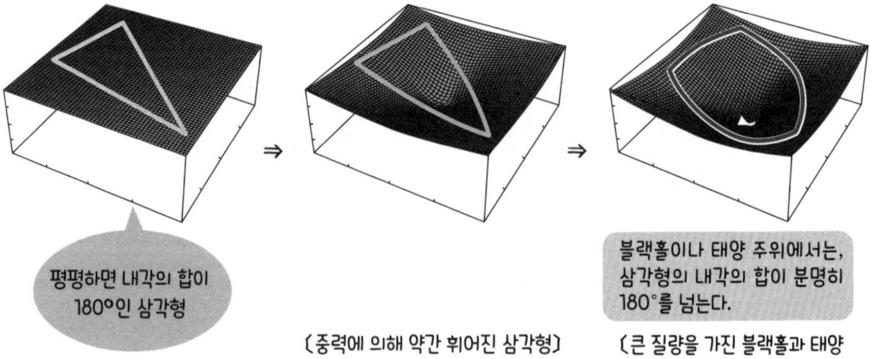

〔중력에 의해 약간 휘어진 삼각형〕

〔큰 질량을 가진 블랙홀과 태양 주위의 삼각형〕

페르마의 원리

- 아무것도 없는 넓은 공간에 직선을 그릴 방법이 필요하다. 광선은 어디까지나 공간을 똑바로 나아가기 때문에, 광선을 이용하여 공간에 직선을 그을 수 있다.
- '두 점 사이를 연결하는 빛의 경로는 그 소요 시간을 최소로 한 것이다.' 이 원리를 페르마의 원리라고 한다. 즉, 광선의 길은 페르마의 원리에 따라 최소 시간의 경로이며, 동시에 최단 거리의 경로가 된다.
- 질량이 있으면 공간이 일그러진다고 하는 일반 상대성 이론에서는, 구부러진 공간 자체를 진행하는 광선도 함께 구부러지지 않으면 안 된다.
- 광선 자체는 페르마의 원리에 따라, 최단 시간의 경로를 '똑바로' 나아가려고 하지만, 구부러진 공간을 따라 나아가기 위해 광선의 궤적도 구부러지게 된다.

빛은 똑바로 나아가고, 하지만 구부러지고?

- 다음으로 구부러진 리만 공간을 표현하는 방법에 대해 생각해보자. 수평 방향에 x와 y의 2차원 공간이 생기는 것은 같으나, 수직 방향에는 (공간축이 아닌) 가상의 초공간축이 생긴다. 이 초공간 축의 방향으로 구

페르마의 원리Fermat principle…'빛은 광학적 거리가 최단이 되는 경로, 즉 통과하는 데 걸리는 시간이 최단이 되는 경로를 지난다'는 원리. 1661년에 프랑스의 법관이자 수학자 페르마가 발견했다.

부러지는 모양을 나타내보자.

- 초공간축을 사용하여 나타낸 공간을 초공간이라고 하고, 초공간에 의해 나타낸 그래프를 임베디드 다이어그램이라고 한다.

임베디드 다이어그램

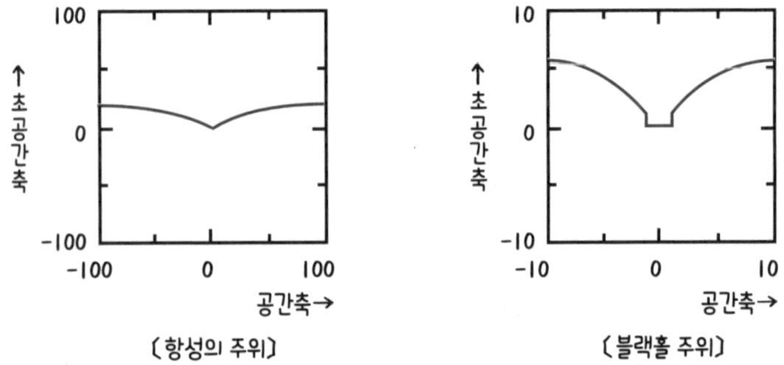

가로축은 통상의 공간축이고, 세로축은 구부러짐을 나타내기 위한 초공간축. 눈금의 단위는 슈바르츠실트 반경이며, 항성이나 블랙홀에 가까울수록 많이 휘는 것을 나타낸다.

$$\frac{h}{r_s} = 2\sqrt{\frac{r}{r_s}} - 1$$

h : 초공간 방향의 높이
r : 반경
r_s : 슈바르츠실트 반경

임베디드 다이어그램embedded diagram…통상적인 3차원 공간을 고차원의 초공간에 집어넣었다는 의미.

8-7

시간을 여행한다

중력장 타임머신

일반 상대성 이론에 따르면 중력장에서는 시간이 늦어진다. 게다가 중력이 강하면 강할수록, 시간의 지연도 커지게 된다. 그렇다면 중력장을 이용하여 타임머신을 만들 수 있을까?

시간의 지연은 '상대적'

- 중력장 내에서는 중력장이 존재하지 않는 **자유공간**에 비해 시간 진행이 늦어진다(312페이지 참조). 천체 근처에서 계속 정지하면서 중력을 받고 있는 계는, 위쪽으로 가속하고 있는 계와 등가이다.
- 같은 이유로 중력장이 강하면 강할수록, 시간은 더 천천히 갈 수밖에 없다.

중력장 타임머신

- 블랙홀에서 가까운 곳과 먼 곳에서 흐르는 시간이 다르다는 시간 지연 효과는, 광속도에 가까운 속도로 우주를 여행하는 경우와 마찬가지로 일종의 타임머신으로 사용할 수 있다.
- 일단 블랙홀 근처까지 갔다가 지구로 돌아왔을 때는, 미래의 세계로 끌려가게 되는 것이다.

- 즉, 중력장을 이용한 **중력장 타임머신**을 사용하면, 과거로는 갈 수 없지만 미래로는 시간 여행을 할 수 있다.
- 슈바르츠실트 반경을 단위로 한 블랙홀로부터의 거리를 r, 거기 있는 사람의 시간(고유 시간)을 τ, 먼 곳에 있는 사람의 시간(지구 시간)을 t라고 하면, 시차는 다음 페이지의 표와 같이 나타낼 수 있다.
- 게다가 블랙홀 주위의 위성들처럼 블랙홀의 주행궤도에 오르게 되면, 아광속 운동의 시간 지연과 중력장 내에서의 시간 지연이 상승효과를 발휘하게 된다.

붉은 여왕:
"아, 달리는 건 힘드네~ 하지만 중력장이 강하면 강할수록, 시간은 천천히 가고 그렇다면 그만큼 더 오래 살 수 있어."

체셔 고양이:
"그럴 리가 없잖아요. 비록 중력장이 매우 큰 블랙홀 근처에 있다고 해도, 자기의 시간(고유 시간)이 늘어나는 것은 아니잖아요?"

붉은 여왕:
"자유공간과 블랙홀 근처에서는, 고유 시간의 '흐름'이 다를 뿐인가? 아니면 '상대적인' 것인가?"

블랙홀 여행의 시차

거리 r	고유 시간 τ(s)	지구 시간 t(s)
100	1	1.005
10	1	1.054
5	1	1.118
4	1	1.155
3	1	1.225
2	1	1.414
1.5	1	1.732
1.1	1	3.317
1.01	1	10.05
1.001	1	31.64
1.0001	1	100.00
1.00001	1	316.23
1.000001	1	1000.00

8-8

중력장을 만나면 빛도 적색 편이가 생긴다

중력 적색 편이

어떤 천체의 질량이 만드는 중력장 안에서 방출되는 빛을 그 천체로부터 떨어진 곳에서 관측하면, 원래 방출될 때의 파장보다 파장이 늘어져 관측된다. 이 현상을 중력 적색 편이라고 하는데, 일반 상대성 이론이 옳다는 것을 뒷받침하는 현상 중 하나이다.

중력 적색 편이가 일어나는 이유

● 중력 적색 편이가 일어나는 이유를 생각해보자.

중력이 강한 천체 옆에서 100 Hz의 진동수(1초에 100회 진동)의 빛이 발사됐다고 하자.

여기서 중력장 내의 시간 지연 때문에, 천체 근처에서 1초가 경과할 때 천체로부터 떨어진 장소에서는 그곳의 시계로 측정하여 2초나 3초가 경과한다.

그런데 파동의 산(혹은 계곡)의 개수는 상대론적 불변량이다!

그러므로 이 사이의 진동 횟수는, 어디에서 세어도 변하지 않아야 한다.

따라서 천체 근처에서 1초에 100회의 진동(= 100 Hz)이었다 하더라도, 천체로부터 떨어진 장소에서 측정했을 때, 예를 들어 2초에 100회의 진동이라면 결국 50 Hz, 3초에 100회라면 33.3 Hz의 빛이 되는 것이다.

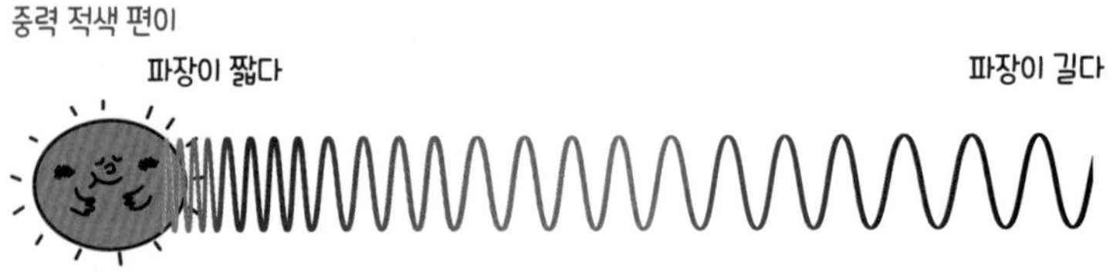

중력 적색 편이gravitational redshift…중력장 내에서의 시간 지연과 직접적으로 관계되는 현상.

- 광속도는 어디에서 측정하더라도 일정하기 때문에, 진동수가 작아진다는 것은 파장이 길어지는 것(적색 편이)을 의미한다. 이것이 중력 적색 편이가 일어나는 원리이다.

중력 적색 편이의 크기

- 중력 적색 편이의 정도는 중력장 내 시간의 지연과 연동되어 있기 때문에, 천체의 질량이 클수록 또 천체의 반지름이 작을수록 커진다.
- 또, 질량이 M이고 반지름이 R인 천체의 경우, 그 천체와 같은 천체 질량을 가지는 블랙홀의 반경(슈바르츠실트 반경)을 r_s라고 하면, 중력 적색 편이는 $\frac{r_s}{R}$의 비율만으로 결정된다.
- 별이나 행성 등 일반 천체에서 비율 $\frac{r_s}{R}$는 대단히 작아서 중력 적색 편이도 무시할 수 있을 정도로 작지만, 백색왜성이나 중성자별 등의 콤팩트한 천체에서는 커지게 된다. 그리고 블랙홀의 경우 비율은 1이 되고, 중력 적색 편이는 무한대가 된다.
- 블랙홀은 중력 적색 편이가 무한대(= 빛이 빠져나오지 않음)이므로 검게 보인다. 이것이 블랙홀이라는 이름의 유래이다.

중력 청색 편이도 있다

- 중력 적색 편이는 중력장 밖에서 보면 빛이 원래보다 적색(빨간색 쪽)에 치우쳐 보이는 현상이다. 하지만 반대의 입장에서 생각하면, 즉 중력장

내에서 보면 빛이 원래보다 청색(푸른색 쪽)으로 치우쳐 보이는 현상(중력 청색 편이)이 일어난다.

- 즉 중성자별이나 블랙홀 등 고중력 천체 근방에서처럼 중력이 강한 곳에서 중력이 약한 먼 곳의 별빛을 관측하면 원래 빛의 파장보다 짧아지는(진동수가 커져) 현상을 관측할 수 있다.
- 따라서 고중력 천체를 먼 곳에서 관측하면 중력 적색 편이에 의해 붉고 어둡게 보이지만, 반대로 고중력 천체로부터 먼 곳의 우주를 관측하면, 중력 청색 편이에 의해 우주는 푸른색으로 보이며 반짝반짝 빛날 것이다.

8-9

'가능한 모든 경로'를 통해 최단 거리로

중력장 내에서의 '직선'

중력장이 있으면 공간이 휘기 때문에, 휘어진 공간 내를 나아가는 빛(광선)의 궤적도 휘어진다(324페이지 참조). 또 빛은 '최단 거리를 지나간다'는 규칙(페르마의 원리)이 있기 때문에, 광선의 궤적이 중력장 안에서의 '직선'의 정의가 된다.

아인슈타인의 엘리베이터 재고

- 아인슈타인의 엘리베이터 이야기를 다시 한번 검토해보자(305페이지 참조). 모든 물리 현상은 중력장 내에 있는 것인지, 가속하는 운동계(가속계, 268페이지 참조)에 있는지를 구별할 수 없기 때문에 똑같다고 생각한다(등가 원리).

빛은 자신의 길을 어떻게 아는가?

- 빛은 페르마의 원리에 따라 두 점 사이의 최단 거리를 진행하는데, 리만 공간의 경우에는 직선보다 구부러진 경로를 따라 이동하면서 도달하는 시간을 최단으로 할 수 있는 경로를 택한다. 즉 빠른 속도로 긴 코스를 지나거나, 느린 속도로 짧은 코스를 지나면 도달 시간을 최단

으로 할 수 있다. 리만 공간의 경우 빛은 스스로 구부러진 최단 경로를 선택한다고 볼 수 있다.

- 빛은 어떻게 아무 계산도 하지 않고 이렇게 할 수 있는 것일까? 여러 경로 중에서 어떻게 최단 경로를 찾을 수 있는 것일까?
- 사실 빛은 가능한 모든 경로를 지나고 있는데 우리 눈에는 그중에서 가장 존재 확률이 높은 경로(최단 경로)가 보이는 것이다.

지금 가속하고 있는 엘리베이터 옆에서 수평 방향으로 빛을 발사하면, 광선은 직진하므로 빛은 엘리베이터 바깥쪽 공간에 대해서도, 엘리베이터 안쪽과 마찬가지로 수평으로 똑바로 나아갈 것이다.

그러나 빛이 수평 방향으로 나아가는 동안, 가속에 의해 엘리베이터는 위쪽 방향으로 이동하고 있다.

그 결과 엘리베이터 안의 관측자가 볼 때, 빛은 마치 엘리베이터 밖에서 아래로 구부러진 것처럼 보인다.

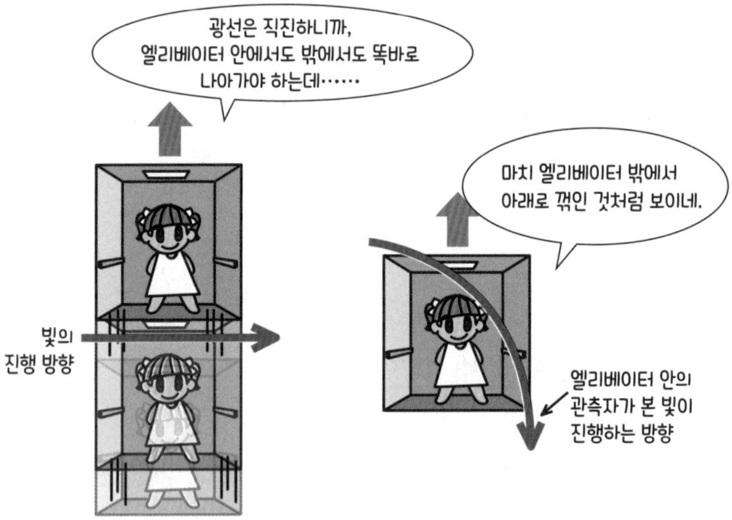

그리고 등가 원리에 따라 중력장과 가속계는 동일한 것으로 간주된다.

따라서 가속계에서 빛이 휘어진다면, 중력장 안에서도 빛은 휘어진다!

8-10

우주를 나타내는 기본 방정식

아인슈타인 방정식

일반 상대성 이론이 중요한 것은, 이 이론에 따라 시공과 물질이 통합되었기 때문이다. 그리고 시공과 물질을 통합하는 방식에 대해 아인슈타인이 도출한 최종 방정식이 아인슈타인 방정식이다.

아인슈타인 방정식

- 벡터란 크기뿐만 아니라, 방향도 가진 양이다.
- **아인슈타인 방정식**은 벡터를 고도화한 **텐서**tensor로 나타내기 때문에, 이것을 풀기 위해서는 고도의 수학이 필요하지만, 의미 자체는 매우 간단하다.
- 아인슈타인 방정식이 나타내는 의미를 한마디로 정리하면 다음 식과 같다.

$$R_{ik}-\frac{1}{2}g_{ik}R=\frac{8\pi G}{c^4}T_{ik}$$

g_{ik}: 시공의 계량 텐서
R_{ik}: 시공의 리만 곡률 텐서
R : 시공의 스칼라 곡률
T_{ik}: 물질 등의 에너지 운동량 텐서
(G: 중력 상수, c: 광속도)

좌변 : (시공의 형상)

= 우변 : (정수) × (물질 • 에너지의 분포나 운동)

> 좌변은 물질이나 에너지의 '용기'인 시공의 형상을 나타내는 양으로 되어 있다.
> 우변은 시공 속에 존재하는 물질과 에너지의 분포와 운동 상태를 나타내는 양으로 이루어져 있다.

- 일반 상대성 이론 이전에는, 시공과 물질·에너지는 전혀 다른 것으로 인식하였다.
- 이들을 단 1개의 방정식으로 만든 것이 일반 상대성 이론의 가장 큰 의의이다.
- 바꿔 말하면, 일반 상대성 이론에 의해서 시공 구조와 물질·에너지가 서로 영향을 주고받는다는 것을 알게 되었다.
- 즉, 물질·에너지는 시공의 휘어짐에 따라서 운동하고, 또 시공의 휘는 방식 자체는 물질·에너지의 분포에 의해서 결정된다.

아인슈타인 방정식은 중력과 관계되는 '모든 것'을 포함한다

- 아인슈타인 방정식으로 중력의 크기를 줄여나가면, 뉴턴의 만유인력의 법칙으로 귀결된다.
- 뉴턴의 만유인력의 법칙은 틀린 것이 아니라, 중력이 약한 경우일 때의 일반 상대성 이론 근사식으로 볼 수 있는 것이다.
- 또 중심에서는 중력이 강하지만 충분히 멀리 떨어진 거리에서는 약해

진다는 가정을 두고 아인슈타인 방정식을 풀면, 이른바 블랙홀을 설명할 수 있는 풀이가 된다.

- 게다가 우주 전체에 아인슈타인 방정식을 적용하면 우주의 구조(시공의 형상)와 우주에 존재하는 물질·에너지의 분포에 대한 관계를 알 수 있다.
- 반대로, 물질도 에너지도 전혀 없다고 가정하고 아인슈타인 방정식의 파동해를 구할 수도 있다. 이때 전하와 전류가 없을 때 맥스웰 방정식(168페이지 참조)에서 진공 상태에 전달되는 전자파가 나온 것처럼, 물질도 에너지도 없을 때의 아인슈타인 방정식에서는 시공의 작은 파동인 **중력파**가 존재하게 된다.
- 2015년 처음으로 중력파가 검출되었다는 뉴스를 접한 것이 지금도 기억에 또렷하게 남아 있다(350페이지 참조).

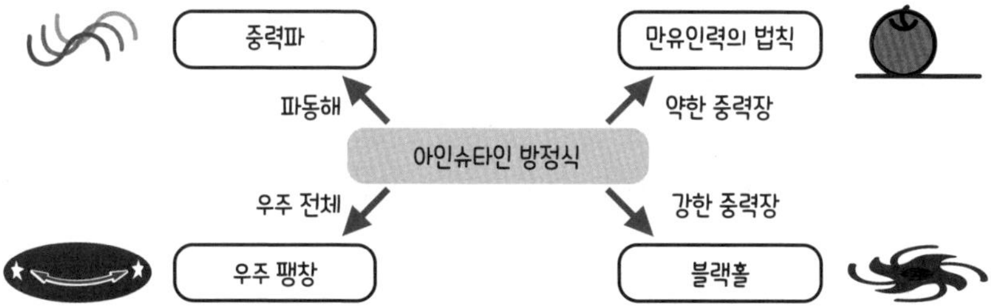

8-11

선을 넘으면 돌아올 수 없다

블랙홀

일반 상대성 이론에서 예언한 가장 기묘한 천체 현상이 블랙홀이다.
특히 구 대칭인 슈바르츠실트 블랙홀은, 외계와의 경계면인 사건의 지평선과 중심의 특이점에만 구조가 있는 가장 단순한 천체이다.

슈바르츠실트 블랙홀의 구조

- 회전이 없는 구 대칭인 블랙홀을 슈바르츠실트 블랙홀이라고 부른다.
- 블랙홀의 '표면'은 안으로 한 걸음이라도 발을 내디디면 다시는 돌아올 수 없는, 일방통행 경계면(사건의 지평선)으로, 그 안으로 들어가면 빛조차 빠져나오지 못한다.
- 블랙홀의 중심에서는 시공의 곡률이 무한대가 되는데 이곳을 특이점이라고 한다.
- 슈바르츠실트 블랙홀은 지구나 태양보다 훨씬 단순하며 우주에서 가장 단순한 천체이다.
- 특이점에서는 물리량이 무한대가 되므로 일반 상대성 이론은 성립하지 않는다. 양자 중력학이나 새로운 물리학적 이론을 도입해야 한다.
- 슈바르츠실트 블랙홀의 반경(슈바르츠실트 반경) r_s는, 블랙홀 질량 M과 만유인력 상수 G 및 광속도 c로 결정된다.

$$r_s = \frac{2GM}{c^2}$$

r_s : 슈바르츠실트 반경
G : 만유인력 상수
M : 블랙홀의 질량
c : 광속도

블랙홀의 종류

- 존재 가능한 블랙홀의 종류는 4가지가 있다.
  - 전하도 자전도 없는 가장 단순한 슈바르츠실트 블랙홀
  - 전하를 가진 **라이스너 노르드 슈트룸 블랙홀**
  - 자전하고 있는 **커블랙홀**
  - 전하를 가지고 자전하고 있는 **커뉴먼 블랙홀**

블랙홀black hole…과학 저널리스트 유잉Ewing, A.이 잡지 〈사이언스 뉴스레터Science News Letter〉 1964년 1월 18일호 기사에서 사용한 것이, 남아 있는 최초의 사용 예. 1967년 12월 29일 강의에서, 상대론의 대가이자 저명한 과학자인 보일러가 사용하기 시작함으로써 대중에게 알려지게 되어, 보일러를 명명자라고 말하기도 한다.
슈바르츠실트 블랙홀Schwarzschild black hole…독일의 물리학자 슈바르츠실트Schwarzschild, K.가 1916년에 아인슈타인 방정식을 풀어서 도출하였다.

- 일반적으로 블랙홀은 질량 이외에 전하와 자전의 정도를 나타내는 각운동량을 가질 수 있다.
- 블랙홀의 속성이 단 3가지밖에 없다는 것을 설명하면서 미국의 물리학자 휠러Wheeler, J. A.는 '블랙홀은 털이 없다'고 말했다. 이것이 바로 '**털 없는 정리**No hair theorem'이다.

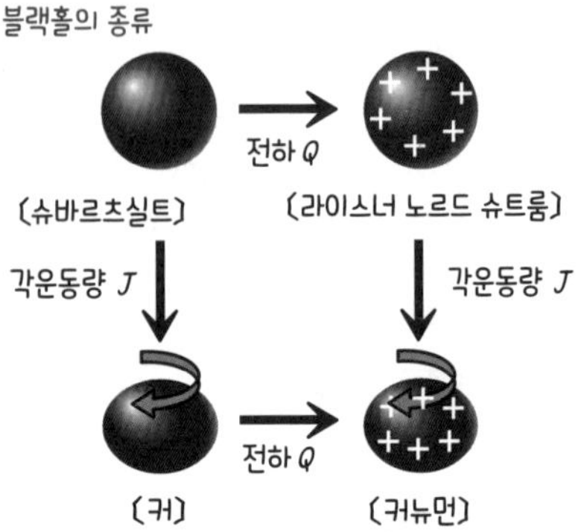

- 사건의 지평선에는, 고체인 지구 표면이나 태양의 표면과 달리 뚜렷한 경계가 없으며 그것을 경계로 공간의 성질이 급격하게 변하는 것도 아니다.
- 예를 들어, 강 아래에 폭포가 있다고 하자. 이때 강물에 빠져서 떠내려가는 사람에게는, 어디를 보아도 주위는 다 물(공간)일 뿐, 어디부터가 폭포라는 표식이 있는 것은 아니다. 돌이킬 수 없는 상황이라는 것을 알았을 때는 이미 늦어서, 폭포 속(특이점)으로 곤두박질쳐질 뿐이다.
- 즉, 사건의 지평선과 특이점 사이에는 아무것도 없다. 정확히 말하면 시간과 공간(진공), 거기에 약간의 에너지는 있겠지만, 구조로는 아무것도 없다.

사건의 지평선event horizon…그 너머의 사건(현상)이 보이지 않게 되는 경계(지평면)라는 뜻.

8-12

눈앞에 자신의 뒷머리가 보인다

광자 반경과 블랙홀 그림자

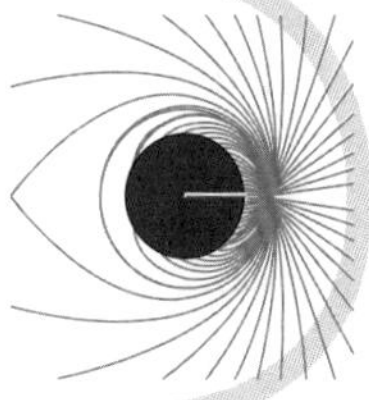

중력장이 매우 큰 블랙홀 근방에서는 빛도 극도로 휘어진다.
따라서 먼 곳에서 본 블랙홀은, 실제 크기 이상으로 커 보인다.

광자 반경과 시공의 합경(거울)

광선이 휘어지는 정도는, 블랙홀에 가까워질수록 중력장이 커지므로 그 정도도 커진다.

블랙홀의 중심과 수직을 이루는 방향, 즉 블랙홀을 중심으로 한 원주 방향으로 광선을 발사해보자.

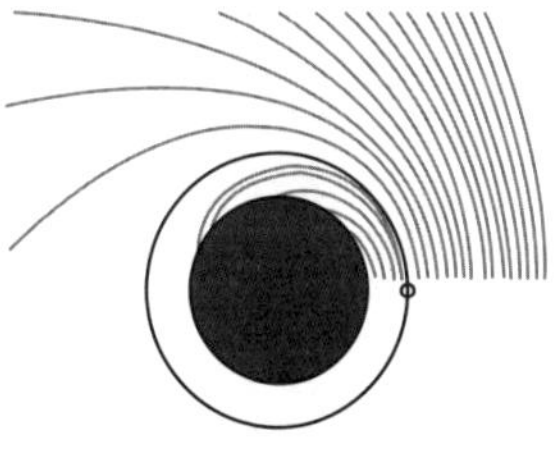

(여러 가지 반지름에서부터 원주 방향으로 발사한 광선)

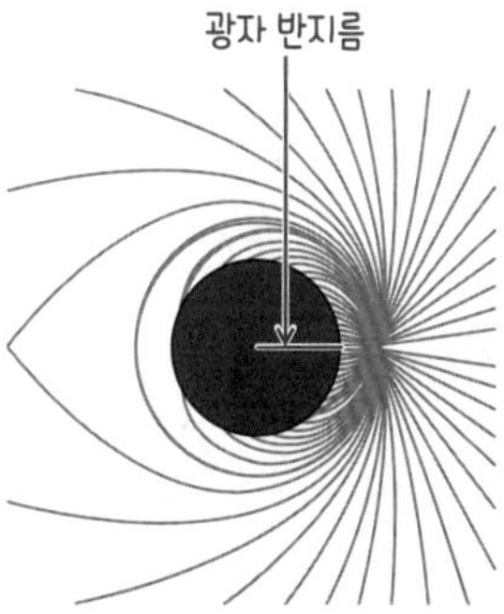

(광자 반지름에서 여러 방향으로 발사한 광선)

발사 위치가 블랙홀에 가까워짐에 따라, 광선은 블랙홀 쪽으로 급격하게 휜다(그리고 빨려 들어간다).

그래서 블랙홀 옆으로 빠져나갈 수 있는 아주 미세한 틈을 잘 찾으면, 발사한 광선이 블랙홀 주위를 휙 한 바퀴 돌아서 발사 위치까지 다시 돌아오는 황당한 일이 벌어진다.

- 원주 방향으로 발사한 광선이 시공의 휘어짐을 따라 진행하다가 원래 위치로 되돌아오게 되는 반경을 **광자 반경**이라고 한다. 슈바르츠실트 블랙홀의 경우, 광자 반경은 슈바르츠실트 반경의 1.5배에 위치한다.

광자 반경에서의 시야

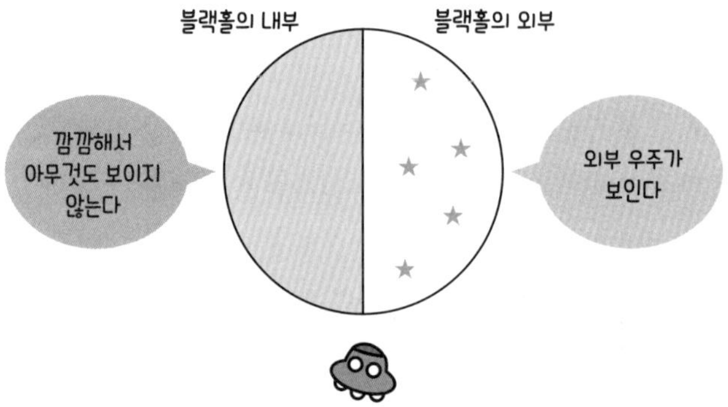

- 이 광자 반경에서 블랙홀의 원주 방향을 향해 서보면, 왼쪽 시야 전부가 블랙홀 영역이고 오른쪽 시야 전부가 외부 우주 영역이 된다.
- 게다가 블랙홀 영역과 외부 우주 영역의 경계에서는, 정면에 자신의 뒷머리가 보이게 된다!

블랙홀의 겉보기 크기

- 슈바르츠실트 블랙홀의 반경이 슈바르츠실트 반경이라고 알고 있다.
- 그러나 그 반경이, 실제로 '우리가 보는 블랙홀의 크기인가?'라고 하면,

특이점singularity…338페이지 참조. 이론상으로는 모든 물리량이 무한대가 되는 점.
광자 반경 photon radius…광자가 회전하는 궤도 반지름을 말한다.

그 부분은 조금 더 생각해볼 필요가 있다.

- 반경 R의 구를 무한원점에서 보았을 때, 구의 외형의 크기는 공의 중심에서 발한 빛이 무한원점에 도착하는 위치와 구 가장자리에서 나온 빛이 무한원점에 도착하는 위치의 차이 b로 주어질 것이며 이 b는 구의 반경과 같다고 할 수 있다.
- 여기서 b는, 광선을 거꾸로 따라가보면, 무한원점에서 구를 향해 나온 광선이 구의 면을 아슬아슬하게 스치는 중심으로부터 최근 거리와 구의 중심과의 차이이므로, 충돌 **파라미터**라고도 한다.

만약 공간이 구부러지지 않은 평탄한 상태라면, 즉 광선의 휘어짐이 없다면, 충돌 파라미터 b는 원래의 구의 반지름과 같아진다. 반면 광선이 휘어져 있으면 얘기가 달라진다.

무한원점으로부터 블랙홀을 향해서 다수의 평행 광선을 발사했다고 하자.

b가 크면 광선은 블랙홀을 벗어난다(= 사건의 지평선을 넘지 않는다).

b가 작아짐에 따라 광선의 휘어짐은 커지고, 어떤 값 이하에서 광선은 사건의 지평선을 넘어버려서, 블랙홀로 빨려 들어간다.

이 사건의 지평선을 넘지 않는 아슬아슬한 최대의 b가, 블랙홀로부터 나온 광선(광선이 존재한다면)이 무한원점에 닿을 때이므로, 무한원점에서부터 바라본 블랙홀의 크기가 된다.

블랙홀은 실제보다 2.6배나 커 보인다

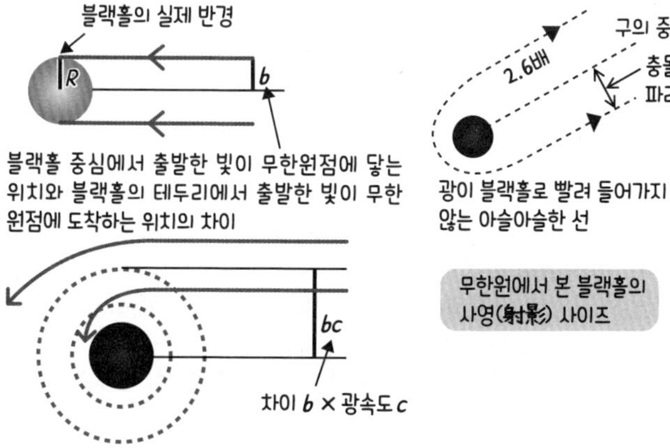

- 이때 충돌 파라미터 b의 값은 정확히 구할 수 있으며, 슈바르츠실트 반경의 $\frac{3\sqrt{3}}{2}$배, 약 2.6배가 된다. 즉 무한원점에 사영한 블랙홀은 원래 크기보다 2.6배나 커 보이는 것이다.

블랙홀 그림자

- 블랙홀에 얽힌 큰 오해 중 하나가 '블랙홀을 실제로 볼 수 없다'는 것이다. 실제로 칠흑 같은 우주 공간에 떠 있는 블랙홀을 관측하는 것은 대단히 어렵다. 말하자면, 어둠 속에서 까마귀 찾기와 같은 이치(검은색과 검은색)다.
- 그러나 뒤쪽에서 빛으로 비추면, 어두운 밤의 까마귀도 형태를 파악할 수 있다. 같은 이치라면 블랙홀의 실루엣(블랙홀 실루엣)을 관측할 수 있다. 예를 들어, 블랙홀 주위에 빛나는 고온 플라스마의 가스 원반이 소용돌이치고 있으면, 그 중심에서 블랙홀 실루엣을 관측할 수 있을 것이다.
- 혹은 블랙홀을 고온 플라스마 가스가 둘러싸고 있으며 그 가스가 희박하고 투명하다면, 중앙에서 블랙홀의 그림자(블랙홀 그림자)를 관측할 수 있을 것이다.

블랙홀 실루엣black hole silhouette…빛이 나는 플라스마 속에 떠오르는 블랙홀 그림자라는 의미로, 실루엣이라는 단어를 쓴다. 프랑스 물리학자 루미네Luminet, J. P.가 최초로 사용하였다.
블랙홀 그림자black hole shadow…블랙홀 주변에 광원이 있을 경우 블랙홀에 의해 검게 보이는 부분. 일반적인 천체는 표면 크기가 유한하기에 뒤쪽의 광원에서 나온 빛의 진행을 가로막아 그림자가 생기지만, 블랙홀의 경우 표면이 따로 없지만 블랙홀에 의해 빛의 진행 경로가 휘어져서 블랙홀 앞쪽에 빛이 도달하지 못하는 영역, 즉 블랙홀 그림자가 만들어진다.

- 드디어 2019년, 타원 은하 'M87'의 중심에 숨어 있는, 거대 블랙홀이 만드는 블랙홀 그림자를 발견했다.
- 공개된 이미지(아래)에는, 전자기파로 빛나는 가스가 약간 희뿌연 링 모양으로 블랙홀 주위를 둘러싸고 있다.
- 이 전자기파 링 안에 있는 검은 구멍의 크기를 조사해보니, 계산상으로 예상되는 블랙홀 크기의 2.6배임이 확인되었다.

이벤트 호라이즌 텔레스코프 프로젝트에 의해, 드디어 관측된
타원 은하 'M87' 중심에 있는 초거대질량 블랙홀 그림자

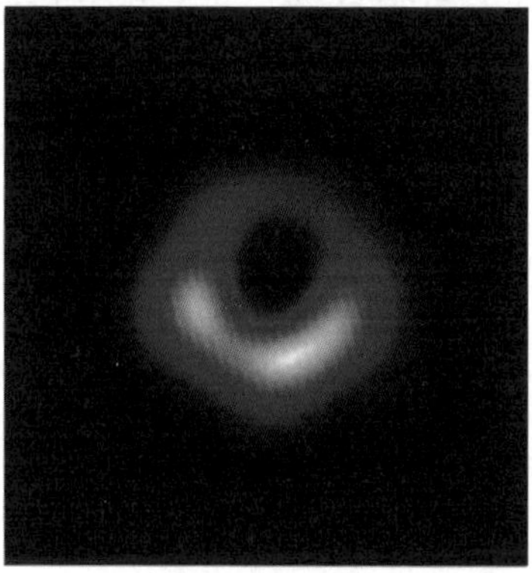

Credit: Event Horizon Telescope Collaboration

8-13

일반 상대성 이론은 우주도 해석할 수 있다

우주 팽창

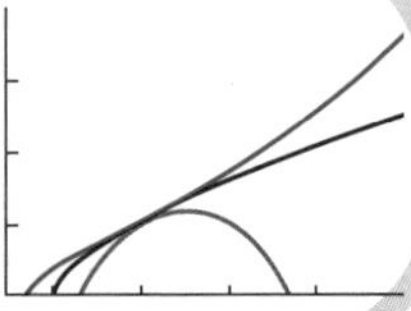

일반 상대성 이론은 시공과 물질을 통합한 것에 그치지 않고, 우리 우주가 정지한 것이 아니라 동적(다이내믹)으로 변화하고 있음을 밝혀냈다.
이것이 현재 상식으로 이해되고 있는 우주 팽창의 표준 모델인 빅뱅 팽창 우주 모델이다.

우주항

- 우주 전체에 아인슈타인 방정식을 적용하면, 우주의 구조(시공의 형상)와 우주에 존재하는 물질·에너지의 분포 등 연관된 사항을 해석할 수 있다.
- 즉, 우주 전체의 물질·에너지 분포를 알면 아인슈타인 방정식을 통해 우주의 시공 구조를 알아낼 수 있다.
- 반대로, 우주의 시공 구조가 정해지면 아인슈타인 방정식을 통해 그 시공 구조에 맞는 물질·에너지 분포가 결정된다.
- 아인슈타인은 우주가 같은 모양(어느 부분이든 같은 상태)으로 등방(어느 방향으로든 같은 상태)이라는 가정(우주 원리)과 시간적으로 변하지 않는다는 가정하에 정지 우주 모델을 구축했다. 그러나 정지 우주는 자신의 중력 때문에 무너져버리게 된다. 따라서 정지 우주가 자신의 중력 때

문에 붕괴되는 것을 막기 위해, 아인슈타인은 서로 밀어내는 힘(척력)의 기능을 하는 우주항을 도입하였다.

$$R_{ik}-\frac{1}{2}g_{ik}R+\Lambda g_{ik}=\frac{8\pi G}{c^4}T_{ik}$$

R_{ik}: 시공의 리만 곡률 텐서
g_{ik}: 시공의 계량 텐서
R : 시공의 스칼라 곡률
Λ : 우주항
T_{ik}: 물질 등의 에너지 운동량 텐서

빅뱅 팽창 우주 모델

- 한편, 러시아(당시 소비에트 연방)의 프리드만Friedmann, A.A.은, 1922년에 우주항이 없는 아인슈타인 방정식을 풀어서 팽창하는 우주(우주 팽창)를 나타내는 해를 도출했다.
- 우주 팽창에 대하여 벨기에의 루미터Lemattre, G. H. J.가 1927년 우주항을 넣어 아인슈타인 방정식을 풀어서, 역시 팽창해를 찾아냈다.
- 미국의 천문학자 허블Hubble, E. P.은 먼 곳에 있는 은하의 계통적인 팽창 운동(허블의 법칙)을 찾아내, 1929년 우주 팽창을 관측 사실로 실증했다.
- 또 최초의 우주 팽창은 고온·고밀도의 불덩어리 상태(빅뱅)였을 것이라는 것을, 러시아 태생으로 미국에 귀화한 물리학자 가모프Gamow, G.가 밝혀냈다.
- 그리고 이 팽창하는 우주 모델(빅뱅 팽창 우주 모델)은 허블의 법칙이나, 우주 태초의 빛이었던 빛의 찌꺼기로 가득찬 3K 우주 배경 복사의 발

견(1965년) 등에 의해서 관측되고 입증되었다.

- 이 때문에 아인슈타인이 '우주항은 내 생애 최대의 실수'라고 했다는 일화가 남아 있다. 그러나 우주항은 우주의 가속 팽창을 일으키는 척력의 원인으로서 21세기에 부활했다.

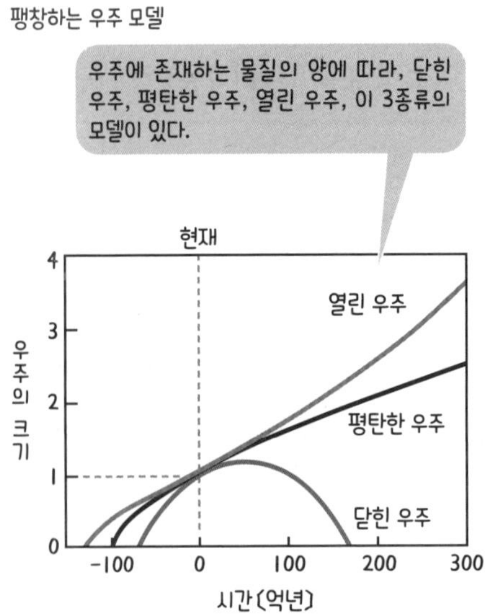

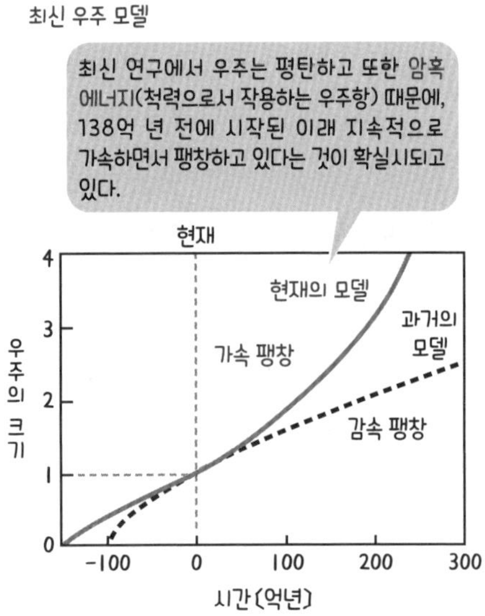

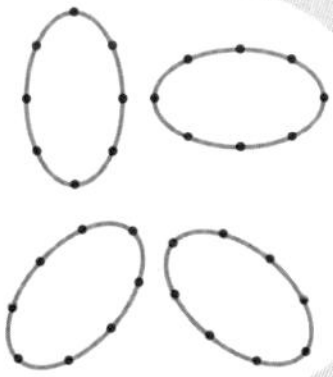

8-14

시공에 전해지는 금빛 잔물결

중력파

전기장이나 자기장의 움직임을 나타내는 맥스웰 방정식으로 진공 중에 전해지는 전자기파의 존재가 밝혀지고, 빛은 전자기파에 포함된다는 것을 알았다(168페이지 참조). 마찬가지로 시공의 기하학을 기술하는 아인슈타인 방정식으로 파동의 종류 중 하나가 밝혀졌다. 바로 중력파이다.

전자파와 중력파

- 전자기파는 이른바 전하를 띤 입자가 이동(가속)할 때 방사되어, 시공간이라는 용기 속을 전기장과 자기장이 진동하면서 전파되는 파동이다.
- 반면 **중력파**는 질량을 가진 물체가 진동을 하면 방사되는 것으로, 시

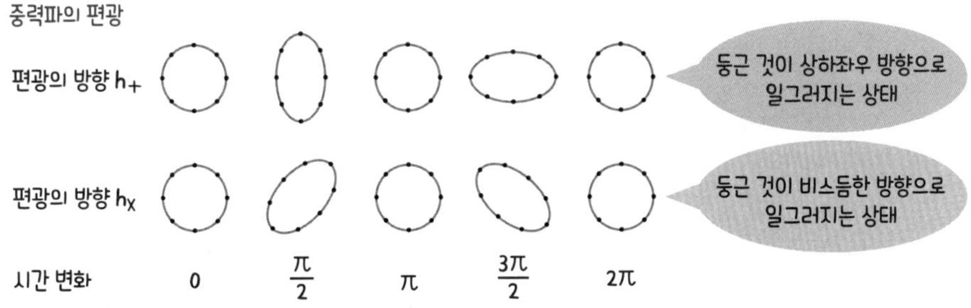

중력파 gravitational wave … 시공 자체의 변동이 전해지는 시공 파동을 말한다. 유체의 부력에 의한 진동 현상도 중력파 gravity wave라고 부르지만, 이것과는 전혀 다르다.

공간 자체의 뒤틀림이 주위의 시공간에 전해지는 파동을 말한다.

- 전자기파와 중력파는 모두 횡파이며, 모두 광속도로 전달된다.
- 따라서 가령 태양이 소멸한다고 해도, 지구는 8분 남짓한 시간(태양에서 지구까지 빛이 도달하는 시간) 동안은 태양의 중력이 사라진 것을 모른 채 궤도 운동을 계속한다.
- 중력파는 횡파이므로, 편광의 특성도 있다.
- 전자기파도 중력파도 입자로서의 측면을 가지고 있으며, 각각 **광자**光子, Photon, **중력자**重力子, graviton라는 이름을 가지고 있다.
- 전자기파와 중력파에는 큰 차이점도 있다. 예를 들어 전자기파는 매우 강한 파동이지만 중력파는 매우 약한 파동이다. 전하에는 양과 음이 있기 때문에 전자기파는 **쌍극자 방사**라는 강한 방사가 가능하지만, 중력에는 양과 음이 없기 때문에 중력파는 **4중극 방사**라는 약한 방사밖에 할 수 없다.

중력파 검출하기만 하면 노벨상

- 중력파는 매우 약한 파동이므로 그로 인한 물체의 뒤틀림도 매우 작아 검출하려면 측정의 정확도가 높아야 한다.
- 레이저 광선을 이용하여 물체 사이의 거리를 정확하게 측정하고, 공간의 신축성을 검출하는 장치가 **레이저 간섭형 중력파 검출기**LIGO이다.
- 2015년 9월 14일, LIGO(레이저 간섭계 중력파 관측소)가 중력파를 검출하였다. 실험 물리학자 배리시Barish, B. C.와 바이스Weiss, R., 이론 물리학자 손 Thorne, K.S.에게는 2017년도 노벨 물리학상이 수여되었다.

블랙홀이 합쳐지는 3단계와 중력파의 진동 패턴

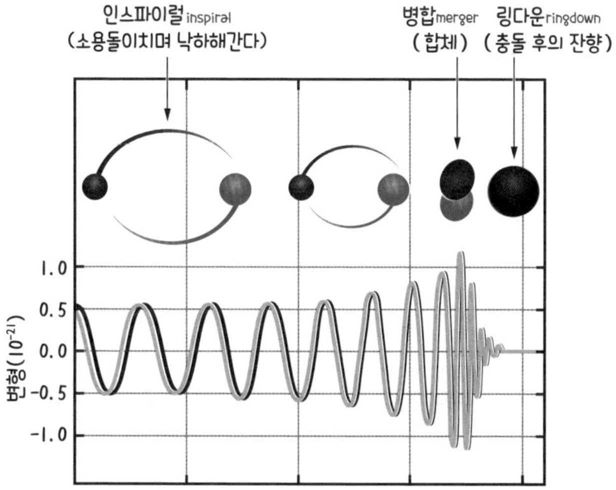

● LIGO가 발견한 중력파원 'GW150914'는, 중력파의 변동의 주기와 파형의 패턴, 그리고 진동의 감쇠 등이 확인되었다. 13억 광년 떨어진 우주에서 36태양질량(태양의 질량을 1로 하는 단위)의 블랙홀과 29태양질량의 블랙홀이 합쳐져, 최종적으로 62태양질량의 블랙홀이 되었고, 줄어든 3태양질량만큼의 질량이 중력파로 방출된 것이라고 한다.

✚ 지식 화이트홀과 웜홀

화이트홀과 웜홀은 블랙홀과 함께 SF의 세계에 자주 등장하는데, 블랙홀, **화이트홀**, **웜홀**은 각각 다른 시공 구조체이다.

한마디로 블랙홀은 미래에 특이성을 갖는 **미래 특이성**, 화이트홀은 과거에 특이성을 가진 **과거 특이성**을 가지고 있으며, 웜홀은 다른 공간이 연결된 **이공간 연결체**이다. 이러한 차이는 구부러진 시공의 시공도인 **크러스컬 좌표계**(아래 그림)를 보면 잘 이해할 수 있다.

민코프스키 다이어그램과 마찬가지로, 크러스컬 좌표계 역시 가로 방향이 공간축, 세로 방향이 시간축으로 되어 있는데, 구부러진 시공간에 적용하기 위해 r-일정한 선과 t-일정선(동시선)을 곡선으로 표현한다.

슈바르츠실트 시공의 크러스컬 좌표계 Kruskal Coordinate

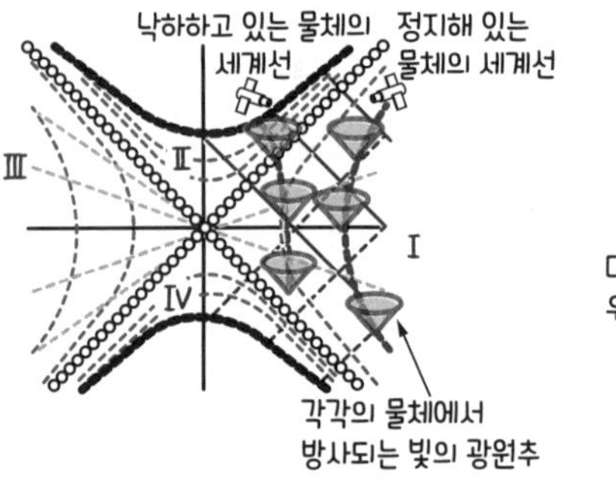

크러스컬 좌표계에 따른 블랙홀, 화이트홀, 웜홀

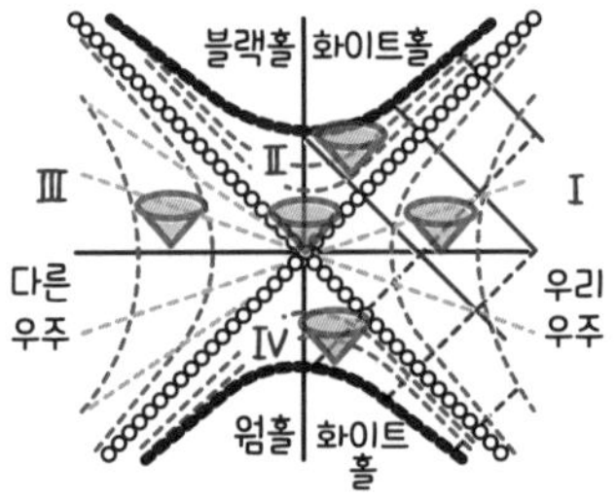

이 크러스컬 좌표계에서는 시공 영역이 4개로 분할되어 있다. 먼저 영역 I은 무한원에서 민코프스키 시공에 가까워지는 블랙홀의 외부인 우리 우주 영역이다. 영역 II는 슈바르츠실트 블랙홀의 내부 시공을 나타낸다. 예를 들어 영역 I에서 방사된 내향 광선은 멀리 가지 못하고, 영역 I(사건의 지평선 내부)로 들어가, 그대로 미래 특이성에 부딪히게 된다.

또 영역 II가 어디에 있든, 미래 광원뿔 끝에는 미래 특이성이 기다리고 있으므로,

화이트홀 white hole … 직역하면 흰 구멍이지만, 원어 그대로 쓰는 것이 뉘앙스가 전해질 것이다.

반드시 물체의 세계선은 특이성에서 끊어지게 된다. 따라서 사건의 지평선 내부에 낙하한 물체는 반드시 중심의 특이점으로 떨어지게 된다.

그럼 영역 III과 IV는 무엇일까? 먼저 영역 IV부터 해석해보자. 미래 광원뿔은 모든 영역 IV 외부에 나와 있다. 즉 영역 IV와 과거 특이성은 영역 II와 미래 특이성(블랙홀)의 시간 반전 구조로 되어 있다. 따라서 영역 IV는 빛이나 물체가 빠져나올 수밖에 없는 존재, 즉 화이트홀이다.

이처럼 화이트홀은 블랙홀의 시간을 반전시켜놓은 구조인데, 무에서 유가 생긴다는 인과법칙을 위배하는 시공 구조이기 때문에, 현실에는 존재하지 않을 것이다.

마지막으로 영역 III을 보면, 여기는 영역 I과 마찬가지로 블랙홀이나 화이트홀 바깥쪽의 외부 시공 영역이다. 그러나 크러스컬 좌표계에서 외관상 외부 시공 I과 III은 원점에서 접하고 있을 뿐 연결이 없는 것처럼 보이지만, 이는 좌표의 마술이고 크러스컬 좌표계의 원점은 실공간이 아닌 어디까지나 유한의 반경(슈바르츠실트 반경)에 위치하고 있다. 그리고 영역 I과 영역 III는 슈바르츠실트 반경의 크기로 연결되어 있어, 그 연결 부분(= 시공의 목구멍)을 **아인슈타인-로젠의 다리** 혹은 **웜홀**이라고 부른다.

흔한 오해 중 하나가 블랙홀 2개를 연결하면 웜홀이 된다는 것인데, 크러스컬 좌표계로 보면 블랙홀 2개를 연결한 것이 웜홀이 아니라는 것을 잘 알 수 있다. 애초에 블랙홀은 연결할 수 없다.

임베디드 다이어그램으로 웜홀을 공간적으로 나타내면 깔때기 모양이 된다. 웜홀을 표현할 때 이 이미지가 차용되어 깔때기 모양의 도형으로 나타내는 경우가 많은데 실제로는 다르다. 웜홀 입구의 반경은 일정하기 때문에, 일반적인 3차원 실공간 속에서 웜홀을 보면 블랙홀처럼 구형의 경계면으로 둘러싸인 존재로 보일 것이다. 단, 블랙홀과는 달리 웜홀은 반드시 쌍으로 존재하며(쌍이 반드시 같은 우주에 있는 것은 아니다) 한쪽이 웜홀로 들어가면 다른 쪽은 웜홀에서 나오게 된다. 즉, 블랙홀의 지평면은 일

웜홀 worm hole … 직역하면 (시공간의) 벌레 먹은 구멍.

방통행이지만, 웜홀의 지평면은 양방향으로 통과할 수 있다. 3차원 공간에서 웜홀은 외관상으로는 구형 블랙홀 쌍처럼 보이지만, 고차원으로 연결되어 좌측(오른쪽)으로 들어가면 순식간에 우측(왼쪽)으로 나온다.

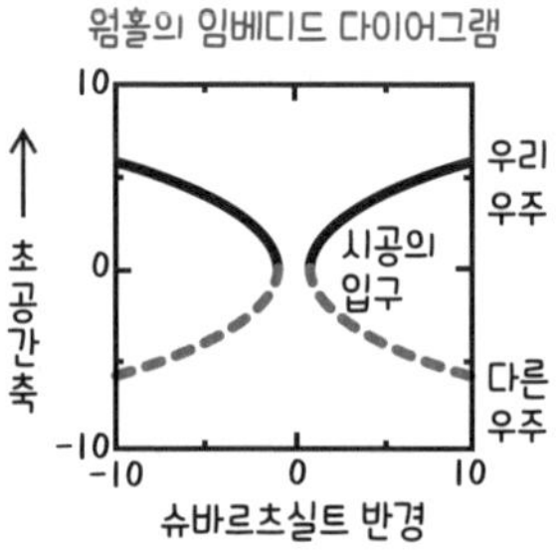

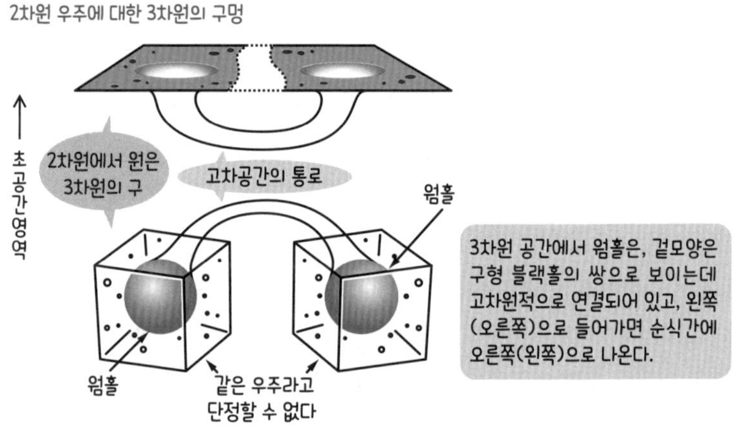

9장

양자론과 양자 역학

9-1

미시적인 세계의 물리학

양자론, 양자 역학

양자 역학에 충격을 받지 않는 사람은 양자 역학을 제대로 이해하지 못한 것이다
(Anyone who is not shocked by quantum theory has not understood it.)

위의 문장은 보어Bohr, N. H. D.가 한 말이다. 우리 주위에 있는 모든 물체나 물질은 원자와 분자로 이루어져 있다. 그러면 왜 그 사실을 인식하지 못하는가? 그 이유는 원자나 분자는 너무 작아서 우리가 육안으로는 볼 수 없기 때문이다. 이처럼 매우 미세한 상태로 존재하는 사물·현상의 총체를 미시적인 세계라고 한다. 그리고 미시적인 세계를 관장하는 물리 법칙은 육안으로 보이는 세계와 전혀 다르다.

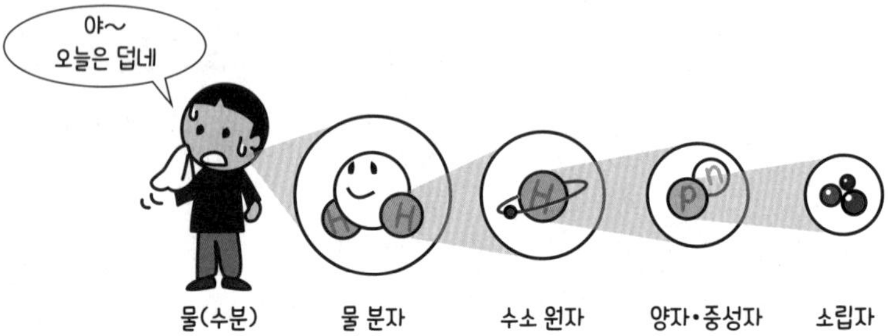

양자론, 양자 역학

- 미시적인 세계에서의 입자의 움직임을 설명하는 이론을 **양자론**이라고 한다. 또, 양자론을 기초로 하여 입자의 움직임을 수식으로 설명하는 이론을 **양자 역학**이라고 한다. '왜 양자라는 용어를 사용하는가?' '미시

적인 세계에서는 거시적인 세계와 물리 법칙이 다른가?'를 순서대로 알아보자.

- 미시적인 세계의 물리 법칙 발견이 상대성 이론보다 더 늦었던 이유는 도대체 '원자나 분자란 무엇인가? 어떤 구조인가?'를 몰랐기 때문이다. 여러 물리 법칙이 밝혀지면서 미시적인 세계의 물리 법칙은 거시적인 세계의 물리 법칙과 다르다는 것이 밝혀졌다.
- 또한 상대성 이론이 거의 아인슈타인 한 사람에 의해 정리된 반면 양자론, 양자 역학은 다수의 연구자에 의해 조금씩 완성되었다. 다음 페이지의 표에 양자론과 양자 역학에 관련된 대표적인 사건을 정리해두었다.

양자란?

- 매크로macro 세계에서는 모래알이나 먼지 등 실체를 가진 **입자**와 수면의 파동이나 음파, 지진파 등 물질(입자)의 운동에 따른 파동은 전혀 다른 것으로 해석한다.
- 한편 미시적인 세계(마이크로micro 세계)에서는, 입자의 성질과 파동의 성질을 같이 고려한 **양자**가 기본적인 존재가 된다.
- 무수한 양자의 움직임을 공간적, 시간적으로 평균하면 입자가 되기도 하고, 파동처럼 되기도 하는 것이다.

영 양자量子 ⇒ quantum
영 장場 ⇒ field

장이란?

- 매크로 세계에서는 전자기장이나 중력장 등은 공간적으로 퍼져 있어 개개의 물질(입자) 운동에 영향을 미치고 있다.
- 마이크로 세계에서도 공간적으로 퍼져나가는 장은 중요하다. 양자끼리 상호 작용하는 것과 동시에 장 자체도 양자의 특성을 가질 수 있다.

1885년	발머가 발머 계열을 설명
1887년	헤르츠가 광전 효과를 발견
1888년	뤼드베리가 스펙트럼에 관한 공식을 제안
1897년	톰슨이 음극선 실험에서 전자를 발견

(양자의 개념이 출현)

1900년	플랑크가 흑체 복사를 설명하기 위해 에너지 양자 가설을 제창
1905년	아인슈타인이 광양자 가설에서 광전 효과를 설명
1911년	러더퍼드가 원자 모형을 제창
1913년	보어가 양자화 조건으로 수소 스펙트럼 선을 설명
1916년	좀머펠트가 보어의 양자화 조건을 일반화
1919년	러더퍼드가 수소 원자핵을 발견하여 양자라고 명명
1920년	크라머스가 일반화된 양자화 조건을 다양한 현상에 적용

(여기까지를 전기 양자론이라고 부른다)

1922년	콤프턴 등에 의해 콤프턴 효과가 발견
1923년	드브로이가 전자의 드브로이 파장을 제창
1924년	보스의 편지를 계기로 아인슈타인이 보스-아인슈타인 통계를 제창
1924년	파울리가 파울리의 배타율을 제창
1925년	울렌벡과 호우트스미트가 전자 스핀을 제창

(여기까지를 양자론, 이후를 양자 역학이라고 부른다)

1925년	하이젠베르크, 보른, 요르단 등이 행렬 역학을 구축
1926년	페르미 및 디랙이 각각 독자적으로 페르미-디랙 통계를 제창
1926년	슈뢰딩거가 파동 역학을 구축
1926년	슈뢰딩거가 파동 역학과 행렬 역학의 수학적 동등성을 증명
1926년	보른이 파동 함수의 코펜하겐 해석

영 양자론量子論 ⇒ quantum theory
영 양자 역학量子力學 ⇒ quantum mechanics

1926년~	폰 노인만이 양자 역학의 수학적 기초를 만듦.
1927년	하이젠베르크가 하이젠베르크의 불확정성 원리를 제창
1927년	보른과 오펜하이머가 보른-오펜하이머 근사를 제창
1928년	디랙이 상대론적 전자에 대한 디랙 방정식을 제창
1929년	클라인과 니시나가 클라인-니시나 공식을 제창
1930년	디랙이 양전자의 존재를 제창

(이쯤에서 소립자론으로 불리는 연구가 시작)

1930년	파울리가 베타 붕괴에서의 뉴트리노의 존재를 제안
1932년	채드윅이 중성자를 발견
1932년	앤더슨이 양전자의 존재를 실증
1935년	아인슈타인, 포돌스키, 로젠이 EPR 패러독스를 제창
1935년	슈뢰딩거가 슈뢰딩거의 고양이를 제창

(여기까지 양자 역학이 완성, 이후에는 소립자론이 중심)

1935년	유카와에 의한 파이 중간자 예언
1943년	도모나가의 초다시간 이론 제창
1948년	파인만이 경로 적분법을 제안
1948년	도모나가와 슈윙거가 각각 독자적으로 접목한 이론을 제창
1949년	다이슨이 접목한 이론과 경로 적분법의 등가성을 입증

(양자 전기 역학이라고 불리는 이론이 거의 완성)

1954년	양과 밀스가 비가환 게이지 이론을 제창

(전자기-약력 이론(전약이론) 및 양자 색역학이라고 불리는 이론이 시작)

1955년	겔만과 니시지마가 각각 독자적으로 바리온 수, 기타 양자 수를 나타냄

(현재 쿼크 모델이라 불리는 것의 시초)

1957년	에버렛 3세가 다세계 해석을 제창
1964년	겔만과 츠바이크가 각각 독자적으로 쿼크 모델을 제창
1964년	힉스 등이 질량을 주는 힉스 입자를 제안
1964년	존 스튜어트 벨이 벨의 부등식을 발표
1967년	와인버그와 살럼이 전약 이론을 완성
1970년대 초반	초반 양자 색역학이 거의 완성
1973년	고바야시, 마스카와가 CP 대칭성의 깨짐에 관해, 3세대의 쿼크를 예언하는 고바야시-마스카와 이론을 제창

지식 블랙홀의 증발

양자 역학에서 **진공**은 아무것도 없는 텅 빈 공간이 아니라 양자 역학적인 흔들림이 가득한 공간으로, 그 안에서는 전자와 양전자 같은 입자와 그에 대한 반입자(입자 쌍)가 생성, 소멸을 반복하고 있다고 본다(**양자 진공**).

이들 입자 쌍은 생성되자마자 즉시 소멸하므로, **가상 입자 쌍**이라고 불린다. 이는 물리의 근본 원리인 에너지 보존 법칙을 깨는 현상인데, 가상 입자 쌍이 이 세상에 존재하는 것은 한순간이므로 물리의 신도 눈감아주시는 것 같다.

즉, 가상 입자 쌍은 양자 진공으로부터 에너지를 조금만 빌려, 이 세상에 출현했다가 소멸할 때는 빌렸던 에너지를 진공으로 되돌려주기 때문에, 차감 제로(대출 없음)가 되는 것이다.

하지만 입자 쌍의 한쪽이 블랙홀로 낙하하고 다른 쪽이 블랙홀에서 탈출할 경우, 실존하는 입자의 에너지만큼 어딘가에서 결산을 맞춰야 한다. 그렇기에 블랙홀이 **조석력**(장소의 차이에 따른 중력 차이)으로 일을 해서 입자를 만들었다고 하지 않으면 안 된다.

그리고 일을 한 만큼 블랙홀의 에너지는 줄어드는데, 에너지가 줄어든다는 것은 질량이 줄어드는 것과 같은($E=mc^2$) 것이기 때문에, 결국은 실존하는(생성된) 입자의 에너지에 해당하는 질량만큼 블랙홀의 질량이 감소하여, 모든 결산이 맞춰지게 되는 것이다. 이 현상을 **블랙홀의 증발**이라고 한다.

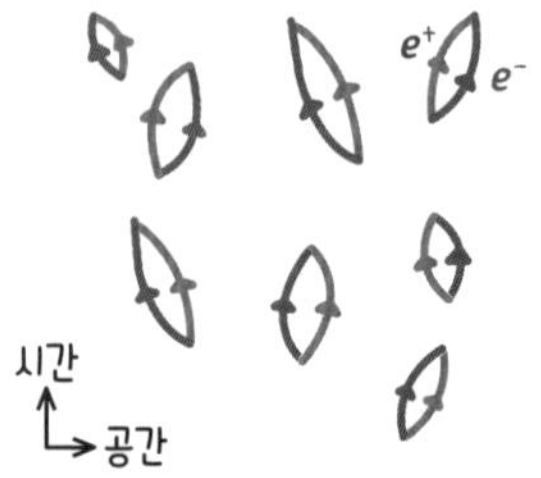

전자 e^-와 양전자 e^+가 생성과 소멸을 반복하고 있다.

〔양자 역학적 진공〕

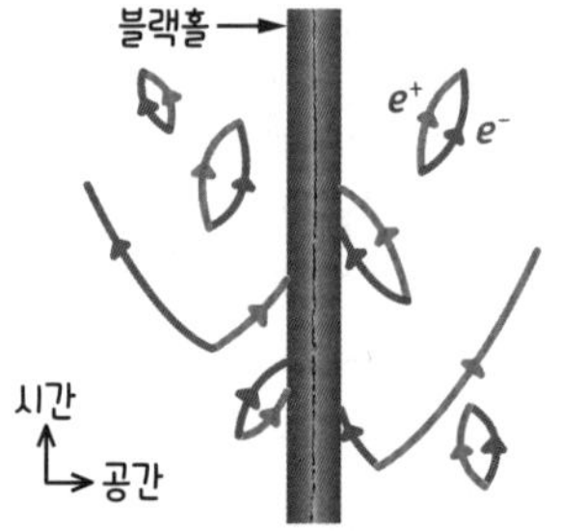

블랙홀은 시공도 상에서는 시간축 방향으로 뻗은 대롱 모양의 영역이 된다. 가상 입자 쌍의 한쪽이 블랙홀로 빨려 들어가고, 다른 한쪽이 빠져나가는 감소가 일어난다.

〔블랙홀 옆 진공〕

9-2

세상은 원자와 진공으로 이루어져 있다

원자론

미시적인(마이크로) 세계의 물리 법칙을 살펴보려면, 우선 미시적인 세계의 구조, 즉 '물체나 물질을 미시적인 세계에서 봤을 때 어떻게 되어 있는지'를 알 필요가 있다. 우리 주위에는 여러 가지 사물(물체, 물질)이 있는데, 돌처럼 단단한 것도 있고 푹신푹신한 것도 있다. 양자론을 이해하기 위하여, 그 이유를 다시 깊이 살펴보자.

고대 그리스의 원자론

- 고대 그리스인들은 우리가 사는 세상의 기원에 대해 가능한 합리적인 설명을 하려고 했다. 왜 물체나 물질은 태어나고, 사라져가는 것인가? 도대체 물체나 물질이란 무엇인가?
- 그중에서 데모크리토스Democritus가 정리했다고 전해지는 것이 **원자론**이다. 원자론은 인간의 감각을 물질이나 물체의 유무에 관한 논의에서 배제하고 '모든 물질은 원자와 진공(공허)으로 이루어져 있다'고 주장한다.

원자atom … 영어 'atom'의 어원인 그리스어의 'atomos'는 부정어 (a)와, 자르다를 뜻하는 'tomos'로 이루어져 있다. '더 이상은 쪼갤 수 없다'는 뜻.

원자론이 인정되기까지

- 현대에는 전자현미경 등으로 나노미터(nm = 10^{-9} m) 수준인 원자와 분자의 모습을 실제로 파악할 수 있지만, 그것이 불가능했던 19세기 말까지는 원자론을 인정하지 않는 사람이 많았다. 오스트리아의 물리학자 마하Mach, E. W. J. W.와 같은, 물리학 분야에서 큰 업적을 세운 사람 중에도 원자론을 회의적으로 생각하는 사람이 많았다.
- 1905년 아인슈타인은 영국의 식물학자 브라운Brown, R.이 발견한, 액체나 기체 속에서 꽃가루가 불규칙하게 움직이는 현상(브라운 운동)의 원인이 분자의 잦은 충돌에 의한 것이라고 이론적으로 설명했다.
- 현재는 원자와 분자의 존재를 누구나 믿고 있지만, 원자론이 널리 인정되기 시작한 지는 100년 정도밖에 지나지 않았다.

원소

- 개개의 물체나 물질을 조사해가면, 모든 물체나 물질은 모두 많은 수의 원자의 결합으로 만들어진다는 것을 알 수 있다.
- 또한 원자 중에는 질량이 조금 다르지만, 화학적으로 비슷한 성질을 나타내는 것(동위체)이 있음을 알 수 있다. 예를 들어 수소의 동위체에는 일반 수소 외에 중수소(듀테리움)와 삼중수소(트리튬)라는, 질량이 조금 다른 것이 존재한다. 이 같은 종류의 원자를 묶어 **원소**라고 한다.
- 러시아 화학자 멘델레예프Mendelejev, D. I.는 1869년 당시 발견되었던 63개의 원소를 원자량이 큰 순서대로 나열해보니 성질이 비슷한 원소

가 주기적으로 나온다는 것을 알게 되었다. 이것을 **주기율**이라고 하고, 주기율에 따라 성질이 비슷한 원소끼리 나란히 배열한 목록을 원소의 **주기율표**라고 한다. 원자의 종류는 수천 가지이지만, 원소의 종류는 118가지밖에 되지 않는다(2021년 현재).

분자

- 분자는 물이나 단백질 등 물질의 화학적 성질을 잃지 않는 범위에서 물질을 쪼갤 수 있는 최소 단위이다.
- 헬륨(He)과 같이 1개의 원자로 이루어진 분자를 **단원자 분자**, 산소(O_2)와 같이 2개의 원자가 결합한 것을 **2원자 분자**, 물(H_2O)과 같이 3개 이상의 원자가 결합한 것을 **다원자 분자**라고 한다.

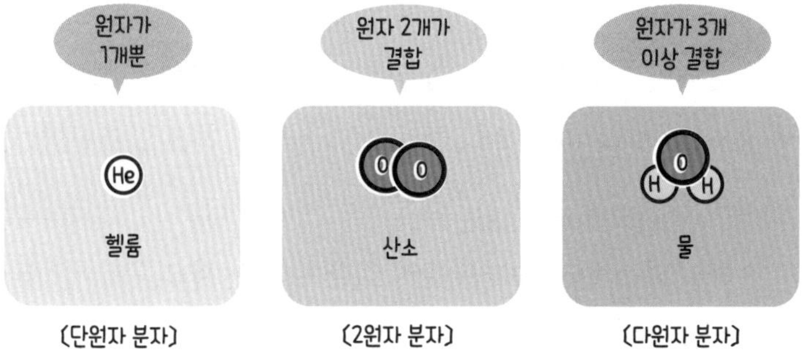

분자molecule ⋯ 영어의 'molecule'은 라틴어의 'moles'(덩어리) + 'cula'(작음)가 어원이다.
동위체isotope ⋯ 동일한 원자번호를 가지지만(양성자의 수는 같으나), 질량수가 다른(중성자의 수가 다른) 핵종을 가리킨다.

9-3

분할 불가능한 것이 분할 가능하다

전자, 양성자, 중성자

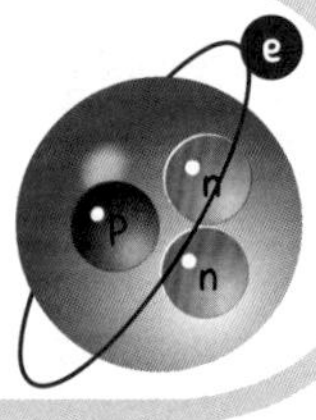

원자론이 세상에서 인정받으면서 원자란 구체적으로 어떤 것인지를 알아내는 게 다음 과제이다. 이 과제는 현재까지 위대한 물리학자나 화학자들의 수많은 실험과 연구를 통해 해명되고 있다.

원자핵과 전자

- 고대 그리스 시대의 원자론에서 원자는 더 이상 쪼갤 수 없는 입자였다. 그러나 현대에서 원자는 더 작은 입자들로 이루어져 있다고 한다.
- 영국의 물리학자 톰슨Thomson, J. J.은 1897년 음극선의 정체가 원자의 구성 요소 중 하나이며, 음의 전하를 갖는 흐름임을 입증하였다. 이것이 전자의 발견이다. 그렇다면 왜 음의 전하를 가진 전자가, 음의 전하도 양의 전하도 없는 원자 속에 머물러 있을 수 있는지 의문이 제기되었다.
- 뉴질랜드 태생의 영국 물리학자이자 화학자인 러더퍼드Rutherford, E.는, 라듐(Ra)에서 방사되는 방사선을 금박에 대고 반사된 각도를 측정하는 실험을 하다가, 1911년 원자 내에는 양의 전하가 국소적으로 존재하는

원자핵atomic nucleus…원자의 중심에 있는 양의 전하를 띤 덩어리.

러더퍼드의 실험

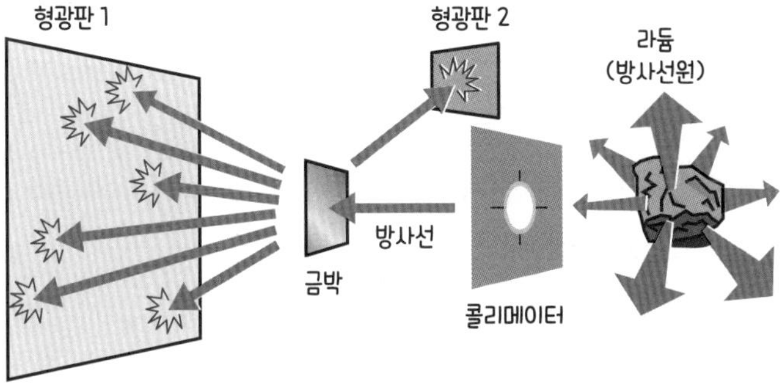

장소(원자핵)가 있다는 결론에 도달했다.

- 러더퍼드는 1919년 방사성 원소에서 방출되는 방사선(러더퍼드에 의해 알파선(α선)이라고 명명됨)을 질소에 조사하여 질소 원자를 붕괴시켰는데, 이때 수소의 원자핵이 튀어나오는 것을 확인하고 이를 **양성자**라고 명명했다.
- 또한 동위원소의 존재를 설명하기 위해서는 양의 전하를 띤 양성자 이외에, 양성자와 같은 질량으로 원자에 존재하는 중성의 입자가 필요하다고 추측했다. 이후 1932년 영국의 물리학자 채드윅Chadwick, J.에 의해, 양성자와 함께 원자핵을 구성하는 전하를 띠지 않은 입자인 **중성자**가 발견되었다.

전류와 분자

- 요약하자면, 원자는 양의 전기를 띤 원자핵과 음의 전기를 띤 전자가 전자기적으로 결합하여 이루어져 있다.
- 원자핵의 크기는 원자의 10만분의 1 정도밖에 되지 않으며, 원자의 내

부는 거의 비어 있다고 할 수 있다.

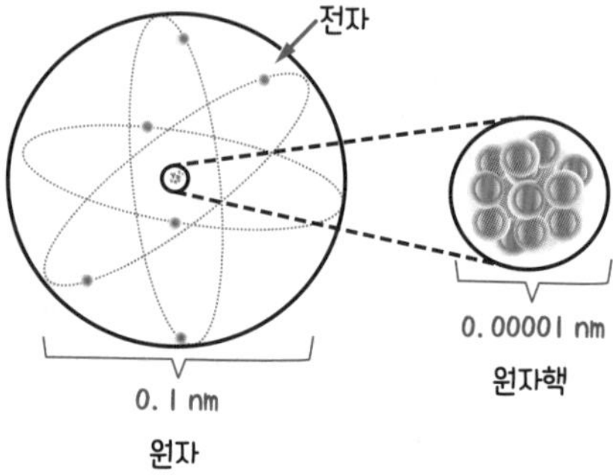

- 예를 들어, 일반 수소 원자는 1개의 양성자로 구성된 원자핵과 그 주위에 구속된 1개의 전자로 이루어져 있다. 또 철 원자는 26개의 양성자와 30개의 중성자로 이루어진 원자핵 및 26개의 전자로 구성되어 있다.
- 원자핵을 깨는 데는 매우 큰 에너지가 필요하다. 반면 원자핵 주위의 전자는 일상적인 화학 에너지로 쉽게 떨어지거나 결합할 수 있다. 다시 말하면, 전자의 교환에 의해 일상생활 속의 화학 반응이나 생체 반응의 대부분이 일어나고 있는 것이다.
- 또한 원자에서 떨어져 나온 전자의 흐름이 전류의 실체이다.
- 전자를 잃고 양(+)의 전하를 띤 원자나 분자를 양이온, 전자가 추가되어 음(-)의 전하를 띤 원자나 분자를 음이온이라고 한다.
- 원자끼리 전자기적인 힘으로 결합하면 분자가 된다.

원자의 구성 물질

	질량	전하	스핀
p 양성자	1.6726×10^{-27} kg	+e	$\frac{1}{2}$
n 중성자	1.6749×10^{-27} kg	0	$\frac{1}{2}$
e 전자	9.1094×10^{-31} kg	-e	$\frac{1}{2}$

전자 electron ··· 영어의 'electron'은 그리스어로 '호박'을 뜻하는 'electron'에서 유래했다.

9-4

양자의 등장

광양자 가설

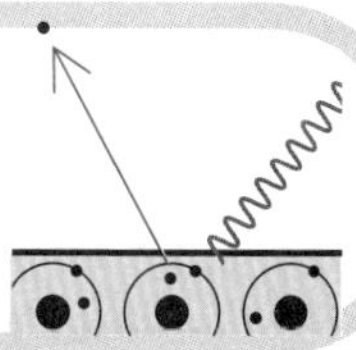

양자론과 양자 역학에서는 왜 물리학 이외의 분야에서는 익숙하지 않은 '양자'라는 용어를 사용할까? 그것은 미시적인 세계에서는, 그렇지 않은 세계(거시적 세계)와 전혀 다른 물리 현상이 일상적으로 일어나기 때문이다. 인류가 이 사실을 깨닫게 된 계기를 알아보자.

광전 효과의 불가사의

- 독일 물리학자 헤르츠Hertz, H. R.는 전자기파에 관한 실험을 하던 중 자외선을 전극의 음극 쪽에 쬐면 방전 현상이 일어나는 것을 발견했다.
- 독일 물리학자 레나르트von Lenard, P. E .A.는 전자가 튀어나오는 것(광전 효과)에 의해 이 방전 현상이 일어난다고 확인하였다. 그리고 다음과 같은 특성이 있음을 밝혔다.
  - 전자가 방출되는 수는 빛의 세기에 비례한다.
  - 어떤 값보다 파장이 긴 빛(예를 들어 빨간색 빛)을 아무리 강하게 쬐어도, 전자는 방출되지 않는다. 반대로 어떤 값보다 파장이 짧은 빛(예

양성자proton … 그리스어로 '최초'를 뜻하는 'protos'에서 유래한 이름으로, 러더퍼드가 명명했다.
중성자neutron … 양성자와 거의 같은 질량으로, 전하를 띠지 않는 새로운 입자라는 것을 실험으로 확인했다. 채드윅이 명명했다.

광전 효과

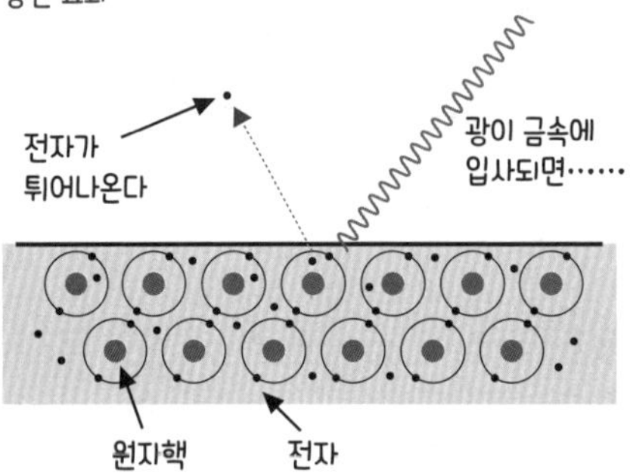

를 들어 자외선)을 쬐면, 아무리 약해도 전자는 방출된다.

- 같은 파장의 빛의 세기를 높이면 방출되는 전자의 수는 증가하지만, 방출된 전자가 갖는 개당 에너지는 변하지 않는다. 빛의 세기를 일정하게 하여 파장을 짧게 해나가면 방출되는 전자의 수는 변하지 않지만 1개당 에너지는 커진다.

● 빛은 파동인데, 광전 효과는 빛이 파동이라면 설명이 불가능한 현상이다. 왜냐하면 빛이 파동이라면 파장이 길고 에너지가 낮은 빛이라도, 장시간 닿으면 파동의 에너지가 쌓이기 때문에 전자는 튀어나올 것이기 때문이다. 또한 빛이 파동이라면, 빛의 에너지가 약해지면 그만큼 방출되는 전자 1개당 에너지도 작아질 것이다.

● 광전 효과는 빛 에너지의 분포가 연속적으로 변화한다는 고전적인 생각으로는 설명할 수 없는 현상이다.

빛 에너지는 불연속적으로 변한다

- 금속과 같은 물체를 가열하면 그 색은 어떻게 변할까?

관광객: "오늘은 더워서 힘드시겠어요. 그렇게 가마 안을 들여다보면 뭘 알 수 있어요?"

도예가: "가마 속에 있는 도자기의 색깔이 변하는 걸 보면 가마 안의 온도를 알 수 있어요."

관광객: "아, 그렇지만, 도자기의 재질에 따라서도 색은 다르지 않나요?"

도예가: "음, 그렇지 않아요."

- 물체를 달궜을 때 색의 변화는 물체의 종류와 관계가 없다. 이 사실은 독일의 물리학자 키르히호프Kirchhoff, G. R.에 의해 밝혀졌다.
- 플랑크Planck, M. K. E. L.는 이 색의 변화(열복사의 성질)를 잘 표현하는 법칙(플랑크 법칙)을 발견했다. 그리고 이 식의 의미를 검토한 결과, 빛 에너지는 불연속적으로 변한다. 즉 에너지는 그 최소 단위(플랑크 상수에 빛의 진동수를 곱한 것)의 정수배의 값만 취할 수 있다(에너지 양자 가설)고 가정하면, 플랑크 법칙을 도출할 수 있음을 알 수 있다.

아인슈타인의 광양자 가설

- 아인슈타인은 플랑크 가설을 더욱 강력하게 지지하고, 빛은 에너지를 가진 덩어리(광자, 광양자)로 움직이며 공간으로 전달된다고 주장했다. 이것을 **광양자 가설**이라고 한다.

- 광양자 가설에서는, 빛은 다음 식으로 표시되는 에너지를 가진 입자(광자)로서 나타낼 수 있다.

$$h\nu = \frac{hc}{\lambda}$$

h: 플랑크 상수
ν: 진동수
c: 광속도
λ: 파장

- 광양자 가설을 받아들이면, 광전 효과의 수수께끼는 쉽게 해결할 수 있다.
- 따라서 금속에 입사된 빛이 금속 외부로 전자를 빼내기 위해서는, 어느 정도 최소한의 에너지가 필요하다고 볼 수 있다.

에너지 준위energy level … 취할 수 있는 에너지로서 가능한 값을 말한다.

9-5

모든 것은 파동이다

입자와 파동의 이중성

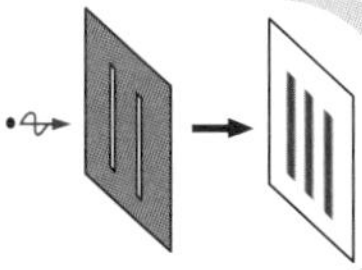

앞에서 빛(광자)은 파동이면서 입자의 성질도 갖는다고 설명했다. 이러한 성질은 빛에 국한된 것일까? 아니면, 모든 물질이 다 이런 특성을 가질까?

이중 슬릿 간섭 실험의 새로운 해석

- 135페이지에서 소개한 영의 실험을 약간 수정하여 실험해보면, 빛이 입자로서의 성질과 파동으로서의 성질을 모두 가지는 것을 확인할 수 있다.
- 광원을 매우 약하게 하여 한 번에 1개의 광자만 방출되도록 해보자. 또 매우 약한 광자를 검출하기 위하여, 스크린을 고감도의 광검출기 배열로 바꾸어 광원에서 1개의 광자가 방출되면 광검출기 중 어느 한 곳에서 검출되도록 설치한다.
- 1개의 광자만을 보면, 방출된 후에 광검출기의 어느 하나에만 검출되기 때문에 분명히 입자의 특성을 가지며 움직인다고 할 수 있다.
- 그러나 이 실험을 계속 반복하다보면 간섭 무늬가 나타나게 된다. 광자가 1개씩 슬릿을 지나기 때문에 어떤 광자도 다른 광자와 간섭하지

간섭 무늬 interference fringe… 빛의 간섭에 의해 생기는 밝고 어두운 줄무늬를 말한다.

광자는 자기 자신과 간섭을 일으킨다

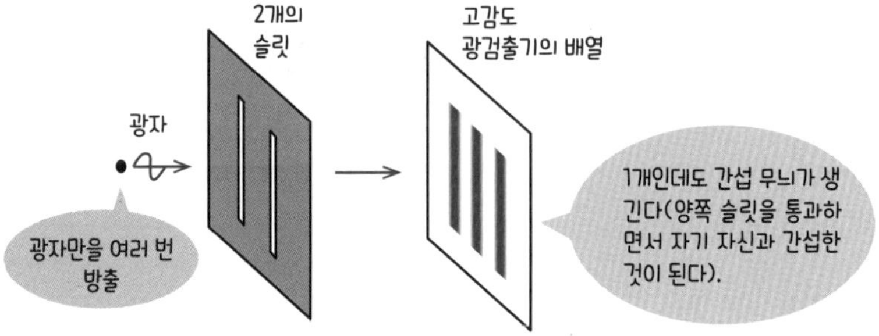

않는다. 그렇다면 광자는 양쪽 슬릿을 통과하면서 자기 자신과 간섭을 일으켰다고 볼 수 있다.

전자도 자기 자신과 간섭을 일으킨다

- 미국의 물리학자 아서 콤프턴Compton, A. H.은 실험을 통해, 아인슈타인의 광양자 가설이 옳다는 것을 확인하였다. 즉, 물질에 X선을 조사照射하였을 때, X선이 파동이라면 조사하기 전과 조사한 후 물질에서 나온 파장은 같아질 텐데, 조사한 후에 물질에서 나온 X선은 조사하기 전과 비교해 파장이 길어지는 현상(콤프턴 효과)을 확인한 것이다. 이는 X선이 물질에 충돌하면서 X선의 에너지가 줄어들었기 때문에 일어나는 현상으로 볼 수 있으므로 X선이 입자로서의 성질을 가짐을 알 수 있다.
- 이어 프랑스의 물리학자 드브로이Raymond, L. V. P.는 입자라고 알고 있었던 전자도 파동으로서의 성질을 가질 수 있는 것은 아닐까 생각했다. 이것을 **입자와 파동의 이중성**이라고 한다.
- 물질 입자에 의해 생성되는 **물질파**의 파장(드브로이 파장)은 다음 식으

로 구할 수 있다.

$$\lambda = \frac{h}{p} = \frac{h}{mv}$$

λ: 파장
h: 플랑크 상수
p: 운동량(즉, m(질량)과 v(속도)의 곱)

- 전자가 간섭하는 것은 실험으로도 확인할 수 있다. 영의 실험을 빛 대신 전자로 대체해보자. 광원 대신 그 위치에 전자를 내보내는 전자총으로, 스크린을 전자를 검출하는 형광 스크린으로 대체하여 실험을 진행한다. 이때 전자의 경우에도 빛의 경우와 같은 현상이 일어나게 된다.
- 즉, 전자를 1개씩 입사하는 경우에도 오랜 시간 반복하다보면 간섭 무늬가 나타난다. 전자는 입자이기 때문에 한 번에 둘 중 한쪽의 슬릿만 통과할 수 있는데, 간섭 무늬가 생긴다는 것은 1개의 전자가 동시에 양쪽 슬릿을 통과했다고 볼 수 있는 것이다. 그러므로 이때 1개의 전자는 파동으로서의 성질을 나타내며 양쪽 슬릿을 통과하면서 자신과 간섭했다고 결론 내릴 수 있다.

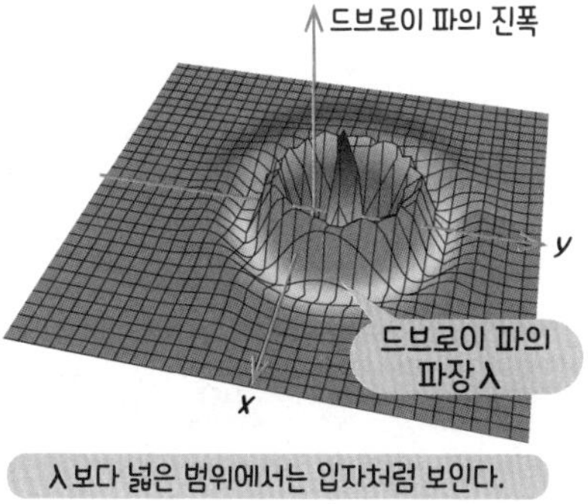

- 입자와 파동의 이중성은 모든 물질에 적용될 수 있다. 우리 주변에 있는 물체도 입자이면서 파동의 성질을 가지고 있다. 그러나 미시적인 세계가 아니라면, λ는 질량이 커지면 그 값은 0으로 수렴하기 때문에 파동이라고 인식할 수 없다.

전자도 자기 자신과 간섭을 일으킨다

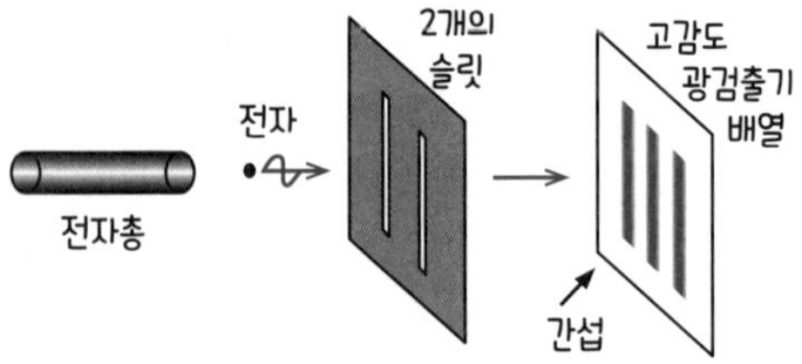

9-6

전자는 정해진 궤도를 돈다

보어의 원자 모형

여기까지 설명한 것을 정리해보자.

- 모든 물체, 물질은 원자로 되어 있다.
- 원자는 원자핵(양성자와 중성자)과 전자로 되어 있다.
- 에너지는, 불연속적인 값만 취할 수 있다.
- 모든 물질은 입자이며, 파동이다.

그리고 19세기 후반부터 풀리지 않는 또 하나의 수수께끼가 있다.

스펙트럼 선의 수수께끼

- 빛을 프리즘 등의 분광기에 통과시키면 그 안에 들어 있는 빛의 파장은 굴절률의 차이 때문에 파장의 순서대로 색이 분리된다. 이렇게 색이 정렬되는 것을 **빛의 스펙트럼**이라고 한다(109페이지 참조). 비 온 뒤에 무지개를 볼 수 있는 것도 같은 원리이다(124페이지 참조).
- 양쪽에 전극을 심은 진공관에 수소를 채우고 전압을 걸면, 진공관 안에서 방전이 일어나 빛을 낸다. 이 빛의 스펙트럼에서는 가시광선 영역의 특정 파장 몇 개에서 강도가 강한 부분(휘선)과 약한 부분(흡수선, 암선)을 볼 수 있다. 휘선과 암선을 합쳐서 **스펙트럼 선**이라고 한다.
- 가시광선 영역에서 볼 수 있는 이 수소 스펙트럼 선의 배열을 발머 계

열이라고 한다. 스위스의 수학자이자 물리학자 발머Balmer, J. J.는 시행착오 끝에, 1885년 이 파장의 배열을 단순한 정수 조합에 대응시키는 데 성공하였다. 이것을 발머 공식이라고 한다.

$$\lambda_n = \frac{A(n+2)^2}{(n+2)^2 - 4}$$

$$(n = 1,\ 2,\ 3,\ 4)$$

λ_n : 수소의 스펙트럼 선 (nm)
A : 364.46 nm

- 그 후, 스웨덴의 물리학자 뤼드베리Rydberg, J는 1888년 발머 공식을 일반화하여 모든 원소의 스펙트럼 선 파장을 나타낼 수 있는 공식(뤼드베리 공식)을 찾아낸다.

$$\frac{1}{\lambda} = R_y Z^2\left(\frac{1}{n_1^2} - \frac{1}{n_2^2}\right)$$

λ : 광자의 파장 ($nm = 10^{-9}$ m)
R_y : 뤼드베리 상수 ($1.09737 \times 10^7\ m^{-1}$)
Z : 대상 원자의 원자번호
n_1, n_2 : 양의 정수 ($n_1 < n_2$)

- 그러나 당시에는 왜 이런 관계가 성립하는지 명확하게 이론적으로 설명이 되지 않았다.

보어의 모델과 에너지 준위

- 보어Bohr, N. H. D.는 1913년 「원자 및 분자의 구성에 대하여」라는 이름의 기념비적인 논문을 썼다. 당시 보어의 나이는 27살이었다.
- 수소 원자에서는 원자핵(양성자 1개) 주위를 전자가 돌고 있지만, 보어

는 전자가 취할 수 있는 궤도는 연속적이지 않고, 불연속적(띄엄띄엄한) 궤도밖에 취할 수 없다고 생각했다. 이것을 **보어의 원자 모형**이라고 한다.

- 이 불연속적 궤도를 전자의 **에너지 준위**라고 한다. 전자의 궤도(에너지 준위)가 띄엄띄엄하게 존재하면, 각각의 궤도 사이의 에너지 차이도 다른 값을 가지게 된다. 그리고 전자가 높은 에너지를 가진 궤도에서 낮은 에너지의 궤도로 점프(천이)하면, 그 에너지의 차이에 따른 에너지 값에 상응하는 빛이 방출되게(= 뤼드베리의 공식이 나타내는 내용) 된다.
- 수소 원자의 경우, 가장 에너지가 낮은 첫 번째 전자 궤도가 있고, 두 번째와 세 번째, 그리고 에너지가 높은 궤도가 존재한다고 보았다. 그리고 발머 계열은 세 번째에서 두 번째(H_{α})로, 네 번째에서 두 번째(H_{β})로, 다섯 번째에서 두 번째(H_{γ})로 전자의 전이에 대응되는 것이다.

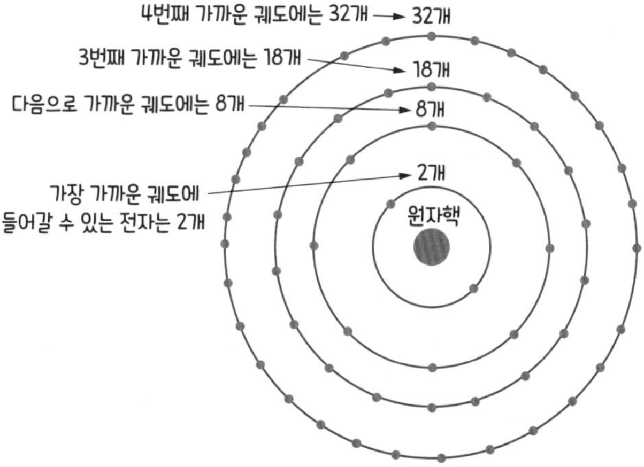

전자는 띄엄띄엄한 불연속적인 에너지 상태만 취할 수 있다.

9-7

전자의 궤도는 불연속적이다

양자 조건

보어의 원자 모형에 의해, 플랑크의 에너지 양자 가설과 뤼드베리 공식이 성립되는 이유가 밝혀지게 되었다. 그러나 어떻게 전자는 원자핵 주위에 머물러 있을 수 있는 것일까? 이 질문의 답은 보어 자신도 처음에는 잘 알지 못했던 것 같다.

보어의 3개의 가설

- 보어의 가설에 대해 정리해보자.
- 우선 원자처럼 미시적인 세계에서, 전자는 띄엄띄엄 에너지를 가진 상태로 존재한다고 가정해보자. 이 상태를 **원자의 정상 상태**라고 한다. 정상 상태에서는 지금까지 확립되어 있던 역학(고전 역학)에 따라, 전자는 원자핵 주위를 안정적으로 운동하고 있다고 볼 수 있다.
- 다음으로, 전자는 어떤 정상 상태에서 다른 정상 상태로 순간적으로 점프할 수 있다고 하자. 이것을 **천이**라고 한다. 전자는 천이할 때 빛을 방출하기도 하고 흡수하기도 하는데, 그때 출입하는 빛 에너지는 정상 상태의 에너지의 차와 같다. 이것을 **진동수 조건**이라고 하며, 다음 식으로 나타낼 수 있다.

$$h\nu = |E' - E''|$$

h: 플랑크 상수
ν: 빛의 진동수
E', E'': 각각의 정상 상태에서의 에너지

- 끝으로 띄엄띄엄 존재하는 정상 상태는, 어떤 조건에 따라 정해져 있다고 볼 수 있으며 이 조건을 양자 조건이라고 한다.

양자 조건의 의미

- 보어가 위의 가설을 발표한 것은 1913년의 일이다. 그 후 드브로이가 물질파를 1923년에 발표하게 된다. 이것에 의해, 양자 조건의 의미가 명확해졌다.

(만약 전자가 입자인 동시에 파동이라면, 파장을 가질 것이다. 즉, 원 궤도를 따라 파동이 전해진다고 생각해보자.)

스승: "자네, 이 밧줄을 연결하여 원을 만들어주지 않겠나?"

제자: "네? 위험해서 싫어요. 파도치듯 흔들리고 있어서, 잘 연결될 리가 없잖아요."

스승: "그러니까 부탁하는 거지!"

제자: "알겠습니다……."

- 진동하는 원 궤도는, 원 궤도의 길이가 파장의 정수배일 때만 제대로 연결될 수 있다.
- 따라서 전자의 원 궤도 길이가 물질파 파장의 정수배라는 것이, 바로 보어의 양자 조건이다.
- 원 궤도는 파장의 정수배가 되어야 하므로, 원 궤도는 파장의 정수배일 때만 존재해야 한다.
- 또 파장보다 짧은 안쪽 원 궤도는 존재할 수 없다.

9-8

행렬이나 허수를 사용하여 계산한다 $\hat{H}\Psi = E\Psi$

행렬 역학과 파동 역학

드브로이의 물질파 이론은 지금까지의 의문을 해결하는 심플하고 세련된 것이었지만, 사회에 순순히 받아들여진 것은 아니었다.
그 가운데 하이젠베르크와 슈뢰딩거라는 두 물리학자가 각각 독자적으로 미시 세계의 물리 현상을 표현하는 이론을 확립하였다.

관측할 수 있는 것에 주목한다

- 원자핵 주위를 도는 전자의 움직임을 파동이라고 하면, 전자의 입자는 어디에 존재하는 것일까?
- 전자는 육안으로 볼 수 없다. 가시광을 사용하는 현미경으로는 전자의 크기가 너무 작아서 이론적으로 관측할 수 없다. 원리적으로 무리다. 독일의 물리학자 하이젠베르크Heisenberg, W. K.는 1925년 관측할 수 있는 물리량observable(옵저버블)만으로 이론의 틀을 만드려는 시도를 했다. 그가 길을 닦은 양자 역학 이론은 오늘날 **행렬 역학**이라고 불린다.
- 하이젠베르크는 전자가 원자핵 주위의 궤도를 따라 운동하고 있다는

옵저버블observable … 연산자가 되는 경우도 있다.
행렬 역학matrix mechanics … 관측 가능한 물리량(옵저버블)이나 연산은 행렬로 표현되고, 고유 상태를 나타내는 고유함수는 벡터로 표현된다.

고전적인 개념 자체를 버려야 한다고 생각했다.

- 즉 원자 중에서, '전자는 어떤 에너지를 가진 정상 상태에 있고, 정상 상태 간의 천이에 의해 특정 파장의 빛을 방출하거나 흡수하고 있다'고 한다. 그리고 관측되는 '옵저버블'을 설명할 수 있는 방법을 찾는 것이다.
- 한편 그렇게 되면 (위치) × (운동량) 값과, (운동량) × (위치) 값이(단지 위치와 운동량의 순서가 반대일 뿐인데) 다른 값의 결과를 나타내게 된다. 즉, 교환 법칙이 성립되지 않는 **비가환**적인 경우가 되고 만다.
- 이것은, 수학적으로는 행렬의 연산으로 귀결되며, 이 이론이 행렬 역학이라고 불리는 이유이다. 행렬에서는 일반적으로 $\boldsymbol{AB \neq BA}$가 되기 때문이다.
- 하이젠베르크는 행렬에 따라 미시적인 세계의 물리량(위치나 운동량)을 나타내고, 그 연산 규칙에 따라 미시적인 세계의 물리량의 시간적 변화를 기술하는 방법을 찾아냈다. 행렬 역학을 사용하면, 원자에서 방출되는 빛의 파장과 세기 등 관측되는 '옵저버블'을 올바르게 계산할 수 있다.

$$\underbrace{\hat{H}\Psi}_{\text{미시 세계의 물리량}} = \underbrace{E\Psi}_{\text{측정 가능한 물리량}}$$

$\hat{H}$: 해밀토니안
Ψ: 고유 벡터
E: 에너지 고유치

구체적인 내용은 아래와 같다.

$$\begin{pmatrix} a_{11} & \cdots & a_{1n} \\ \vdots & \ddots & \vdots \\ a_{n1} & \cdots & a_{nn} \end{pmatrix} \begin{pmatrix} \psi_1 \\ \vdots \\ \psi_n \end{pmatrix} = E \begin{pmatrix} \psi_1 \\ \vdots \\ \psi_n \end{pmatrix}$$

- 하이젠베르크의 행렬 역학은 이제까지의 상식에 얽매이지 않는 것이

어서, 또 다른 논쟁을 불러일으키고 있다.

파동의 성질에 주목한다

- 오스트리아 물리학자 슈뢰딩거Schrödinger, E. R. J. A.는 드브로이의 생각에 주목했다.
- 그리고 1926년 미시적인 세계의 입자가 가지는 파동의 성질에 주목해 양자의 파동의 움직임을 나타내는 방정식(슈뢰딩거 방정식)을 도출했다. 슈뢰딩거 방정식에 기초한 양자 역학 이론을 **파동 역학**이라고 한다.

$$i\hbar\frac{\partial\Psi}{\partial t} = -\frac{\hbar^2}{2m}\frac{\partial^2\Psi}{\partial x^2} + V(x)\Psi$$

파동 함수의 시간 변화

파동 함수의 공간 변화

외부장(퍼텐셜)에 의한 파동 함수에 미치는 영향

i : 허수 단위
$\hbar$: $\frac{(플랑크 상수)}{2\pi}$
Ψ : 파동 함수
t : 시간
m : 입자의 질량
x : 공간좌표
$V(x)$: 퍼텐셜

- 일상생활에서도 물결이나 소리의 파동, 스프링의 진동 등 많은 파동(진동) 현상이 있는데, 슈뢰딩거는 입자에 대해 **파동 함수**라는 개념을 도입한 것이다.

파동 역학 wave mechanics … 비상대론적 양자 역학의 기법을 말한다.
허수 단위 … 허수 단위는 제곱하여 -1이 되는 수이며, 복소수는 허수 단위를 포함하는 수. 실존하는 세계에 존재하는 물리량은 모두 실수로 표현되므로, 복소수 그대로는 실세계에 존재하는 물리량이 될 수 없다.

- 이 슈뢰딩거 방정식이 파동 역학의 기초 방정식이 되었다.
- 슈뢰딩거 방정식에는 허수가 포함되어 있기 때문에, 파동 함수는 복소수로 나타낼 수 있다.

고유치와 양자화

- 무한히 펼쳐지는 공간에 파동이 전달될 때는, 어떤 파장이든 가능하다. 그러나 유한 영역에 갇힌 파동의 경우는 다르다. 즉 영역의 경계에서 파동은 진동할 수 없으므로 경계가 파동의 마디(진동하지 않는 부분)가 되는 진동만 허용된다고 볼 수 있다(86페이지 참조).

파동 함수의 고유 상태

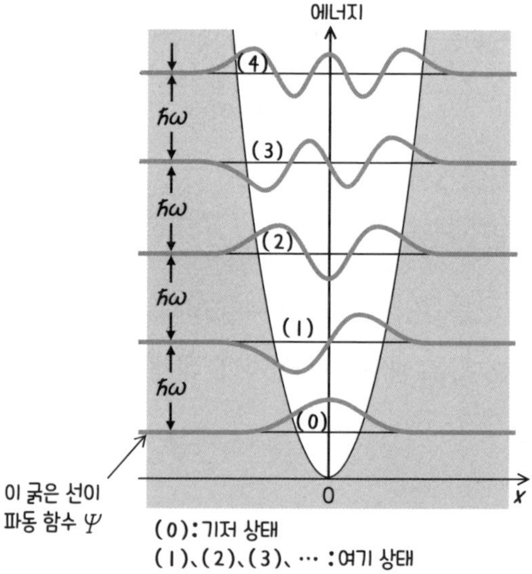

파동 함수wave function…앞 페이지 참조. 슈뢰딩거 방정식의 해를 말한다.

- 그 결과 영역의 폭이 파장의 $\frac{1}{2}$배, 1배, $\frac{3}{2}$배, 2배, $\frac{5}{2}$배…… 라고 하는 반파장($\frac{1}{2}$)의 정수배의 진동만이 존재 가능하다. 이러한 띄엄띄엄 존재하는 파동의 에너지를 고유치라고 한다.
- 수소의 원자핵(양자) 주위에도 양과 음의 전기력이 작용하고, 전기적인 용기(경계 영역)가 존재한다. 따라서 전자기파를 생각하면 이 영역 내에서 반파장의 정수배의 파동(고유 상태)밖에 허용되지 않는다.
- 슈뢰딩거 방정식에서 띄엄띄엄하게 허용되는 파동의 해, 즉 슈뢰딩거 방정식의 고유치는, 양자론의 세계에서 허용되는 에너지가 띄엄띄엄 존재하는 것(양자화)을 설명한다.

수학적으로 동등

- 행렬 역학과 파동 역학은 모두 수소 원자의 관측 사실을 제대로 설명할 수 있었다. 그러나 초기에 두 이론은 매우 달라 보여서, 어느 쪽이 옳은 이론인지에 대한 논란이 있었다.
- 1926년, 슈뢰딩거가 행렬 역학과 파동 역학이 수학적으로는 동등하다는 것을 증명하면서 둘 다 옳은 이론임을 알았다.
- 이렇게 미시적인 세계를 나타내는 물리 이론, **양자 역학**이 완성되었다.

+ 지식 슈뢰딩거의 고양이

밀폐된 상자 안에 고양이 한 마리가 갇혀 있고, 그 안에 방사성 물질로 고양이를 죽이는 장치가 함께 들어 있다고 하자. 방사성 물질은 임의의 확률로 자연 붕괴되어 방사선을 방출하는데, 그 장치가 작동하면 고양이는 바로 죽게 된다.

여기서 이 방사성 물질은 1시간에 50%의 확률로 자연 붕괴되는 것만 알고 있다고 하자. 그럼 1시간 후에 이 고양이는 죽어 있을까? 아니면 살아 있을까? 이것이 유명한 **슈뢰딩거 고양이**의 주제이다.

물론 상식적으로 고양이는 살아 있거나 죽었거나, 둘 중 하나로 '확정'될 테지만, 이것에 의문을 제기한 것이 슈뢰딩거이다. 문제는 고양이의 생사 '관측'에 대한 것이다. 상자의 뚜껑을 연다는 조작, 또 안을 보고 고양이의 상태를 확인하는 과정, 이것들을 정리하면 양자 역학의 '관측'이라는 개념으로 생각해야 할 것이다(391페이지 참조).

전통적인 '코펜하겐 해석'으로는 뚜껑을 열기 전에는 생사불명의 고양이(관측 대상)와 당신(관측자)의 다양한 가능성을 중첩해놓고 있으며, 고양이는 살아 있는지 죽었는지 아직 불확실하다고 본다. 뚜껑을 열고, 확인하자마자 파동 함수가 수축해 생과 사 중 어느 쪽의 상태가 결정된다고 보는 것이다. 하지만 뭔가 석연치 않은 것 같기도 하다.

슈뢰딩거의 고양이의 변형판으로 헝가리의 물리학자 위그너(Wigner, E. P.)가 제안한 '**위그너의 친구**'라는 패러독스가 있는데, 상자 안에 고양이가 아닌 위그너의 친구를 넣어두며, 방사성 물질이 붕괴되면 램프가 점등하는 장치를 함께 넣어둔다. 여기서 역시 우리가 아는 것은 이 방사성 물질은 1시간에 50%의 확률로 자연 붕괴된다는 것뿐이다. 그리고 상자 안에 있는 위그너의 친구는 램프를 감시하고 있고, 램프가 점등되면 그것을 기록하기로 했다.

그럼 1시간이 경과하는 사이에 어디선가 램프가 점등했다고 하더라도, 그것을 모르는 상자 밖에 있는 위그너가 상자를 열었을 때는 어떤 일이 일어날까.

즉 상자 안에 있는 위그너의 친구가 기록할 수 있는 경우, 파동 함수의 수축이 일어나는 것은 상자 안의 친구가 램프의 점등을 관측했을 때이거나, 혹은 위그너가 상자를 열었을 때일 것이다. 후자라고 하면, 친구가 기록한 양자 상태는 어떻게 되어 있을까?

이렇게 생각하면 양자론적인 관측의 의미, 그 자체가 점점 불분명해지게 된다.

9-9

미시적인 세계는 확률적이고 불확정

확률 해석과 불확정성 원리

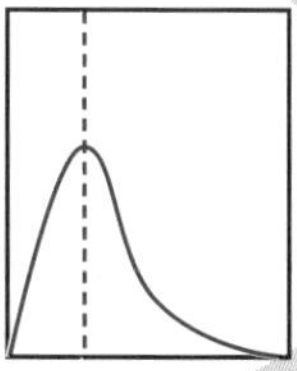

슈뢰딩거 방정식을 풀면 띄엄띄엄한 에너지(에너지 준위)가 고유치로 얻어지며, 각각의 에너지에 대응하는 파동 함수의 해를 얻을 수 있다.

한편, 파동 함수의 피크 위치가 전자의 궤도 반경에 일치한다는 것은, 파동 함수가 전자가 존재하는 '위치'와 어떤 형태로든 연관되어 있다는 것이다.

존재 확률과 전자구름

- 원자에 있어서 전자 궤도는, 전자의 존재 확률을 나타내는 전자구름으로 표현할 수 있다.
- 즉, 원자의 내부와 같은 미시적인 세계의 물리 현상은 뉴턴 역학에서는 설명할 수 없다. 미시적인 세계의 물리 현상은 확률적이고 불연속성을 띠게 된다.

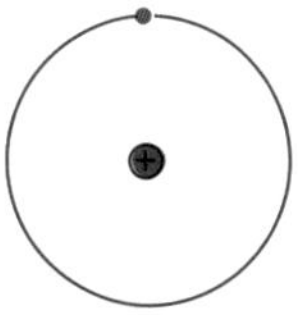

입자로서 위치와 속도는 정해져 있다.

(흔히 있는 원자의 이미지)

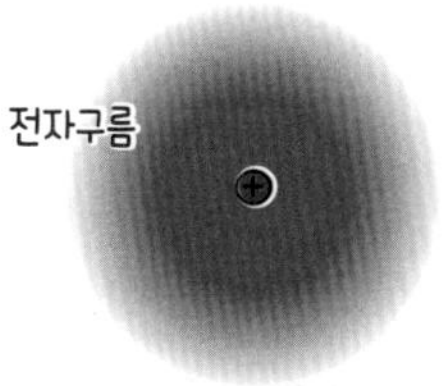

구름처럼 퍼져 있어 위치와 속도는 불확실하다.

(진정한 원자의 이미지)

확률 해석

- 파동 함수의 절댓값의 제곱을 그래프로 그려보면, 그 그래프의 피크는 전기 양자론에서 전자의 궤도 반경과 일치한다.

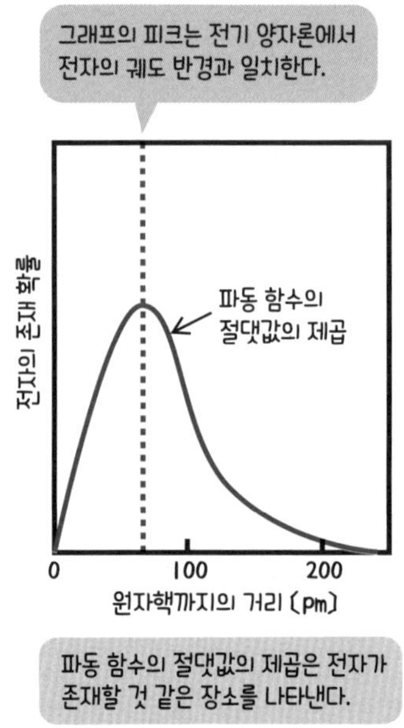

- 독일의 물리학자 보른Born, M.은, 1926년 파동 함수의 절댓값의 제곱은 전자의 존재 확률을 나타낸다고 이야기했다. 이것을 파동 함수의 확률 해석이라고 한다.
- 파동 함수의 절댓값의 제곱은 전자가 존재할 확률이 있는 장소를 나타낸다. 다시 말해 파동 함수가 나타내는 것은 전자와 같은 입자가 존재

영 고유값 ⇒ eigen value
확률 해석probability interpretation…글자 그대로 파동 함수의 값을 존재할 확률로써 해석하는 것.

할 **확률의 파동, 가능성의 파동**이다. 따라서 유한한 공간에 존재할 확률을 모두 더하면 1이 된다.

- 파동 함수를 확률의 파동(가능성의 파동)이라고 하는 확률 해석은, 파동 함수에 대해 물리적 의미를 부여함과 동시에 미시적인 세계의 사건이 확률적이라는 개념을 정의한 것이다.
- 미시적인 세계에서, 물리 현상은 불확실하며 확률적으로 결정된다. 즉, 미시적인 세계에서는 사물의 거동이나 상태가 '확정적'이 아니라 '확률적'이 되는 것이다.
- **확정적**이라는 것은, 만약 구할 수 있는 값이 불연속적이라고 해도 위치나 운동량이 동시에 확실히 결정된다는 의미이다. 반면 **확률적**이라는 것은 물리량 값의 측정이 원리적으로 한계가 있다는 것을 의미한다.

불확정성 원리

- 미시적인 세계에서는 사물의 거동이 확률적이라는 사실을, 미시적인 세계를 관장하는 원리로 다시 파악한 것이, 1927년에 하이젠베르크가 발표한 **불확정성 원리**이다.
- 광자는 파동이기도 하므로, 광자를 쏘였을 때 전자의 위치에는 파동의 파장 λ 정도(이상)의 불확실성이 남는다.

확률의 파동/가능성의 파동probability wave … 미시적 세계가 확률적이라는 이론적 해석.
불확정성 원리Uncertainty Principle … 말 그대로 확실하지 않다는 원리. 미시적 세계를 설명하는 원리로 맞다고 인정되고 있다.

- 또한 광자의 운동량은 플랑크 상수 h를 파장 λ으로 나눈 것이므로, 광자를 쏘였을 때 전자의 운동량은 광자와 같은 운동량을 가지게 된다.

$$\Delta x \Delta p \approx h$$

Δx: 위치의 불확실성
Δp: 운동량의 불확실성
h : 플랑크 상수

- 에너지의 불확실성 ΔE와 측정 시간의 불확실성 Δt에 대해서도 다음과 같이 성립한다.

$$\Delta E \Delta t \approx h$$

ΔE: 에너지의 불확실성
Δt: 측정 시간의 불확실성

9-10

주사위 놀이를 하는 신

코펜하겐 해석

미시적인 세계에서는 현상이 본질적으로 불확실하고 확률적이다. 그러나 관측을 계속하다보면, 전자와 원자는 확실히 존재한다는 것을 알 수 있다. 이 2가지 논리의 차이에 대해 살펴볼 필요가 있다.

즉, 우리의 직감과 양자 역학의 물리 현상을 서로 연결해 설명하는 해석이 필요한 것이다.

코펜하겐 해석

- 양자 역학적 이론으로 원자 구조 안에서 개개의 전자가 어디에 있는지 확정할 수는 없다. 원자핵 주변에 전자가 존재하는 것은 확실하지만, 어떤 위치(장소)에 존재할 확률은 1보다 작으며, 모든 주변 영역에 존재할 확률을 전부 더하면 1이 된다.
- 그러나 광자 대신 전자를 관측 대상에 쏘이는 전자 현미경을 사용하면, 원자를 파악할 수 있다. 다시 말해 촬영(관측) 이전에 전자가 어디에 있는지를 특정하기는 어렵지만, 어떠한 관측을 실시하면 전자의 위치는 특정할 수 있다.

코펜하겐 해석Copenhagen interpretation…보어가 만든 이론 물리학 연구소가 덴마크의 수도 코펜하겐에 있고, 거기에 우수한 과학자들이 모여 코펜하겐 학파를 구성하게 된 것에 유래한다.

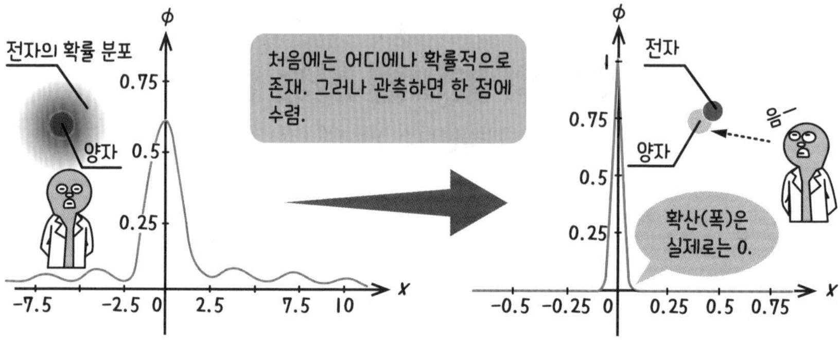

- 이러한 논리는 확률과 실존의 해석적 차이를 통합하여 설명하기 위해, 사물의 관측을 시행할 때마다, 무수히 많은 상태에서 가능성이 최대의 상태가 실현된다고 보는 것이다. 이것을 **코펜하겐 해석**이라고 한다.
- 코펜하겐 해석에 의하면, 관측 전에 전자는 공간에 확률의 파동으로서 연속적으로 퍼져 존재하고 있지만, 관측한 순간 **파동 함수의 수축**이라고 불리는 현상이 일어나고, 어느 특정 장소에 전자가 존재할 확률이 갑자기 1이 되어 전자를 관측할 수 있다고 보는 것이다.

신은 주사위 놀이를 하지 않는다

- 현상이 확률적으로 결정된다는 양자 역학 이론에 대해, 아인슈타인이 매우 불편함을 표했다는 유명한 일화가 있다. 아인슈타인은 겉으로 보기에는 확률적이더라도, 실제로 진짜 사물에는 뭔가 숨은 변수(파라미터)가 있어서 확정적으로 결정되는 것은 아닐까 생각했던 것 같다.
- 공교롭게도 광양자 가설을 제안한 양자론의 선구자 중 한 사람인 아인슈타인이, 양자 역학의 확률적 세계관에 대해서는 평생 반대 입장을

취했던 것이다. 그것을 단적으로 나타내는 글귀가 '신은 주사위 놀이를 하지 않는다'인데, 이것은 아인슈타인이 보어에게 보낸 편지에 쓴 내용이다.

- 단, 아인슈타인의 비판은 건설적인 부정이었다. 당시 양자 역학 수준에서는 설명이 되지 않았던 구체적인 문제점을 속속 지적하며 보어에게 반박한 것이다. 이 일련의 질문과 보어의 대답이, 양자 역학의 발전에는 매우 많은 결실을 가져온 논쟁이 되었다.

양자 역학의 올바름을 증명하는 확률적인 실험과 사실

- 양자 역학의 올바름을 증명하는 실험이나 사실, 즉, 미시적인 세계에서는 현상 확률적임을 나타내는 실험이나 사실은 많다.
- 예를 들어 영의 이중 슬릿 실험(371페이지 참조)에서, 대상이 광자든 전자든 1개의 입자가 스크린 위의 어느 위치에 존재하는데, 그 위치를 특정할 수는 없다. 다수의 입자로 실험을 반복하다보면, 입자가 도달할 확률이 높은 스크린 부분에 실제로 많은 입자가 모여서, 간섭 무늬가 생기는 것이다.
- 또 **방사성 원소**란 라돈이나 우라늄 등 천연의 불안정한 동위체(**방사성 동위체**)를 가진 것을 말하는데, 각각의 방사성 동위체 1개 원자가 언제 불안정해져서 방사선을 방출하거나 다른 원자로 변할지를(**원자핵 붕괴**) 예측하는 것은 불가능하다. 예를 들어 우라늄239(^{239}U)가 약 24분 후까지 붕괴할 확률은 50%라는 것처럼, 붕괴할 확률만 알 수 있다. 즉, 눈앞에 1개의 우라늄239 원자가 있다고 한다면, 바로 붕괴될 수도 있고

1시간 후에 붕괴될 수도 있다. 매우 많은 원자로 이루어진 우라늄을 관측하고 있다면, 약 24분 후에는 확실히 그중 절반 정도가 붕괴한다는 사실밖에 모른다.

- 또한 수소 원자 중의 전자가 천이(377페이지 참조)함으로써 방출되는 빛이 나오는 타이밍이나, 빛이 나오는 방향에 대해서도 확률적으로만 알 수 있다. 다수의 수소 원자가 천이되면 그에 따라 방출된 빛은 평균적으로는 임의의 방향으로 골고루 방사된다는 사실만을 알 수 있는 것이다.

9-11

용기와 내용물은 원래는 같은 것

장의 양자론

양자 역학은, 확률적인 해석을 가져옴으로써 미시적인 세계의 물리 현상을 해석하는 데 성공했다. 다음 과제는 전자기장이나 중력장 같은 장을 잘 다루는 것이다.

양자 역학에서 아직 모르는 것

- 양자 역학에 의해 미시적인 세계의 물리량(예를 들면 에너지)은 불연속적임을, 그리고 미시적인 세계에서의 물리 현상은 확률적으로 일어나는 것임을 알게 되었다.
- 하지만 입자가 왜 생성되고 소멸하는지는 설명할 수 없다.
- 또 원자에서 왜 빛이 방출되는지, 그리고 원자는 왜 빛을 흡수하는지도 설명할 수 없다.
- 전자와 빛의 상호 작용에 대한 설명도 미흡하다.
- 양자 역학에서 알 수 없었던 이런 것들이, 장의 양자론으로 설명되었다.

입자의 고전적 기술과 양자적 기술

- 뉴턴 역학에서 입자의 위치(좌표)나 속도(운동량)는 연속적인 값을 취할 수 있다고 되어 있으므로, '모든 현상은 연속적이고 확정적으로 일어난

다'고 표현할 수 있다. 이런 입장의 이론 체계를 (양자론에 대해) **고전론**, 또는 **고전 역학**이라고 한다.

- 고전론에 근거해 물리 현상을 파악하는 방법(이미지화)을 **고전적 기술**이라고 한다.
- 한편 미시적인 세계에서 사물의 거동은 연속적이지도 확정적이지도 않다. 따라서 미시적인 세계를 기술하기 위해 위치나 운동량 등의 물리량에 대해 양자화(384페이지)를 실시하고, 현상이 불연속적이고 효율적으로 일어나도록 만든 이론 체계가 **양자 역학**이다.
- 또한 전자나 양성자 등의 입자를 양자화한 것이 **양자**이다. 양자는 입자로서 움직일 뿐만 아니라 파동의 성질을 함께 가지면서 불연속적인 거동을 나타내게 된다.
- 양자 역학에 근거해 물리 현상을 파악하는 방법을 **양자적 기술**이라고 한다.

고전 역학과 양자 역학, 장의 고전론과 장의 양자론의 관계

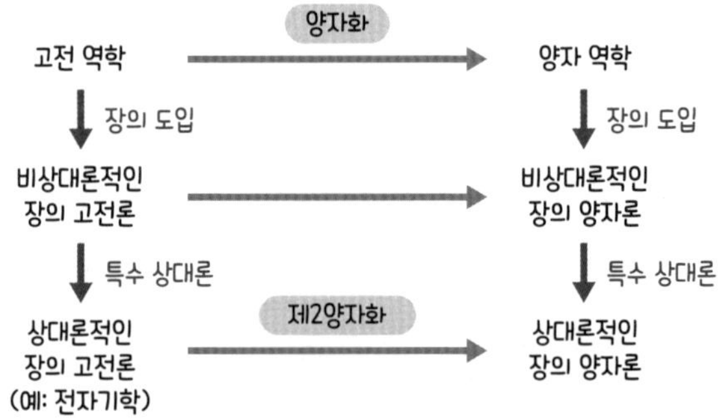

※ 역사적으로는 비상대론적인 장의 양자론이라는 것은 없지만, 전체의 관계를 개념적으로 알기 쉽게 하기 위해 도입하였다.

장의 고전적 기술과 양자적 기술

- 고전적 기술에서는, 중력장이나 전자기장 등의 **장**(고전장)은, 전자나 양성자 등의 입자와 같이 국소화되어 있지 않고 공간에 넓게 퍼져 있다고 본다. 이러한 장의 양이 연속적으로 변화한다고 하는 이론을 **고전장의 이론**, 혹은 **장의 고전론**이라고 한다.
- 양자 역학보다 이전에 확립된 뉴턴의 만유인력의 법칙, 전자기학, 나아가 일반 상대성 이론도 모두, 원래 고전장의 이론이다.
- 장의 고전론에 대해, 장의 물리량을 양자화하여 장의 변화가 불연속적이고 확률적으로 일어나도록 만든 이론 체계를 **양자장의 이론**, 혹은 **장의 양자론**이라고 한다.
- 양자화된 장을 **양자장**이라고 한다. 양자장의 이미지로는, 공간의 모든 점에 양자화된 진동자(미세한 공간이 진동하는 형태가 없는 스프링 같은 이미지

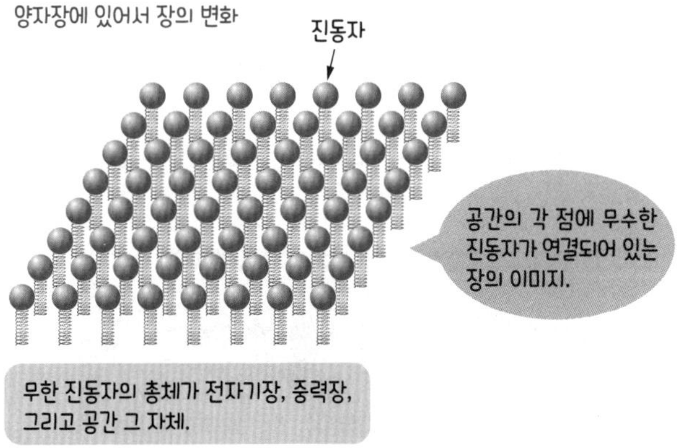

영 장場의 양자론量子論 ⇒ quantum field theory

를 떠올리면 된다)가 연결된 상황, 혹은 그러한 무한 진동자의 총체가 전자기장이며 중력장이고, 그리고 공간 그 자체라고 생각할 수 있다.

양자와 양자장의 관계

● 양자화된 장의 관점에서, 양자와 장을 다시 생각해보자.

학생:
"장의 이론을 양자 역학으로 잘 해석하기 위해서, 양자장을 도입했군요."
"이때 물리량은 양자화되어 있기 때문에, 에너지는 띄엄띄엄한 불연속적인 값이 되네요."

선생님:
"장의 이론에서는 장에 일어난 광범위한 변동(예를 들어 전자기파의 방사)은 광속도로 전해진다고 하는데, 이것은 다시 말하자면 장이 파동의 성질을 띤다고 보는 거란다."

양자장에 의한 양자의 변화

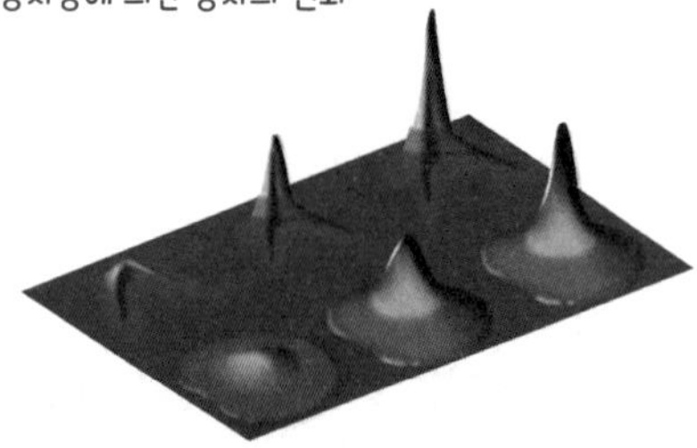

장은 파동이면서 입자이기도 하기 때문에, 국소화된 파동이 전해진다고 한다면 그것은 마치 입자(양자)처럼 움직인다.

학생:
"한편 양자장의 경우 양자 역학에 근거해, 장은 파동이면서 입자이기도 하네요."

선생님:
"그래서 장의 극히 일부에서, 국소적으로 매우 높은 에너지가 방출된다(국소화된 파동이 전달된다)고 한다면, 그것은 마치 입자(양자)같이 움직이게 되는 거지."

- 장의 양자론이라는 이론적 틀에 따라, 양자도 양자장도 함께 다룰 수 있게 된다. 그리고 장의 양자론적 관점으로는, 전자나 양성자와 같은 물질 입자도, 전자기장이나 중력장과 같은 장도, 약한 힘이나 강한 힘 등도, 나아가 공간 자체도 일종의 장이라고 할 수 있다.
- 즉, 용기場와 내용물粒子은 원래는 같은 것이라고 볼 수 있다.
- 그리고 에너지가 매우 높은 상태에서는, 차례차례로 장은 통합되어 가고, 최종적으로는 단 하나의 장, 아마 빛의 장만이 남게 될 것이다.

+ 지식 아무도 보지 않은 달

뉴턴이 밝힌 것처럼, 사과가 나무에서 떨어지는 운동도, 달이 지구 주위를 도는 운동도, 모든 물체의 운동은 뉴턴 역학에 따라 확정된 운동을 하는 것처럼 보인다. 유체 역학에서도, 바람에 흩날리는 눈송이 같은 것, 즉 어떤 순간의 위치를 알아내는 것은 가능하다. 게다가 상대성 이론에서도 관측자(주체)와 관측 대상(객체)의 관계는 확정되어 있고, 분리되어 있다. 이런 것이 우리의 현실적인 감각에 맞다.

그러나 미시적인 세계를 기술하는 양자 역학이 등장함에 따라 주체와 객체의 경계는 애매해지고, 주체와 객체는 독립적인 존재가 아니게 되었다.

이것은 미시적인 세계에서만 일어나는 것일까? 미시의 반대, 즉 거시적인 세계에서의 물체의 움직임에서 양자론적 효과는 나타나지 않는 것일까?

예를 들어 하이젠베르크의 불확정성 원리는, 매우 짧은 시간 동안은 에너지 보존의 법칙이 성립되지 않아도 됨을 나타낸다. 아주 짧은 시간 동안은 무無에서 에너지가 생기거나 사라질 수 있는 것이다. 물리학의 신의 관점에서 보면 에너지의 크기는, 에너지 보존의 법칙이 깨져 있는 시간의 길이에 반비례한다. 따라서 소립자와 같은 미시적인 세계의 양이 아닌, 거시적인 세계의 양이라도, 극히 짧은 시간이라면 보존되지 않을 수도 있다.

오늘 밤 하늘에 떠 있는 달이, 당신이 보았을 때 달은 거기에 있다고 하자. 다른 많은 사람도, 그 밖에 무수한 생물도 달을 보고 있을 것이다. 그러나 아무도 달을 보지 않았을 때, 달은 거기에 존재하고 있는 것일까? 심지어 당신이 달을 보고 있는 지금 이 순간에도 정말 짧은 시간, 양자 역학적 최소 시간(플랑크 시간)보다 훨씬 짧은 시간 동안 달은 존재하지 않을 수도 있다고 상상해볼 수 있다.

10장

소립자론

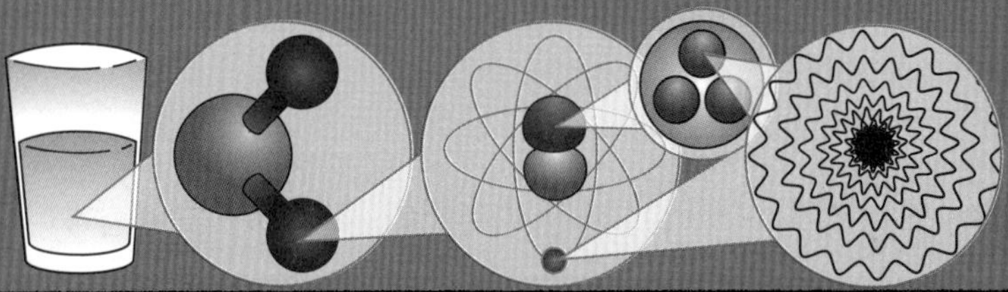

10-1

에너지를 빼앗아가는 보이지 않는 물질

뉴트리노

원자는 원자론에 의해, 우리의 육안으로는 파악할 수 없을 만큼 미세하고, 더 이상 쪼갤 수 없는 것이라고 정의되었다(361페이지 참조). 그러나 그 원자가 원자핵과 그 주위에 구름처럼 존재하는 전자로 구성되어 있다는 것도 다양한 실험을 통해 알게 되었다.
그러면 원자핵을 더욱 잘게 쪼개어 산산조각을 내면 어떻게 될까?

소립자

- 물질, 또는 장을 구성하는 가장 기본적인 구성 요소를 소립자라고 한다. 전자, 양성자, 중성자(364페이지 참조)도 소립자 중 하나이다.
- 소립자는 종류별로 각각 고유의 질량이나 전하를 가지고 있다.
- 소립자와 그 운동 법칙을 연구 대상으로 하는 물리학 중 하나가 소립자 물리학이다.

소립자subatomic particle…양성자나 중성자, 전자 등의 물질의 입자나, 광자 등의 힘을 매개하는 입자 등 우주를 구성하는 입자의 총칭.
방사선…알파선과 베타선은 1899년, 감마선은 1900년에 발견되었다.

방사선의 종류

- 러더퍼드는 실험을 통해 방사성 물질이 방출하는 방사선에는 여러 종류가 있음을 발견했다. 그리고 양전하를 띤 쪽을 **알파선**(α선), 음전하를 띤 쪽을 **베타선**(β선)이라고 명명하였다. 또한 프랑스의 화학자이자 물리학자 빌라드Villard, P. U.가 발견한 전하가 없는 세 번째 방사선에 대해서도 성질을 살펴보고 **감마선**(γ선)이라고 이름 붙였다.
- 그 후 알파선은 헬륨의 원자핵, 베타선은 전자, 감마선은 에너지가 높은 전자기파임을 알게 되었다.
- 즉, 방사성 물질에 포함된 천연의 불안정한 방사성 동위체의 붕괴에는 알파선을 방출하여 원자핵이 붕괴되는 **알파 붕괴**와 베타선을 방출하는 **베타 붕괴**, 감마선을 방출하는 **감마 붕괴**가 있다.
- 이 중 베타 붕괴에서는, 원자핵 속의 중성자가 양성자와 전자로 변화하고, 그 전자가 원자핵 밖으로 방출되면서 베타선으로 나오게 됨으로써, 원자핵의 원자 번호는 하나 증가하게 된다.

뉴트리노

- 베타 붕괴에 의해 방출되는 베타선의 에너지를 측정해보면 에너지의 크기는 제각각으로 방출됨을 알 수 있다.
- 그 이유에 대해 파울리Pauli, W. E.는 1931년, 질량은 거의 0에 가깝고 전하를 띠지 않는 미지의 아주 작은 입자가 에너지를 가지고 가기 때문이라고 추측했다.

- 같은 해, 베타 붕괴 모델을 발표한 페르미가 이 새로운 입자를 뉴트리노라고 명명했다.
- 베타 붕괴로 인해 다음과 같은 변화가 발생한다.

(1개의 중성자) → (1개의 양성자) + (1개의 전자)
+ (1개의 반뉴트리노)

- 베타 붕괴로 방출되는 것은 뉴트리노의 반입자인 반뉴트리노인데, 뉴트리노와 반뉴트리노는 둘 다 전하를 가지지 않고 핵력(406페이지 참조)

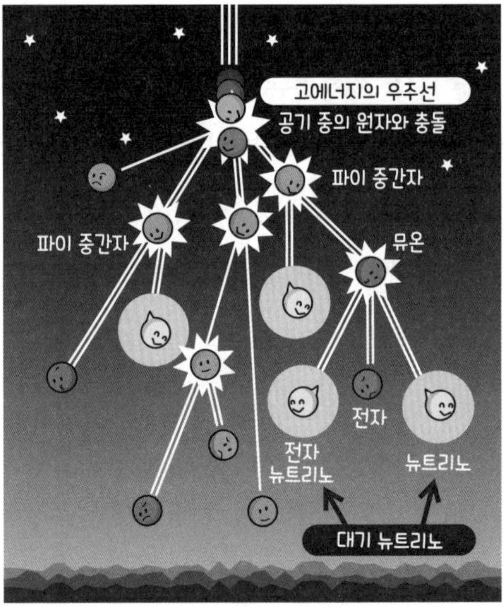

소립자론, 소립자 물리학particle physics…물질 세계를 구성하는 가장 기본적인 입자(소립자, 기본 입자)의 성질과 움직임을 조사하는 물리학이다.
뉴트리노neutrino…이탈리아어로 '중성의 작은 것'이라는 의미이다.

도 작용하지 않는, 질량도 거의 0인 소립자이다. 따라서 검출하기가 대단히 어려워서 실험을 통해 처음으로 발견된 것이 1956년경이었다.

- 베타 붕괴에 의해 생기는 뉴트리노(반뉴트리노) 이외에, 태양 중심의 핵반응으로 생기는 **태양 뉴트리노**, 우주선과 대기의 충돌로 생기는 **대기 뉴트리노**, 초신성 폭발로 생기는 **초신성 뉴트리노** 등이 있다.
- 초신성 폭발에 의해 발생한 천체 뉴트리노를 검출한 업적으로 고시바 마사토시小柴昌俊가 2002년에 노벨 물리학상을 수상했고, 대기 뉴트리노의 상태가 바뀌는 대기 뉴트리노 진동을 발견한 업적으로 가지타 다카아키梶田隆章가 2015년에 노벨 물리학상을 수상했다.

10-2

원자핵을 연결하는 것

중간자

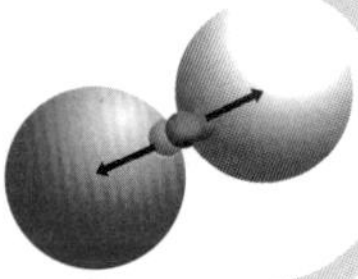

러더퍼드에 의해 원자핵의 존재는 밝혀졌으나(364페이지 참조), 어떻게 양전하를 가진 양성자끼리 결합하여 존재할 수 있을까?

1935년 일본의 물리학자 유카와 히데키는 원자핵을 연결하는 힘(핵력)을 발생시키는 물질로써 이 역할을 담당하는 입자, 중간자의 존재를 예언했다.

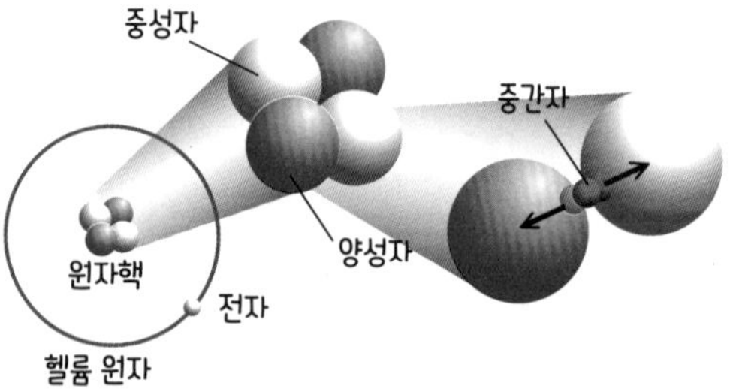

원자는 전자와 원자핵으로 이루어져 있고, 원자핵은 양성자와 중성자로 이뤄진다. 양성자와 중성자는 중간자를 주고받음으로써 핵력이 작용하여 결합되어 있다.

중간자의 예언

- 원자핵은 여러 개의 양성자와 중성자로 이루어져 있다.
- 양성자는 양의 전하를 가지고 있기 때문에 양성자끼리는 서로 밀어내

중간자/메존 meson ⋯ 가벼운 전자와 무거운 핵의 중간 정도의 질량을 가진 입자라는 뜻. 그러나 실제로는 에너지 상태가 높고 핵자보다 무거운 중간자도 존재한다. 중간이라는 의미의 그리스어 'mesoz'에서 유래했다.

는 척력이 작용한다. 따라서 핵자(양성자와 중성자)를 원자핵 내에서 묶어두기 위해서는 어떤 힘이 필요하다. 이것을 핵력이라고 한다. 핵력은 아주 작은 원자핵 범위에서는, 전자기력보다 강한 힘이어야 할 것이다.

- 유카와 히데키湯川秀樹는 1935년, 핵력의 근원으로 소립자(중간자)의 존재를 예언하였다. 또한 그 질량은 전자의 200배 정도일 것으로 추정했다.
- 양성자, 중성자, 전자와 그들의 반입자 외에 광자, 뉴트리노 정도의 소립자의 존재만이 알려져 있던 1935년 당시, 유카와의 예언은 시대를 앞선 매우 대담한 것이었다. 실제로 보어와 하이젠베르크 등 당시의 대가들은 부정적이었다. 1937년, 보어가 일본에 왔을 때 유카와에게 "당신은 새로운 입자를 좋아하십니까?"라고 비꼬듯 말했다고 한다.
- 그러나 곧 중간자가 실제로 존재함이 밝혀지고, 1949년 유카와 히데키는 일본인으로서 처음으로 노벨 물리학상을 수상하게 되었다.

우주선 연구

- 오스트리아의 물리학자 헤스Hess, V. F.는 1912년 우주 공간을 날아다니는 고에너지 방사선이 있음을 발견한다. 이것을 우주선(1차 우주선)이라고 했다. 그 후 우주선을 조사하는 연구가 활발해지게 되었다.
- 우주선이 대기에 있는 분자의 원자핵에 충돌하면, 여러 입자(2차 우주선)가 생성된다. 1936년 미국의 물리학자 앤더슨Anderson, C. D.과 네더마이어Neddermeyer, S. H.는, 우주선 안에서 전자의 약 200배의 질량을 가진 소립자를 발견했다. 이것은 전자와 비슷한 소립자로, 뮤온(뮤 입자)

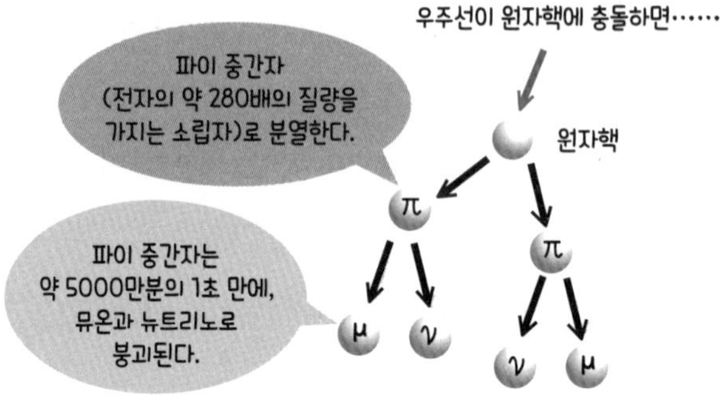

이라고 명명되었다(278페이지 참조).

- 계속되는 연구 끝에 1947년, 드디어 핵력의 원인이 되는 전자의 약 280배의 질량을 가진 파이 중간자가 발견된다. 파이 중간자는 단독으로는 약 5000만분의 1초 만에 뮤온과 뉴트리노로 붕괴되므로 매우 관측이 어려웠던 것이다.

하드론/강입자hadron…다음 페이지 참조. 핵자나 중간자처럼 핵력을 느끼는 물질 입자의 총칭. '강하다'는 뜻의 그리스어 'hadros'에서 유래했다.

10-3

물질을 구성하는 기본 입자

쿼크와 렙톤

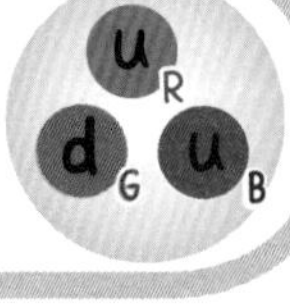

관측 기술이 발전하면서 다양한 소립자가 발견되었다.
그래서 새롭게 제창된 것이 하드론을 구성하는 기본 입자, 쿼크의 존재이다.

하드론과 렙톤

- 양성자나 전자 등의 소립자나 원자핵을 광속도 근처까지 가속할 수 있는 입자가속기 실험이 활발해진 1950년 전후에, K 중간자, Λ 람다입자, Σ 시그마입자, Ξ 크시입자 등의 소립자가 차례로 발견된다. 이 중 K 중간자는 이름 그대로 파이 중간자와 비슷한 중간자 중 하나이다. 또한 Λ 입자는 무거운 핵자와 중입자 종류에 속한다.

팔도설

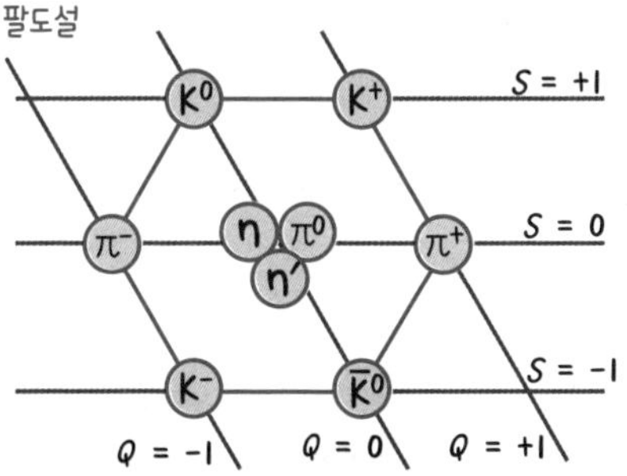

육각형의 대각 위치에 반입자를 배치.
중앙에는 자신이 반입자가 되는 입자를 배치.

〔중간자의 8중항〕

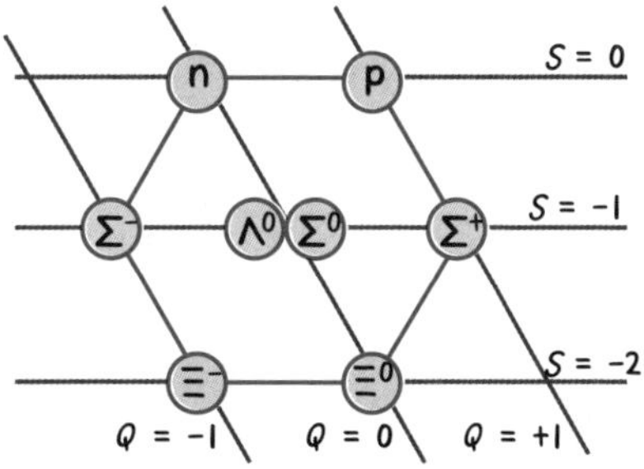

스핀 $\frac{1}{2}$의 바리온을 배치.

〔바리온의 8중항〕

- 소립자는 핵자나 중간자처럼 핵력을 느끼는 **하드론**(강입자)과 핵력을 느끼지 않는 **렙톤**(경입자)으로 크게 나뉜다.
- 다시 하드론은 핵자처럼 비교적 질량이 큰 **바리온**(중입자)과 핵자보다는 가볍지만 전자보다는 무거운 **중간자**(메존)로 나눌 수 있다.
- 1961년 미국의 물리학자 겔만Gell-Mann, M.과 이스라엘의 물리학자 네만Neman, Y.은, 하드론을 8중항의 형태로 도식화했다. 겔만은 이 분류를 **팔도설**이라고 이름 붙였다.

쿼크의 등장

- 1960년대 초반까지 많은 종류의 새로운 입자가 발견되는데, 특히 하드론으로 분류되는 입자들이 많이 발견된다.
- 1964년 겔만은 하드론을 만드는 기본 입자로서 **쿼크**를 제창한다. 즉, 하드론 중 양성자나 중성자 등의 바리온은 3개의 쿼크(혹은 3개의 반쿼크)로 이루어져 있고, 중간자는 1개의 쿼크와 1개의 반쿼크로 이루어져 있다고 한다.
- 이렇게 하면 중성자의 베타 붕괴도 쿼크 모델로 대체할 수 있으며, 적은 종류의 쿼크로 모든 하드론을 설명할 수 있게 된다. 덧붙여 렙톤은 그대로 기본 입자로 본다.

기본 입자elementary particle/fundamental particle … 소립자 중에서 더 이상 쪼갤 수 없는(내부 구조를 갖지 않는) 기본적인 입자의 총칭. 쿼크나 렙톤은 기본 입자인 데 반해 양성자나 중성자는 쿼크로 되어 있기 때문에 소립자이긴 하지만 기본 입자는 아니다.

- 쿼크를 도입함으로써 하드론과 렙톤 대신 쿼크와 렙톤이 물질을 구성하는 기본적인 기본 입자로 분류되었다.
- 즉, 6종류의 쿼크와 6종류의 렙톤이 기본 입자로 분류되었다(단, 색하와 반입자를 고려하면, 종류는 늘어날 수 있다).
- 쿼크가 6종류라는 것을 설명한 이론이 1973년 고바야시 마코토小林誠와 마스카와 도시히데益川敏英가 발표한 **고바야시-마스카와 이론**이다. 발표 당시에는 업, 다운, 스트레인지, 3종류의 쿼크밖에 발견되지 않았는데, 1995년까지 참, 바텀, 탑의 존재가 실험으로 확인되었다. 고바야시-마스카와 이론은 이렇게 발견되지 않은 쿼크의 존재를 예언한 것이다.
- 고바야시, 마스카와는 난부 요이치로南部陽一郎와 함께 2008년에 노벨 물리학상을 수상했다.

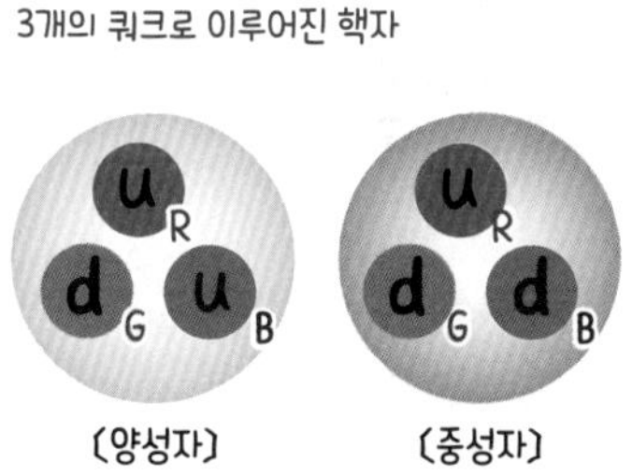

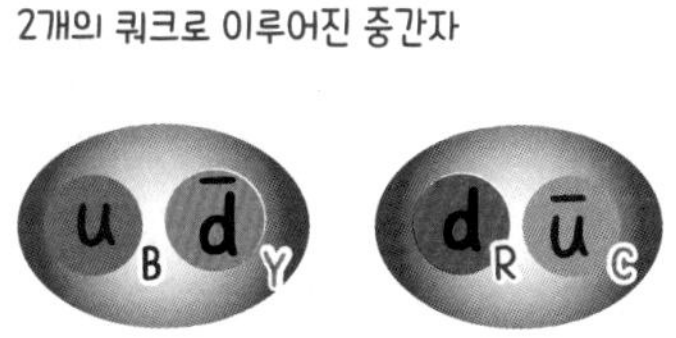

바리온/중입자baryon…하드론 중 핵자처럼 비교적 질량이 큰 입자의 총칭. 무겁다는 뜻의 그리스어 'barys'에서 유래했다.

쿼크의 양자 역학

- 쿼크의 양자 역학이 양자 색역학이다.
- 쿼크를 조사해보면 매우 기묘한 성질을 가지고 있음을 알 수 있다. 우선 정수가 아니라 $\frac{2}{3}$의 분수 전하를 가지고 있다. 쿼크를 단독으로 추출할 수는 없고, 하드론 안에 갇혀 있는 것이다.
- 또한 쿼크는 빨강, 초록, 파랑의 색하로 불리는 전하와 같은 양자수를 가지고 있다. 3개의 쿼크가 결합하여 바리온을 만들 때는, 반드시 3종

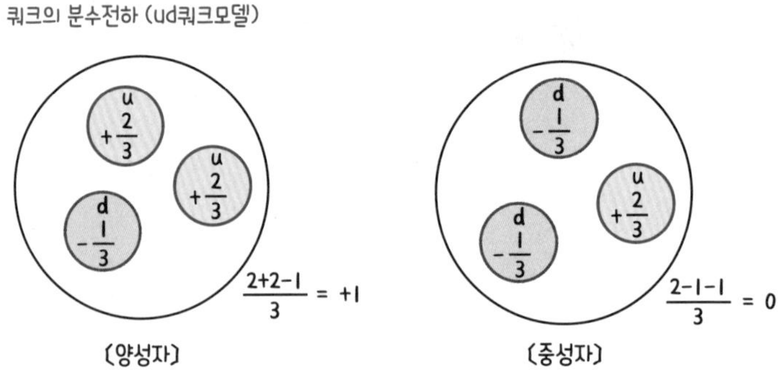

쿼크quark…쿼크라는 특이한 이름은 제임스 조이스의 소설 『피네건스 웨이크Finnegan's Wake』에 나오는 기묘한 새 울음소리에서 유래하였다.

의 색하를 가진 쿼크가 합쳐져서 백색이 된다. 두 개의 쿼크에서 중간자가 생길 때도 쿼크와 반쿼크가 합쳐져서 백색이 된다.

- 다른 색의 쿼크끼리는 글루온(교착자)이라고 불리는 힘의 입자를 교환하며 결합한다.

세대와 종류

- 쿼크와 렙톤은 세대라고 불리는 에너지 준위를 가진다. 단, 제3세대까지만 존재한다.
- 우리 주변의 물질은 모두 제1세대의 것으로 이루어져 있다. 2세대나 3세대의 물질은 질량이 크고 에너지가 높아진다.
- 정리하면, 쿼크를 도입함으로써 많은 하드론과 렙톤 대신 쿼크와 렙톤이 기본 입자가 되었다.

기본 입자와 세대

	쿼크	렙톤
제1세대	업 다운	전자 전자뉴트리노
제2세대	참 스트레인지	뮤온 뮤뉴트리노
제3세대	탑 바텀	타우온 타우뉴트리노

팔도설eightfold way … 불교의 열반에 이르기 위한 8가지 실천 덕목에서 유래했다.

- 기본적으로는 6종류의 쿼크와 6종류의 렙톤으로 모든 물질 입자를 나타낼 수 있다.

렙톤과 반렙톤의 종류

10-4

쿼크와 렙톤에 작용하는 힘

전자기력, 약한 상호 작용, 강한 상호 작용, 그리고 중력

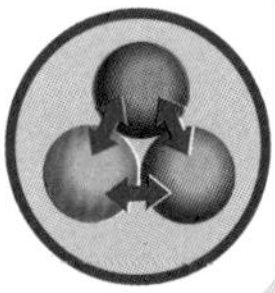

여러 가지 물질을 결합하거나 움직임을 좌우하거나 하는 것이 물질 사이에 작용하는 상호 작용, 즉 힘의 장場이다. 자연계에는 전자기력, 약한 상호 작용, 강한 상호 작용, 그리고 중력이라는 4가지 힘이 존재한다.

힘의 장

- 자연계에 존재하는 물질은 원자와 분자로 이루어져 있고, 원자와 분자는 쿼크와 렙톤으로 구성되어 있다.
- 물질이 형성되거나 변화할 때 이러한 구성 요소인 쿼크나 렙톤 사이에는 여러 가지 힘(상호 작용)이 작용하고 있다.
- 이러한 힘은 쿼크나 렙톤 사이의 진공 속으로 퍼져나가 다른 기본 입자와 상호 작용하는 성질을 가지므로 힘의 장이라고도 한다.
- 소립자 물리학에서는 각각의 힘을 매개하는 입자(게이지 입자)가 존재하고 있어, 힘의 입자의 교환으로 힘의 장이 생긴다고 생각한다.

힘의 장field of force…소립자끼리 상호 작용을 일으키는 양자장. 레이저 광선 등을 반사하는 것은 력장force field이라고 한다.

4개의 힘

- 양성자나 전자 등 전하를 띤 입자 사이에는 **전자기력**(전자기의 상호 작용)이 작용한다. 전자기력은 **광자**(포톤)가 전달한다고 한다.
- 다음으로 중성자의 베타 붕괴 등 입자의 종류를 바꾸는 힘을 **약한 핵력**(약한 상호 작용)이라고 한다. 약한 힘을 매개하는 입자는 양과 음의 W 보손 및 전하가 0인 Z보손인데, 합쳐서 **위크 보손**(약입자弱粒子)이라고 불린다.
- 핵자끼리 서로 연결하고 있는 것이, **강한 핵력**(강한 상호 작용)이다. 쿼크 모델에서 강한 힘을 전달하는 입자는 **글루온**(교착자)이라고 한다.

	힘을 느끼는 입자	힘을 전달하는 입자	기호
중력	모든 입자	중력자(그래비톤)	G
전자기력	하전 입자	광자(포톤)	γ
약한 힘	쿼크, 렙톤	위크 보손(약입자)	W, Z
강한 힘	쿼크	글루온(교착자)	g

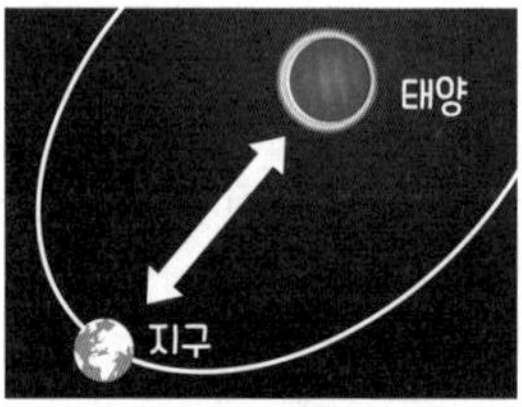

〔중력〕

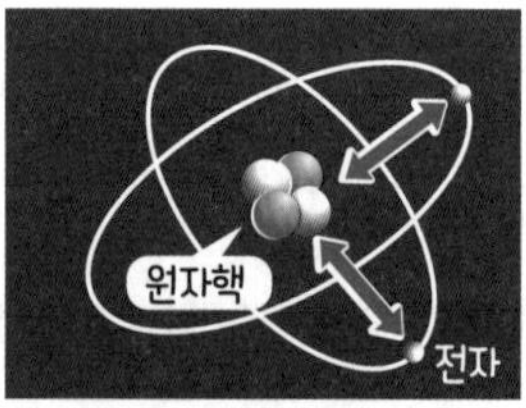

〔전자기력〕

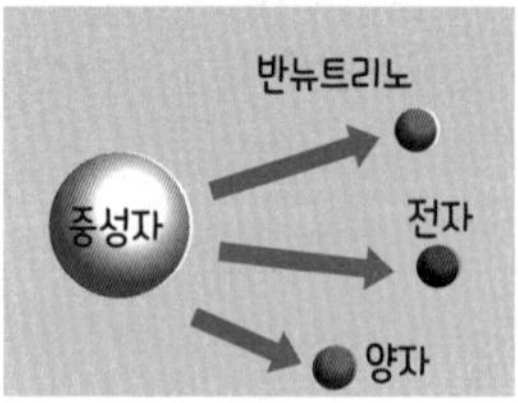

〔약한 상호 작용〕

〔강한 상호 작용〕

- 마지막으로, 질량을 가진 모든 것 사이에 작용하는 것이 **중력**이다. 중력을 매개하는 것은 **중력자**(48, 350페이지 참조)이다.
- 광자와 중력자는 무한히 멀리까지 도달하며 질량이 0이지만, 약한 상호 작용과 강한 상호 작용은 원자핵의 크기(약 10~13 cm) 정도에서만 작용하며 그 매개 입자는 질량을 가진다.
- 쿼크와 렙톤이 이러한 힘을 받음으로써, 모든 물질은 상호 작용을 하고 구조를 유지하거나 물리적인 변화를 일으키기도 한다.

파울리의 배타율

- 1929년 스위스 물리학자 파울리가 제창한, 2개 이상의 입자가 완전히 동일한 양자 상태를 가질 수 없다는 가정을 **파울리의 배타율**이라고 한다.
- 파울리의 배타율에 따른 입자를 **페르미온**(페르미 입자)이라고 한다. 반대로, 파울리의 배타율에 따르지 않는 입자, 즉 동일한 양자 상태에 여러 개의 입자를 넣을 수 있는 것을 **보손**(보스 입자)이라고 한다.
- 예를 들어 원자핵 주위의 전자는 가장 안쪽의 에너지 준위에는 전자 2개가 들어갈 수 있다. 하지만 스핀이라고 불리는 양자수까지 고려하면, 이 2개의 전자는 스핀이 반대 방향이기 때문에, 1개의 양자 상태에는 전자 1개밖에 존재할 수 없다. 따라서 전자는 페르미온이라는 것을 알

페르미온/페르미 입자 fermion … 이 입자의 통계 분포는 페르미-디랙 통계라고 불린다.
보손/보스 입자 boson … 이 입자의 통계 분포는 보스-아인슈타인 통계라고 불린다.

수 있다.

- 한편, 광자는 같은 상태에 무한 개 존재할 수 있으므로 보손이다.
- 물질을 구성하는 입자와 힘 입자의 근본적인 차이는, 파울리의 배타율에 따르는가 그렇지 않은가에 달려 있다. 즉 양성자나 중성자, 전자 등은 모두 페르미온이며 광자나 위크 보손week boson 등의 게이지 입자는 모두 보손이다.

10-5

남겨진 과제는 중력

대통일 이론

쿼크와 렙톤의 발견으로 인해 물질의 존재 및 생성 과정을 알게 되었다. 이와 함께 힘의 장에 대해서도 정리와 통일이 진행되고 있다.

양자 전기 역학

- 소립자는 물리 개념(모델)에서는, 질량이나 전하를 가진 점의 입자라고 간주한다. 이러한 점 모양의 입자에서는 그 중심에 가까워지면 여러 가지 물리량이 무한대가 되어버린다.
- 도모나가 신이치로朝永振一郎는 그렇다면 처음부터 그러한 무한대의 양을 이론 방정식에 넣어서, 계산에서 나오는 양의 값을 반대로 유한하게 한정하면 어떨까 제안했다. 이것을 **재규격화**라고 한다.
- 1947년, 도모나가는 무한대로 발산하는 모순의 문제를 재규격화로 해결하고, 그후 양자론과 전자기적인 쿨롱력을 조합한 **양자 전기 역학**을 완성했다.
- 양자 전기 역학의 발전에 기여한 업적으로 도모나가, 파인만Feynman, R. P.,

양자 전기 역학QED: quantum electrodynamics…장의 양자론의 틀에서 고전 전자기 역학을 새롭게 기술한 것. 양자론은 제2양자화, 생성 소멸 연산자, 재규격화, 게이지를 도입함으로써 성립한다.

슈윙거Schwinger, J. S.는 1965년 노벨물리학상을 수상했다.

전약 이론

- 온도(에너지)가 높아지면, 전자기력과 약한 상호 작용의 거동이 비슷해진다. 그리고 온도가 10^{15} K(200 GeV) 정도가 되면, 약한 상호 작용을 매개하는 위크 보손의 질량이 없어지고, 그 결과 위크 보손은 광자와 같아져 약한 상호 작용과 전자기력이 같아지게 된다.
- 동시에 전자와 뉴트리노의 질량도 없어지고, 전자와 뉴트리노도 구별되지 않는다.
- 이를 바탕으로 1967년 전자기력과 약한 상호 작용을 **전약 이론**으로 통일한 사람이 미국의 물리학자 와인버그Weinberg, S.와 파키스탄 물리학자 살럼Salam, A.이다. 그래서 전약 이론을 **와인버그-살럼 이론**이라고도 한다.

대통일 이론

- 전자기력과 약한 상호 작용의 거동이 비슷하게 되는 데 필요한 온도 이상으로, 더 높은 온도(에너지)에서는 강한 상호 작용의 거동도 전자기력과 비슷해지게 된다.
- 즉, 온도가 10^{28} K(10^{15} GeV) 정도가 되면, 강한 힘을 매개하는 글루온의 질량이 없어지고, 광자와 같아져 강한 상호 작용과 전약력도 같아진다.
- 동시에 쿼크의 질량도 없어지므로 렙톤과 쿼크를 구별할 수 없게 된다.

- 여기서 일단 정리하자면, 렙톤과 전자기력 및 약한 상호 작용을 기술하는 것이 전약 이론이고, 쿼크와 강한 상호 작용을 기술하는 것이 양자 색역학이다(412페이지 참조).

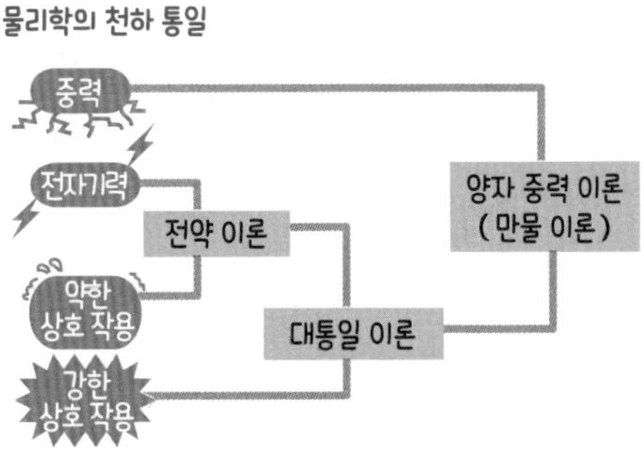

- 따라서 전약 이론과 양자 색역학을 합칠 수 있다면, 중력 이외의 힘을 하나의 이론으로 나타낼 수 있는 것이다. 이것을 소립자의 **대통일 이론**, 혹은 **표준 이론**이라고 한다.
- 아직 양자 역학과 통합되지 않고 남아 있는 힘은 중력뿐이다. **양자 중력 이론**, 또는 **만물 이론**이야말로 현재까지 남겨진 과제인 것이다.

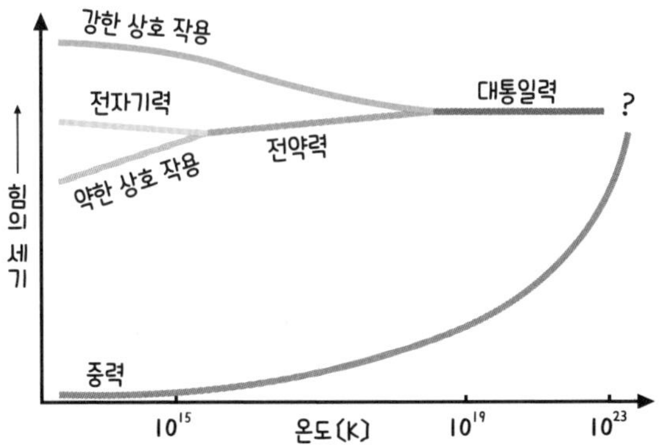

영 전약電弱 이론 ⇒ electroweak theory, 전자기력과 약한 상호 작용을 통일하여 설명하는 이론.
영 대통일 이론 ⇒ GUT grand unified theory
영 만물 이론 ⇒ TOE theory of everything

10-6

물질 입자와 힘 입자의 통일

초대칭성 입자

소립자 물리학에서는 물질의 입자(물질장)나 힘의 장(힘 입자)도 같은 틀에서 다룰 수 있다. 다만 물질 입자와 힘 입자에는 1가지 큰 차이가 있다. 모든 물질의 입자는 페르미온인데, 그에 반해 힘을 매개하는 게이지 입자는 모두 보손이다.

소립자나 힘의 통일을 향한 길은, 동시에 대칭성을 높이는 길이다.

초대칭

- 페르미온과 보손의 교체에 대응하는 대칭성을 **초대칭성**이라고 하며, 초대칭성을 도입한 이론을 **초대칭성 이론**이라고 한다. 초대칭성 이론에서 페르미온에는 **초보손**이, 보손에는 **초페르미온**이, 이와 같이 다양한 입자에 대해 쌍쌍을 이루는 입자(**초대칭성 입자**)가 존재한다고 본다.
- 그리고 페르미온의 쿼크에 대해서는 **초쿼크**(**스칼라쿼크, 스쿼크**)라고 불리는 초보손이 존재하고, 전자에는 **초전자**(**스칼라전자, 스엘렉트론**)가, 뉴트리노에는 **초뉴트리노**(**스칼라뉴트리노, 스뉴트리노**)가 존재한다고 생각한다.

대칭성 symmetry … 양과 음의 전하나 입자와 반입자 등 소립자가 갖는 대칭적인 성질을 말한다.
초대칭성 supersymmetry … 입자와 반입자의 대칭성 등 다양한 대칭성을 망라하는 큰 범주 안에 있다는 의미.

물질 입자·힘 입자와 초대칭성 파트너

물자 입자·힘 입자	초대칭성 입자
〔물질 입자〕	
(페르미 입자)	(초보스 입자)
(스핀 1/2)	(스핀 0)
〔쿼크〕	〔초쿼크〕
업	스칼라 업
다운	스칼라 다운
참	스칼라 참
스트레인지	스칼라 스트레인지
탑	스칼라 탑
바텀	스칼라 바텀
〔렙톤〕	〔초렙톤〕
〔전자〕	〔초전자〕
전자	스칼라 전자
뮤온	스칼라 뮤온
타우온	스칼라 타우온
〔뉴트리노〕	〔초뉴트리노〕
전자뉴트리노	스칼라 전자뉴트리노
뮤뉴트리노	스칼라 뮤뉴트리노
타우뉴트리노	스칼라 타우뉴트리노
〔힘 입자〕	
(보스 입자)	(초페르미 입자)
(스핀1)	(스핀 1/2)
광자	포티노
W보손	위노
Z보손	지노
글루온	글루이노
중력자	그래비티노

초대칭성 이론 supersymmetry theory··· 초대칭성을 포함하는 이론 전반을 말한다.

- 또 보손의 광자에 대해서는 **포티노**라고 불리는 초페르미온이 존재하고, 위크 보손에는 **위노**가, 글루온에는 **글루이노**가, 그리고 중력자에는 **그라비티노**가 존재한다고 본다.
- 이러한 초대칭성 입자는 초대칭성supersymmetry의 앞글자를 따서 SUSY **입자**(수지 입자)라고 총칭한다. 이렇게 함으로써 소립자의 종류가 단번에 2배가 되는데, 그 대신 물질의 입자도 힘의 입자도 모든 입자가 포함된 극히 대칭성이 높은 이론을 구축할 수 있다.
- 또한 쿼크는 색하와 반입자를 생각하면 36종류, 렙톤은 12종류, 게이지 입자는 20종류가 넘게 된다. 따라서 초대칭성 입자의 총수는 (36 + 12 + 20 이상) × 2로 수백 종류가 될 것이다.
- 단, 현재까지 초대칭성 입자는 하나도 발견되지 않았다. 앞으로 실험적이고, 이론적인 발전을 기대해본다.
- 6종류의 쿼크에 대응하는 초대칭성 입자를 **스쿼크**(초쿼크, 스칼라 쿼크)라고 통칭한다.
- 또한 전자, 뮤온, 타우온, 3종류의 뉴트리노에 대응하는 초대칭성 입자를 **스렙톤**(초렙톤, 스칼라 렙톤)이라고 통칭한다. 또한 지노와 포티노를 **뉴트라리노**라고 통칭한다.

10-7

통일 이론(만물 이론)으로의 여정

초끈 이론

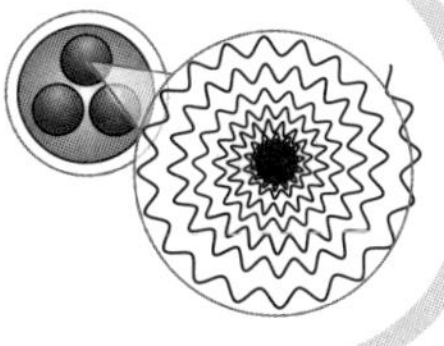

일반 상대성 이론은 시공과 중력의 구조를 밝혀, 우주에서 일어나는 다양한 현상을 설명할 수 있었다. 또 양자 역학 및 소립자 물리학은 물질의 구조와 미시적인 세계의 구조를 분명히 하고, 나아가 물질의 생성 및 유지나 우주의 시작을 고찰하는 틀을 구축했다.

그러나 이 두 이론은 아직 통일되지 않고 있다. 즉, 통일 이론은 현재까지는 발견되지 않았다. 현재 이 문제를 해결하는 열쇠는, 초대칭성을 가진 끈과 고차원 시공이라고 생각된다.

초끈

- 소립자는 보통 점 모양의 입자라고 말하는데, 만약 정말 크기가 없는 점이라면 거기서 물리량이 발산해버리는 문제가 발생하게 된다. 이 문제를 도모나가 신이치로는 재규격화를 사용함으로써 해결하여, 양자 전기 역학을 완성했다(419페이지 참조).
- 같은 아이디어로 유한한 크기의 끈이나 고리를 사용하면, 중력장 문제

> 장의 통일 이론/통일장 이론unified field theory…여러 가지 힘의 장을 정리해, 최종적으로는 우주 전체를 관장하는 법칙을 하나의 힘의 장에서 설명하려는 것. 전자기력과 약한 힘을 통일한 전약 이론과 강한 힘까지 통일한 대통일 이론까지 완성했다.

도 양자장 문제도 함께 해결하고 통합할 수 있을지 모르겠다. 물론 유한한 크기라고 해도 아주 짧은 끈이 아니면, 기존의 실험 결과나 점으로 취급할 수 있었던 기존의 개념과 모순이 생길 수 있을 것이다.

- 구체적으로는 10^{-35} m, 즉 플랑크 길이 정도의 매우 짧은 끈이라고 하면 적당한 길이일 것이다(양성자의 크기는 10^{-15} m). 이러한 끈 모양의 소립자로서 초대칭성을 갖는 것을 **초끈** 혹은 **초현**이라고 하는데, 이에 따른 이론을 **초끈 이론**(**초현 이론**)이라고 한다.

점에서 끈으로

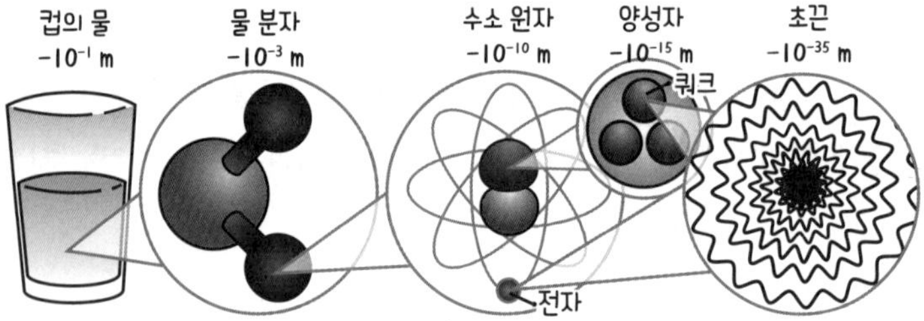

고차원 시공과 콤팩트화

- 초끈 이론이 모순 없이 성립하기 위해서는 10차원 이상의 시공이 필요하다. 그러나 인간이 인식할 수 있는 시공은 4차원 정도이다. 그럼 나머지 차원은 어디로 사라졌을까?
- 여기서 4차원 시공 이외의 나머지 공간은 자연스럽게 10^{-35} m, 즉 플랑크 길이 정도의 매우 작은 내부 공간에 존재한다고 생각하는 것을 **콤팩트화**라고 한다.
- 4차원 시공 이외의 차원은 너무나 작기 때문에, 4차원 시공에서 존재

하는 인간이나 그 외의 생물에게는 보이지 않는다고 생각하는 것이다.

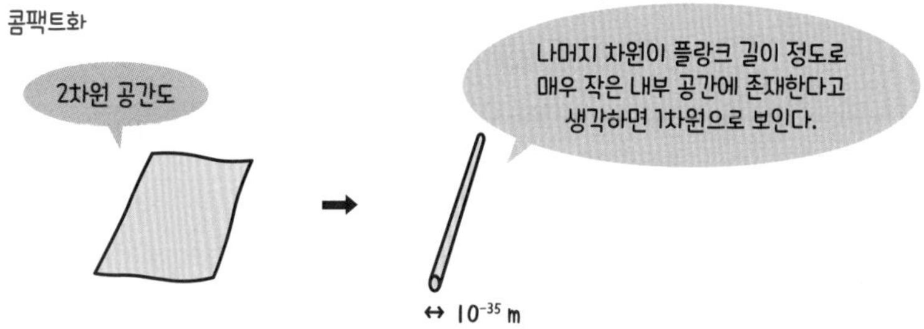

- 10차원 초끈 이론에는 타입I, 타입 IIA, 타입 IIB, 정상 혼성, 이상 혼성의 5가지 타입이 알려져 있다. 그러나 이러한 초끈 이론에는 중력자에 의해 매개되는 중력은 포함되어 있지 않다.
- 1980년대에 중력에 초대칭성을 도입한 **초중력 이론**의 연구가 진행되었지만, 이 이론에서는 유한한 크기의 끈을 도입하는 것은 고려되지 않았다.
- 1995년 미국의 물리학자 위튼Witten, E.이 이 모든 것을 11차원 시공으로 통일하여 설명했다. 즉 위튼은 10차원 초끈 이론과 11차원 초중력 이론이, 자신이 구성한 11차원의 **M 이론**의 어떤 경우에서 극한을 취할 때 성립한다는 것을 보여주었다.
- 초끈 이론에는 아직 해결되지 않은 부분도 많다. 하지만 소립자 통일 이론의 기초로서 유망하다고 인식되고 있으며, 현재도 활발하게 연구가 진행되고 있다.

영 초끈/초현 ⇒ superstring
영 초끈 이론/초현 이론 ⇒ superstring theory

10-8

빛이 질량을 갖게 하는

힉스장과 힉스 보손

통일 이론에 따르면 우주의 시작에는 질량이 없고 에너지(빛)만이 존재했다. 그리고 빛의 일부가 질량을 가지는 입자로 변하면서 다양한 물질의 입자가 생겨난 것으로 보고 있다.

소립자의 질량

- 특수 상대성 이론에서 도출되는 식 $E = mc^2$에 의해, 에너지와 질량은 등가인 것을 알 수 있다. 따라서 '어떤 질량을 가진 소립자는, 그 정지 질량과 등가의 에너지를 가지고 있다'고 생각할 수 있다(296페이지 참조).
- 그러나 '등가'라고 하는 것이 '동질'을 의미하는 것은 아니다.
- 소립자의 질량(에너지)은, 시공 구조와 밀접하게 연결되어 있다.

힉스장

- 질량이 시공(진공眞空)과 결합되어 있다면, 오히려 '진공 자체에 질량을 생성시키는 원인이 있다'고 생각하는 것이 자연스러울 수 있다.

힉스장 Higgs field … 힉스의 이름이 붙어 있지만, 힉스와 같은 시기에 몇몇 그룹이 유사한 모델을 제창하였다.
힉스 보손/힉스 입자 Higgs boson … 질량을 발생시키는 힉스 기구에 필요한 소립자.

- 영국의 물리학자 힉스Higgs, P. W.가 질량의 기원으로서 힉스 보손을 제창한 것은 1964년의 일이다. 현재의 소립자 물리학에서는, 진공에는 힉스장이라 불리는 힘의 장이 확대되고 있으며 소립자가 이 힉스장과 상호 작용함으로써 질량(에너지)이 발생하고 있다고 생각한다. 여기서 상호 작용이 강할수록 질량은 큰 것이다.
- 다시 말하면 진공 속에 가득 찬 힉스장이 관성을 주고 있다고 생각해도 될 것이다.
- 힉스장의 힘을 매개하는 입자는 다른 힘의 매개 입자와 마찬가지로 보스 입자로, 힉스 보손(힉스 입자)이라고 한다. 2012년에 힉스 보손이 발견되었다고 추정된다.
- 그 힉스 보손의 질량은 예상대로 130 GeV 정도였다. 여기서 전자 볼트(eV)는 진공 중에서 1개의 전자가 1 V의 전압으로 가속되었을 때 얻는 에너지의 단위로, (GeV) = 10^9 eV에 해당한다.

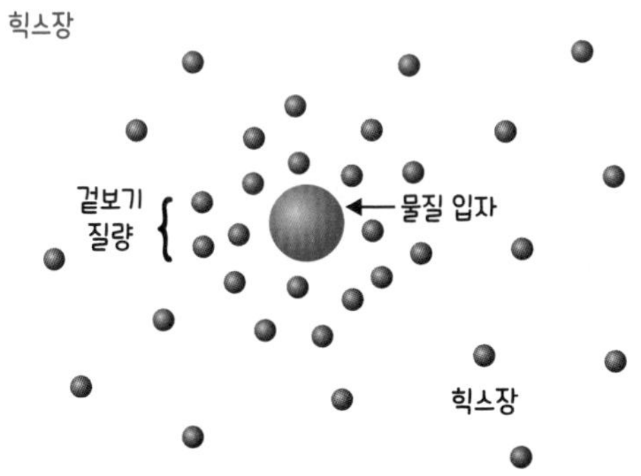

학생:

"선생님, $E = mc^2$에 의하면 에너지와 질량은 등가라고 해도, 질량이 0인 광자(에너지)와 물질 입자의 움직임은 분명히 다르죠? 왜냐하면, 질량이 없는 광자가 광속도로 달림으로써 광자가 매개하는 전자기력은 무한히 먼 곳까지 도달할 수 있잖아요? 중력자도 마찬가지죠!

하지만 질량을 가진 소립자가 가질 수 있는 속도는 광속도 이하이고, 힘의 도달 거리도 유한해요."

선생님:

"그렇지! 예를 들어 전자의 질량은 양성자의 약 1800분의 1이고, 에너지로 환산하면 약 0.0005 GeV야. 하지만 이렇게 유한한 것이므로, 각각 원자의 크기가 결정되는 거야.

또 위크 보손은 약 80 GeV의 양성자보다 80배 이상이나 되는 큰 질량(에너지)을 가지고 있는데, 그렇기 때문에 10^{-15} cm 정도의 매우 짧은 거리 내에서만 영향을 줄 수밖에 없어. 글루온도 10^{-13} cm 정도의 범위에서만 영향을 끼치지."

지식 양자 얽힘

관측에 의한 양자 상태의 확정은 '슈뢰딩거의 고양이'나 '위그너의 친구' 이외에도 기묘하고 심각한 문제를 포함하고 있다. 가장 유명한 것이 1935년에 아인슈타인이 러시아 출신 미국의 물리학자 포돌스키Podolsky, B.와 미국 출신 이스라엘의 물리학자 로젠Rosen, N.과 함께 제출한 **아인슈타인-포돌스키-로젠의 패러독스**, 이른바 **EPR 패러독스**다.

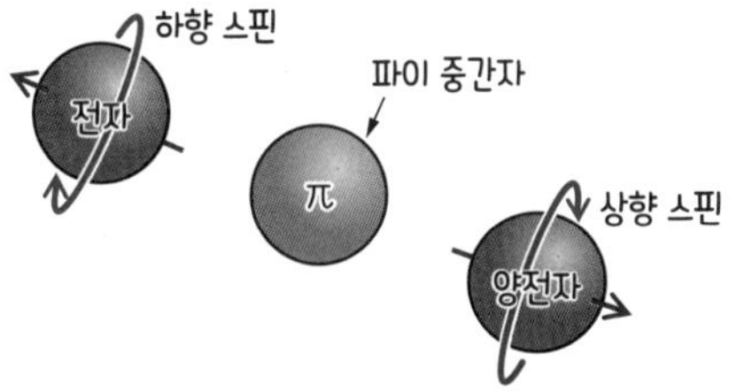

입자 붕괴 전후로 다양한 보존의 법칙이 성립되어야 한다.

하나의 입자(예를 들어 파이 중간자)가 분리되어 2개의 입자(예를 들어 전자와 그 반입자인 양전자)가 되고, 그것이 먼 곳으로 날아갔다고 생각해보자. 이때 입자 붕괴 전후로 다양한 보존의 법칙이 성립되어야 하기 때문에, 전자와 양전자의 스핀은 반대가 되어야 한다(보통은 상향 스핀, 하향 스핀이라고 배운다).

그런데 양자 역학에서는 전자와 양전자로 붕괴된 단계에서는 어느 쪽이 상향이고 어느 쪽이 하향인지 그 자체가 원리적으로 정해지지 않는다. 전자의 스핀을 측정해서 그것이 상향으로 나오면, 그때 비로소 양전자가 하향이라는 것이 결정된다(실제로 양전자를 측정하면 하향으로 나온다).

그러나 만약 그것이 사실이라면 (전자를 측정했을 때) 전자로부터 양전자로, 전자가 상향 스핀이 됐다는 정보가 전달되어야 한다. 전자와 양전자가 멀리 떨어져 있다면, 그런 정보는 전달될까? 게다가 전자를 측정한 직후에 양전자를 측정할 수도 있는데, 그렇다면 전자로부터 양전자로의 정보는 광속도를 넘는 속도로 전달되지 않으면 안

된다. 좀 이상하지 않은가? 이것이 EPR 패러독스이다.

EPR 패러독스가 나왔을 때, 그 진위를 가릴 방법은 없어 보였다. 그러나 1964년에 영국 북아일랜드 물리학자 스튜어트 벨Bell, J. S.이 실험을 통해 그 진위를 분석하는 **벨의 부등식**을 도출한다. 이후 실험 기술의 진보로 실제 벨의 부등식을 확인하는 것이 가능해졌다. 그리고 1980년 프랑스의 물리학자 아스페Aspect, A.가 실험한 결과, 측정하기 전에는 확실한 상태가 확정되지 않았음이 증명되었다.

좀 더 자세히 설명하자면, 앞의 예에서 말한 파이 중간자가 분리되어 생긴 전자와 양전자는 서로 멀리 떨어져 있어도 관측이나 측정에 의해 다른 것과 상호 작용하지 않는 한, 어떤 연결을 가진 하나의 계라고 생각해야 한다. 이러한 양자 상태의 비국소성을 **양자 얽힘**, 혹은 **양자 결합**이라고 한다.

즉 미시적인 세계에서는 광속도를 넘어선 원격 작용이 일어난다는 가능성을 완전히 배제할 수 없는 것이다. 실제로 2008년에 양자 얽힘을 일으킨 계를 측정하는 실험에서, 양자 얽힘의 영향이 광속도의 1만 배나 되는 속도로 전해졌다고 해석할 수 있다는 결과를 얻었다.

단, 이것은 반드시 정보의 전달을 의미하지는 않는다고 생각된다. 양자 결합을 한 계에서는 한쪽의 양자 상태를 관측하여 수축이 일어난 단계이고, 다른 한쪽의 양자 상태는 확정되었기 때문에 다른 쪽의 양자 상태를 관측해도 새로운 정보는 생기지 않는다고 보기 때문이다.

참고문헌

고이데 쇼이치로, 『물리학(제3개정판)』, 상화방, 1997

스나카와 시게노부, 『이론 전자기학(제3판)』, 기노쿠니야서점, 1999

나가오카 요스케, 『물리입문코스 개정판 전자기학 I-전기장과 자기장』, 이와나미서점, 2017

나가오카 요스케, 『물리입문코스 개정판 전자기학 II-변동하는 전자장』, 이와나미서점, 2017

구보 료고 편, 『대학연습 열학·통계역학(수정판)』, 상화방, 1998

이기 겐지, 가와이 히카루, 『양자역학 I』, 고단샤, 1994

후지시마 아키라, 『시대를 바꾼 과학자의 명언』, 도쿄서적, 2011

나쓰카와 가오, 『영감을 주는 과학자의 말 90』, 기코쇼보, 2011

국립 천문대 편찬, 『이과연표 2021』, 마루젠출판, 2020

찾아보기

ㄱ

가속도 007
가시광선 110
각운동량 028
각운동량 보존 법칙 030
간섭 077
간섭 무늬 371
갈릴레오 032
감마(γ)선 213
감마 붕괴 403
감마선 403
감쇠 진동 072
강제 진동 074
강한 힘 010
개방단 087
겉으로 보이는 힘 307
결상 작용 126
경계층 246
계 183
계면파 061
고립된 계 183
고립파 065, 067
고바야시-마스카와 이론 411
고유치 385
고전장의 이론 397
고정단 086
고주파 087
공간의 동일성 027
공간의 등방성 031
공동계 269
과감쇠 073
관성 013
관성계 267
관성력 050
관성 질량 307
광선 103
광속도 264
광속도 불변의 원리 104, 264
광압 103
광양자 102
광양자 가설 369
광원뿔 283, 284
광자 102, 350
광자 반경 342
광파 102
광학 103
광행차 293
광행차각 294
구면파 059
구심력 046
굴절 114

굴절각 114
굴절률 114
굴절의 법칙 114
글루온 413
기본 입자 410
기하 광학 104

ㄴ

나비 효과 255
낙하하는 물체의 운동 법칙 033
난류 245
내부 에너지 180
내부파 061
뉴턴 012
뉴턴 역학 002
뉴트리노 403

ㄷ

다원자 분자 363
단열 변화 199
단원자 분자 363
단진동 070
대기 뉴트리노 405
대류 250
대원 319
대칭성 422
대통일 이론 420
도플러 091
도플러 인자 290
도플러 효과 092
동위체 363
등가 원리 306
등가 원리의 국소성 308
등속 직선 운동 014, 267
등압 변화 200
등온 변화 200
등적 변화 200

ㄹ

라이프세이버의 문제 138
라플라스의 악마 258
레이놀즈수 245
레이저 간섭형 중력파 검출기 350
레일리(Rayleigh) 산란 119
레일리-테일러 불안정성 251
렌즈 125
렙톤 278, 410
로렌츠 인자 273
로렌츠 피츠제럴드 수축 276
로바쳅스키 공간 320
룩시온 300
리만 공간 320

ㅁ

만물 이론 421
만유인력 009, 046

만유인력 상수 047
만유인력의 법칙 047
매그니튜드 096
매질 056
맥스웰 315
맥스웰 방정식 165
맥스웰-볼츠만 분포 173, 208
맥스웰의 도깨비 215
무게 023
무지개 123
물리량 266
뮤온 278
미(Mie) 산란 118
민코프스키 다이어그램 282

ㅂ

바리온 410, 411
반사각 113
반작용 016
발머 공식 376
방사선 402
방사성 원소 393
배음 086
베르누이의 정리 241
베타 붕괴 403
베타선 403
벡터 335
벡터양 007
벨의 부등식 432
변위 057
보손 417
보스-아인슈타인 분포 174
보어의 원자 모형 377
보일-샤를의 법칙 191
복사 유체 역학 104
복잡계 253
볼록 렌즈 126
볼츠만 197
분광 작용 125
분자 363
불변량 266
불확정성 원리 389
블랙홀 그림자 344
블랙홀 실루엣 344
블랙홀의 열역학 211
블랙홀의 열역학 법칙 211
블랙홀의 열역학 제0법칙 211
블랙홀의 열역학 제1법칙 211
블랙홀의 열역학 제2법칙 211
블랙홀의 열역학 제3법칙 211
블랙홀의 증발 360
비관성계 309
비선형파 065
비열 185
비유클리드 공간 320
비평형 개방계 216
빛 102
빛(색광)의 3원색 128
빛의 도플러 효과 131, 290

빛의 스펙트럼 110, 375

ㅅ

사건의 지평선 211
산란 118
산악파 249
상대론 맥스웰-볼츠만 분포 174
상대 시공 266
색하 412
선형파 063
섭씨온도 183
성진학 248
세계선 283
세대 413
소닉 붐 100
소리의 그림 082
소립자 402
소립자론 404
소밀파 060
소원파 081
속도 006
슈뢰딩거 고양이 386
슈바르츠실트 블랙홀 338
슈바르츠실트의 반지름 212
스넬 137
스칼라양 007
스타보우 301
스펙트럼 선 375
시간 003
시간의 지연 312
시간 흐름의 일정성 023
신기루 122
쌍극자 방사 350
쌍둥이 패러독스 288

ㅇ

아르키메데스 223
아르키메데스의 원리 223
아인슈타인 270
아인슈타인-로젠의 다리 353
아인슈타인 방정식 335
아인슈타인-포돌스키-로젠의 패러독스 431
알파 붕괴 403
알파선 403
압력 220
앙각 316
앙페르의 법칙 160, 166
약한 힘 010
양성자 367
양자론 356
양자 색역학 412
양자 얽힘 431
양자 역학 356
양자장의 이론 397
양자 전기 역학 419
양자 조건 379
양자 중력 이론 421

에너지 036
에너지 준위 370, 377
에너지 평형 238
엔트로피 195
역 카르노 사이클 202
역학 002
역학적 에너지 037
역학적 에너지 보존 법칙 037
연속 방정식 233
연속체 219
연직 069
연직선 069
열기관 200
열대류 176
열량 178
열량 보존의 법칙 186
열복사 177
열역학 173
열역학 제0법칙 182
열역학 제1법칙 189
열역학 제2법칙 195
열역학 제3법칙 204
열용량 185
열전도 175
열평형 182
영구자석 159
오목 렌즈 126
옥타브 088
옴의 법칙 157
옵저버블 381
와인버그-살럼 이론 420
우라시마 효과 287
우주항 346
운동량 025
운동량 보존 법칙 026, 234
운동 방정식 019
운동 에너지 035
원소 362
원심력 053
원자론 361
원자의 정상 상태 378
원자핵 364
원통파 059
웜홀 352
위그너의 친구 386
위상 059
위치 에너지 036
유체 056, 218
유체 역학 218
유체의 에너지 방정식 237
유체의 운동 방정식 234
유클리드 공간 319
음파 058
이류 177, 251
이상 기체 191
이상 기체의 상태 방정식 191
일반 상대성 이론 304
임계 감쇠 073
임베디드 다이어그램 326
입사각 113

입자 102
입자와 파동의 이중성 372

ㅈ

자기 141, 144
자기력선 148
자력 142
자속 163
자유 진동 072
자하 148
작용 016
장 358
장의 개념 143
장의 고전론 397
장의 양자론 397
저항 156
적방 편이 132
전기 140
전기력선 145
전기장 142
전력 153
전류 140, 153
전류 밀도 166
전압 153
전약 이론 420
전자 366
전자기 140
전자기력 009
전자기 유도 162
전자기파 168
전자기학 142
전자 산란 121
전지 140
전파 057
전하 140
전하 밀도 166
절대 공간 266
절대 시간 266
절대 영(0)도 204
절대 온도 205
정상파 060
정수압 평형 229
정자기장에 관한 쿨롱의 법칙 166
정전기력 144
정전기장에 관한 쿨롱의 법칙 144, 166
정현파의 중첩 064
제논의 패러독스 005
종파 060
좌표 003
좌표계 003
좌표 시간 310
좌표축 003
주기 058
주기율표 363
주파수 057
중간자 406, 410
중력 009, 046
중력 에너지 037
중력자 048, 350

중력장 타임머신 328
중력 적색 편이 330
중력 질량 307
중력 청색 편이 331
중력파 247
중력 퍼텐셜 151
중성자 367
중첩 원리 063
지연 함수 314
직진의 법칙 112
진도 096
진동수 057, 058
진동수 조건 378
진자의 등시성 033
진짜 힘 307
진폭 058
진행파 060
질량 024
질량 보존 법칙 022
질량 보존식 231
질량의 가산성 022
집광 작용 126

ㅊ

천이 378
청방 편이 132
체렌코프 광 105
초공간 326
초공간축 325
초끈 425
초끈 이론 426
초대칭 422
초대칭성 이론 422
초보손 422
초신성 뉴트리노 405
초중력 이론 427
초페르미온 422
충격파 098
충돌 파라미터 343
층류 244

ㅋ

카르노 214
카르노 사이클 201
카르만 소용돌이 246
카오스 253
케플러 049
케플러 제1법칙(타원 궤도 법칙) 039
케플러 제2법칙(면적 속도 일정 법칙) 042
케플러 제3법칙(조화의 법칙) 043
켈빈 경 188
켈빈-헬름홀츠 불안정성 252
코리올리의 힘 053
코펜하겐 해석 391
쿼크 410
크러스컬 좌표계 352

ㅌ

타디온 300
타키온 300
태양 뉴트리노 405
털 없는 정리 340
테렐 회전 284
테렐 효과 284
톰슨 산란 120
통계 역학 173
특수 상대성 이론 262
특이점 338

ㅍ

파 056
파괴 035
파동 광학 104
파동 역학 383
파동 함수 384
파동 함수의 수축 392
파면 059
파스칼 257
파스칼의 원리 224
파울리의 배타율 417
파원 056
파의 골 057
파의 독립성 062
파의 마디 060
파의 마루 057
파의 배 060
파의 분산성 066
파의 속도 058
파이 중간자 408
파장 057
팔도설 413
패러데이의 전자기 유도 법칙 163, 166
퍼텐셜 에너지 036
페르마의 원리 138, 325
페르미-디랙 분포 174
페르미온 417
편광 108
평균율 089
평면파 059
표면파 061
표준 이론 421
푸아죄유 흐름 246
프리즘 109, 125

ㅎ

하드론 410
하위헌스의 원리 081
합성파 062, 077
핵력 010, 407
행렬 역학 381
허수 단위 383
호킹 복사 212
화이트홀 352
확률 해석 388

회절 080
횡 도플러 효과 292
횡파 060
히트 펌프 202
힉스 보손/힉스 입자 428
힉스장 428
힘 008
힘의 균형 017
힘의 장 415

기타

2원자 분자 363
3차원 공간 003
4중극 방사 350
4차원 시공 282
EPR 패러독스 431
GNSS 위성 316
KdV 방정식 067
M 이론 427
P파 096
S파 096

어려운 물리공부, 그래도 해야 한다면?
누워서 골라 먹는 비주얼 물리 112

초판 인쇄 | 2024년 7월 10일
초판 발행 | 2024년 7월 15일

지은이 | 후쿠에 준·후쿠에 쓰바사·후쿠에 케이
옮긴이 | 김종수·박해경
펴낸이 | 조승식
펴낸곳 | 도서출판 북스힐
등록 | 1998년 7월 28일 제22-457호
주소 | 서울시 강북구 한천로 153길 17
전화 | 02-994-0071
팩스 | 02-994-0073
인스타그램 | @bookshill_official
블로그 | blog.naver.com/booksgogo
이메일 | bookshill@bookshill.com

정가 18,000원
ISBN 979-11-5971-597-6

*잘못된 책은 구입하신 서점에서 교환해 드립니다.